Office 2010 高级应用项目式教程

主　编　严圣华　李　洋　许大宏
副主编　刘　学　邓赵辉　刘珍怡
参　编　李方方　代兴梅　朱贤坤
　　　　柯玉立　张浩方

北京理工大学出版社
BEIJING INSTITUTE OF TECHNOLOGY PRESS

内 容 简 介

本书根据教育部考试中心最新颁布的全国计算机等级考试 MS Office 二级的考试大纲编写，采用项目化教学方式编写，体现了编者对全国计算机等级考试的多年研究成果及宝贵的辅导经验，旨在帮助考生（尤其是非计算机专业的初学者）学习相关内容，顺利通过考试。

本书是参加二级 MS Office 高级应用考试者必备的教材，也可以作为大专院校非计算机专业的计算机入门参考书。

图书在版编目（CIP）数据

Office 2010 高级应用项目式教程 / 严圣华，李洋，许大宏主编. —北京：北京理工大学出版社，2017. 8（2024. 1 重印）

ISBN 978 - 7 - 5682 - 4794 - 8

Ⅰ. ①O…　Ⅱ. ①严…　②李…　③许…　Ⅲ. ①办公自动化 - 应用软件 - 教材　Ⅳ. ①TP317. 1

中国版本图书馆 CIP 数据核字（2017）第 214960 号

出版发行 / 北京理工大学出版社有限责任公司
社　　址 / 北京市海淀区中关村南大街 5 号
邮　　编 / 100081
电　　话 /（010）68914775（总编室）
（010）82562903（教材售后服务热线）
（010）68944723（其他图书服务热线）
网　　址 / http：//www. bitpress. com. cn
经　　销 / 全国各地新华书店
印　　刷 / 北京虎彩文化传播有限公司
开　　本 / 787 毫米 ×1 092 毫米　1/16
印　　张 / 17. 5
字　　数 / 406 千字
版　　次 / 2017 年 8 月第 1 版　2024 年 1 月第12次印刷
定　　价 / 47. 00 元

责任编辑 / 钟　博
文案编辑 / 钟　博
责任校对 / 周瑞红
责任印制 / 李志强

图书出现印装质量问题，请拨打售后服务热线，本社负责调换

序　　言

随着计算机的普及，计算机的应用已经渗透到社会的各个领域。办公自动化技术已融入人们的学习和工作中，为人们提供了极大的便利。介绍办公自动化的书籍很多，但普遍以全面介绍办公自动化概念、设备使用及 Office 办公软件基础知识等为主，很少涉及企事业单位办公的实际应用，如学校试卷的编制、学生论文的编排、企业员工的工资管理、新产品的宣传介绍等。为弥补这一不足，编者结合近几年从事办公自动化教学的经验，收集相关实用案例和资料，编写了本书。

本教材针对全国计算机等级考试 MS Office 二级的考试大纲编写，完全采用项目化教学方式编写，便于学生全面掌握知识、技能。

1. 本书的内容

（1）计算机基础知识；

（2）Word 2010；

（3）Excel 2010；

（4）PowerPoint 2010；

（5）真题讲解分析。

2. 教学资源

（1）教学计划书、教案、学案，使教师省心省时；

（2）理论题目全部归纳总结好，有相应知识点讲解；

（3）配有教学视频，易学易懂；

（4）对应配套的 MS Office 二级模拟软件，可反复练习几十套题目，从而使考试的通过率较高；

（5）二级公共基础知识。

读者可通过百度云盘（链接：http：//pan. baidu. com/s/1dFqR5V7；密码：ztrh）提取相应资料，或者通过邮箱 249573542@ qq. com 索取。

编　者

目　录

第一篇　计算机基础知识

项目　计算机的认知 …… 3
　任务 1　计算机的发展及应用领域 …… 3
　任务 2　信息安全与知识产权 …… 8

第二篇　Word 2010 的使用

项目一　制作电脑小报 …… 19
　任务 1　设计刊头和标题 …… 19
　任务 2　设计页面布局 …… 24
项目二　编制试卷 …… 32
　任务 1　试卷的编制方法 …… 32
　任务 2　试卷文档格式设置 …… 35
　任务 3　编辑各类公式 …… 38
　任务 4　绘制几何图形 …… 41
项目三　长文档的处理 …… 45
　任务 1　长文档的制作 …… 45
　任务 2　目录和索引制作 …… 53
　任务 3　文档的修订 …… 59

第三篇　Excel 2010 电子表格软件

项目一　快速制作员工值班表 …… 67
　任务 1　创建值班表表头 …… 67
　任务 2　设置表格内容 …… 69
　任务 3　值班表外观的设置 …… 74
项目二　制作员工工作量统计表 …… 80
　任务 1　创建员工工作量统计表 …… 80
　任务 2　员工的工作量情况统计分析 …… 83
　任务 3　根据工作量计算每个员工的应发金额 …… 95
项目三　学生成绩表数据的分析及处理 …… 99
　任务 1　对学生成绩表按学号进行姓名填充 …… 99

任务 2　学生成绩的排序与筛选 …… 100
任务 3　对学生成绩进行整理与分析 …… 108
项目四　创建产品销售图表 …… 115
任务 1　产品销售表与图表的转换 …… 115
任务 2　对图表进行编辑修改 …… 119
项目五　学生调查问卷的制作 …… 125
任务 1　利用控件制作学生调查问卷 …… 125
任务 2　学生调查问卷功能的实现 …… 129

第四篇　PowerPoint 2010 演示文稿软件

项目一　制作大学生交通安全知识讲座 PPT …… 139
任务 1　幻灯片的基本操作 …… 139
任务 2　文字设置 …… 142
任务 3　添加项目符号与编号 …… 147
项目二　公司宣传 PPT 的制作分析 …… 154
任务 1　使用艺术字输入标题 …… 154
任务 2　制作第 2 张幻灯片 …… 157
任务 3　插入剪贴画 …… 162
任务 4　SmartArt 图形 …… 167
活动 4　设置 SmartArt 图形 …… 168
任务 5　使用表格 …… 169
项目三　制作行销企划案 …… 173
任务 1　为幻灯片创建动画 …… 173
任务 2　设置动画 …… 176
任务 3　触发动画 …… 179
任务 4　有关动画的设置 …… 179
任务 5　为幻灯片添加切换效果 …… 181
任务 6　创建超链接和使用动作 …… 183
项目四　放映员工培训 PPT …… 188
任务 1　演示方式 …… 188
任务 2　开始演示幻灯片 …… 191
任务 3　添加演讲者备注 …… 194
任务 4　让 PPT 自动演示 …… 196

第五篇　全国计算机等级考试二级真题与解析

真题 1 …… 203
真题 1 参考答案与解析 …… 208

真题 2 …… 229
真题 2 参考答案与解析 …… 233

第六篇　全国计算机等级考试二级公共基础知识速学教程

项目一　数据结构与算法 …… 249
项目二　程序设计基础 …… 256
项目三　软件工程基础 …… 258
项目四　数据库设计基础 …… 264

第一篇
计算机基础知识

项目 计算机的认知

【项目介绍】

人类社会进入信息时代，人们必须使用计算机处理各类信息，才能更好地适应社会。计算机技术及其应用已经渗透到科学技术、国民经济、社会生活等各个领域，以计算机技术、通信技术和微电子技术为特征的信息技术已经成为当今社会最有活力、最有效率的生产力之一。因此，应了解计算机基础知识，为进一步学习和使用计算机打下基础。

任务1　计算机的发展及应用领域

【学习目标】

（1）了解计算机的发展历程；

（2）了解计算机的特点；

（3）了解计算机的应用领域。

活动1　计算机发展简史

现代计算机以二进制信息处理为基础，它具有结构简单、运算速度快、计算精度高、信息存储量大、可靠性高和通用性强等特点，它已经广泛应用于科学计算、工业控制、人工智能、计算机辅助设计、计算机辅助制造、计算机辅助教学、计算机网络、计算机通信等领域。

第一台电子计算机是在第二次世界大战弥漫的硝烟中开始研制的。在美国军方的大力支持下，世界上第一台电子计算机ENIAC于1943年开始研制。1946年2月10日，美国陆军军械部和宾夕法尼亚大学莫尔电机工程学院联合向世界宣布ENIAC的诞生，从此揭开了现代电子计算机发展和应用的序幕。

第一台计算机的主要元器件是电子管。它使用了1 500个继电器，18 800个电子管，占地170平方米，重达30多吨，耗电150 kW，耗资40万美元。这台计算机每秒能完成5 000次加法运算及300多次乘法运算，是最快人工计算速度的1 000倍，比当时最快的计算工具快300倍。

在ENIAC的研制过程中，美籍匈牙利数学家冯·诺依曼（Jothn von Neumann）总结并提出两点改进意见。其一是计算机内部直接采用二进制数进行运算；其二是将指令和数据都存储起来，由程序控制计算机自动执行。

从第一台电子计算机诞生到现在短短的50多年中，计算机技术以前所未有的速度迅猛发展，经历了大型计算机阶段和微型机及网络阶段。对于传统的大型计算机，通常根据计算机所采用的电子元件划分为电子管，晶体管，集成电路和大规模、超大规模集成电路 4 代。

（一）大型计算机时代

1. 第一代计算机（1946—1958 年）

第一代计算机是电子管计算机，其基本元件是电子管，内存储器采用水银延迟线，外存储器有纸带、卡片、磁带和磁鼓等。由于当时电子技术的限制，运算速度为每秒几千次到几万次，内存储器容量也非常小（仅为 1 000 ~ 4 000 字节）。计算机程序设计语言还处于最低阶段，用以 0 和 1 表示的机器语言进行编程，直到 20 世纪 50 年代才出现了汇编语言。当时尚无操作系统出现，操作机器困难。

第一代计算机体积庞大，造价昂贵，速度低，存储容量小，可靠性差，不易掌握，主要应用于军事目和科学研究领域。

2. 第二代计算机（1959—1964 年）

第二代计算机是晶体管计算机。人们发现，巴丁和肖克莱等发明的晶体管像继电器和电子管一样，也是一种开关器件，而且体积小、重量轻、开关速度快、工作温度低，于是以晶体管为主要元件的第二代计算机诞生了。其内存储器大量使用由磁性材料制成的磁芯，每颗小米粒大小的磁芯可以存储一位二进制代码，外存储器有磁盘、磁带，外部设备种类增加。其运算速度从每秒几万次提高到每秒几十万次，内存储器容量扩大到几十万字节。

与此同时，计算机软件也有了较大的发展，出现了监控程序并发展成为后来的操作系统，高级程序设计语言 BASIC、FROTRAN 和 COBOL 的推出，使编写程序的工作变得更加方便并实现了程序兼容。这样，计算机的工作效率大大提高。

第二代计算机与第一代计算机相比，第二代计算机体积小、成本低、重量轻、功耗小、速度快、功能强、可靠性高，其使用范围也由单一的科学计算扩展到数据处理和事务管理等其他领域。

3. 第三代计算机（1965—1970 年）

第三代计算机的主要元件是小规模集成电路（Small Scale Integration circuits，SSI）和中规模集成电路（Medium Scale Integrated circuits，MSI）。所谓集成电路，是指用特殊的工艺将完整的电子线路做在一个硅片上，通常只有邮票的四分之一大小。与晶体管电路相比，集成电路计算机的体积、重量、功耗都进一步减小，运算速度、逻辑运算功能和可靠性都进一步提高。此外，软件在这个时期形成了产业。操作系统在规模和功能上发展很快，通过分时操作系统，用户可以共享计算机上的资源。结构化、模块化的程序设计思想被提出，而且出现了结构化的程序设计语言 Pascal。

4. 第四代计算机（1971 年至今）

随着集成电路技术的不断发展，单个硅片可容纳晶体管的数目迅速增加。20 世纪 70 年代初期出现了可容纳数千至数万个晶体管的集成电路（Large Scale Integrated circuits，LSI），20 世纪 70 年代末期又出现了一个芯片上可容纳几万到几十万个晶体管的更大规模集成电路（Vary Large Scale Integrated circuits，VLSI）。VLSI 能把计算机的核心部件甚至整个计算机都做在一个硅片上。

第四代计算机的主要元件是大规模集成电路和超大规模集成电路，集成度很高的半导体存储器完全代替了服役达 20 年之久的磁芯存储器，磁盘的存取速度和存储容量大幅上升，光盘开始被引入，外部设备的种类和质量都有很大提高，计算机的速度可达每秒几百万次至上亿次。计算机的体积、重量和耗电量进一步减少，计算机的性能价格比基本上以每 18 个月翻一番的速度上升（此即著名的 Moore 定律）。操作系统向虚拟操作系统发展，数据库管理系统不断完善和提高，程序语言进一步发展和改进，软件行业发展成为新兴的高科技产业。计算机的应用领域不断向社会各个方面渗透。

5. 新一代计算机

随着计算机科学技术的迅猛发展，前 4 代计算机的分代规则在新形势下已经不合适了。专家呼吁不要再沿用“第五代计算机”的说法，因而其英文也从“the Fifth Computer System”（第五代计算机）变成了“the Future Generation Computer System”（新一代计算机，缩写为 FGCS）。

从 20 世纪 80 年代开始，日本、美国等国投入大量人力、物力研制新一代计算机，其目标是使计算机具有像人一样的听、看、说和合理思考能力。新一代计算机应具有知识存储和知识库管理功能，能利用已有知识进行推理判断，具有联想和学习的功能。新一代计算机要达到的目标相当高，它牵涉很多高新技术领域，像微电子学、计算机体系结构、高级信息处理、软件工程方法、知识工程和知识库、人工智能和人机界面（理解自然语言、处理声、光、像的交互）等。从研究成果来看，目前尚无突破性的进展，但可以预见，新一代计算机的实现将对人类社会的发展产生深远的影响。

从电子计算机的产生及发展可以看到，目前计算机技术的发展都是以电子技术的发展为基础的，集成电路芯片是计算机的核心部件。随着高新技术的研究和发展，计算机技术也将拓展到其他新兴的技术领域，计算机新技术的开发和利用必将成为未来计算机发展的新趋势。

从目前计算机的研究情况可以看到，未来计算机将有可能在光子计算机、生物计算机、量子计算机等方面的研究上取得重大的突破。2017 年 5 月 3 日，中国科学技术大学教授、中国科学院院士潘建伟在上海宣布，由该校主导研制的世界首台超越早期经典计算机的光量子计算机诞生。实验测试表明，该量子计算机的取样速度比国际同类实验至少加快 24 000 倍，比人类历史上首台电子管计算机和首台晶体管计算机的运行速度快 10 ~ 100 倍，打破了世界纪录。

练一练

请同学们列表描述各个阶段计算机的区别。

（二）我国计算机技术的发展概况

我国从 1956 年开始研制计算机，在 1958 年成功研制第一台电子管计算机“103 机”，在 1959 年夏季成功研制速度为每秒 1 万次的“104 机”，该机是我国研制的第一台大型通用电子数字计算机。此后，我国又于 1964 年成功研制晶体管计算机，于 1971 年研制出以集成电路为主要器件的 DJS 系列计算机。在微型计算机方面，我国研制开发了长城系列、紫金系列、联想系列等微型计算机，并取得了迅速发展。

在国际高科技竞争日益激烈的今天，高性能计算机技术及应用水平已成为显示综合国力的一种标志。2010 年 11 月，“天河一号”计算机曾以每秒 4.7 千万亿次的峰值速度，让中国人首次站到了超级计算机的全球最高领奖台上。2013 年 6 月 17 日，国际 TOP500 组织公布了最新全球超级计算机 500 强排行榜榜单，中国国防科学技术大学研制的“天河二号”

计算机以每秒 33.86 千万亿次的浮点运算速度，成为全球最快的超级计算机。

讨论：

请大家讨论一下超级计算机对国家的哪些方面起到什么作用。

活动 2　计算机的特点

曾有人说，机械可使人类的体力得以放大，计算机则可使人类的智慧得以放大。作为人类智力劳动的工具，计算机主要具有以下特性。

1. 处理速度快

通常以每秒钟完成基本加法指令的数目表示计算机的运算速度。现在每秒执行 50 万次、100 万次运算的计算机已不罕见，有的机器每秒可执行数百亿次甚至数千亿次运算，这使过去人工需要几年或几十年完成的科学计算（如天气预报，有限元计算等），能在几小时或更短的时间内得到结果。计算机的高速度使它在金融、交通、通信等领域中能够提供实时、快速的服务。这里的“处理速度快”不局限于算术运算速度，也包括逻辑运算速度。极高的逻辑判断能力是计算机广泛应用于非数值数据领域的首要条件。

2. 计算精度高

由于计算机采用二进制数字进行运算，计算精度主要是由表示数据的字长决定的。随着字长的增长和先进的计算技术的配合，计算精度不断提高，可以满足各类复杂计算对计算精度的要求。如用计算机计算圆周率，目前已可达到小数点后数百万位。

3. 存储容量大

计算机的存储器类似于人的大脑，可以“记忆”（存储）大量的数据和信息。随着微电子技术的发展，计算机内存储器的容量越来越大，目前一般的微机内存容量已很大，加上大容量的磁盘、光盘等外部存储器，实际上存储容量已达到了海量。而且，计算机所存储的大量数据可以迅速查询，这种特性对信息处理是十分重要和有用的。

4. 可靠性高

采用大规模和超大规模集成电路的计算机具有非常高的可靠性，其平均无故障时间可以“年”为单位。人们所说的“计算机错误”，通常是指与计算机相连的设备或软件的错误，而由计算机硬件引起的错误越来越少。

5. 工作全自动

冯·诺依曼体系结构计算机的基本思想之一是存储程序控制。计算机在人们预先编制好的程序的控制下自动工作，不需要人工干预，工作完全自动化。

6. 适用范围广、通用性强

计算机靠存储程序控制进行工作。一般来说，无论是数值的还是非数值的数据，都可以表示成二进制数的编码，无论是复杂的还是简单的问题，都可以分解成基本的算术运算和逻辑运算，并可用程序描述解决问题的步骤。所以，在不同的应用领域中，只要编制和运行不同的应用软件，计算机就能在此领域中很好地服务，通用性极强。

活动 3　计算机的应用

计算机具有存储容量大、处理速度快、工作全自动、可靠性高以及逻辑推理和判断能力强等特点，所以它被广泛应用于各种学科领域，并迅速渗透到人类社会的各个方面，同时也进入了家庭。

数据包括数值数据和非数值数据两大类，相应的数据处理也可分为数值数据处理和非数值数据处理。从计算机所处理的数据类型来看，计算机的应用原则上分为数值计算和非数值计算两大类，而后者包含信息处理、计算机辅助设计、计算机辅助教学、过程控制、企业管理、人工智能等，其应用范围远远超过数值计算。计算机应用已形成一门专门的学科，本书只是对应用的几个主要方面作简单介绍。

1. 科学计算（数值计算）

计算机是为满足科学计算的需要而发明的。科学计算所解决的大都是科学研究和工程技术中的一些复杂的数学问题，计算量大而且精度要求高，只有运算速度快和存储量大的计算机系统才能完成，例如：在高能物理方面的分子、原子结构分析，可控热核反应的研究，反应堆的研究和控制；在水利、农业方面的水利设施的设计计算；在地球物理方面的气象预报、水文预报、大气环境的研究；在宇宙空间探索方面的人造卫星轨道计算、宇宙飞船的研制和制导。此外，科学家们还利用计算机控制的复杂系统，试图发现来自外星的通信信号。如果没有计算机系统高速而又精确的计算，许多近代科学都是难以发展的。

2. 信息处理

信息处理是目前计算机应用最广泛的领域之一。信息处理是指用计算机对各种形式的信息（如文字、图像、声音等）进行收集、存储、加工、分析和传送的过程。在当今社会，计算机用于信息处理，对办公自动化、管理自动化乃至社会信息化都有积极的促进作用。

应该指出，办公自动化大大地提高了办公效率和管理水平，不仅在企业、事业单位管理中被广泛采用，而且也越来越多地被应用到各级政府机关的办公事务中。信息化社会要求各级政府办公人员掌握计算机和网络技术。

3. 过程控制

过程控制是指用计算机对在生产或其他过程中所采集到的数据按照一定的算法进行处理，然后反馈到执行机构去控制相应过程，它是生产自动化的重要技术和手段。比如，在冶炼车间可将采集到的炉温、燃料数据和其他数据传送给计算机，由计算机按照预定的算法计算并确定吹氧量或加料量等。过程控制可以提高自动化程度，降低劳动强度，提高生产效率，节省生产原料，降低生产成本，保证产品质量的稳定。

4. 计算机辅助设计和计算机辅助制造

计算机辅助设计和计算机辅助制造分别简称为 CAD（Computer Aided Design）和 CAM（Computer Aided Manufacturing）。在 CAD 系统与设计人员的相互作用下，能够实现最佳设计的判定和处理，能自动将设计方案转变成生产图纸。CAD 技术提高了设计质量和自动化程度，大大缩短了新产品的设计与试制周期，从而成为生产现代化的重要手段。以飞机设计为例，过去从制定方案到画出全套图纸，要花费大量人力、物力，用两年半到三年的时间才能完成，采用计算机辅助设计之后，只需 3 个月就可完成。CAM 是利用 CAD 的输出信息控制、指挥生产和装配产品。CAD/CAM 使产品的设计、制造过程都能在高度自动化的环境中进行，具有提高产品质量、降低成本、缩短生产周期和降低管理强度等特点。目前，从复杂的飞机到简单的家电产品都广泛使用 CAD/CAM 技术。

将 CAD/CAM 和数据库技术集成在一起，即形成 CIMS（计算机集成制造系统）技术，其可实现设计、制造和管理完全自动化。

5. 现代教育

近些年来，随着计算机的发展及其应用领域的不断扩大，它对社会的影响已经有了“文化”层次的含义。所以，在学校教学中，人们已把计算机应用技术本身作为“文化基础”课程安排于教学计划之中。此外，计算机作为现代教学手段在教育领域中的应用越来越广泛、深入。这种应用主要有以下几种形式。

1）计算机辅助教学（Computer Aided Instruction，CAI）

目前，流行的计算机辅助教学模式有练习与测试模式和交互的教课模式。计算机辅助教学适用于很多课程，更适合学生的个别化、自主化学习。为了适应各年龄段、不同水平人员学习的需要，各种各样的CAI课件相继被推出。

2）计算机模拟

除了计算机辅助教学外，计算机模拟是另一种重要的教学辅助手段。例如：在电工电子教学中，让学生利用计算机设计电子线路实验并模拟，查看是否达到预期结果，这样可以避免不必要的电子器件的损坏，节省费用。同样，用飞行模拟器训练飞行员、用汽车驾驶模拟器训练汽车驾驶员都是利用计算机模拟进行教学、训练的例子。计算机还可以模拟现实生活中难以实现的情景，如核子反应堆的控制模拟等。

3）多媒体教室

利用多媒体计算机和相应的配套设备建立的多媒体教室可以演示文字、图形、图像、动画和声音，给教师提供了强有力的现代化教学手段，使课堂教学变得图文并茂、生动直观。

4）网上教学和电子大学

可利用计算机网络将大学校园内开设的课程传送到校园以外的各个地方，使更多的人有机会接受高等教育。网上教学和电子大学在地域辽阔的中国有着诱人的发展前景。

6. 家庭管理与娱乐

越来越多的人已经认识到计算机是一个多才多艺的助手。对于家庭，计算机通过各种各样的软件从不同方面为家庭生活和事务提供服务，如家庭理财、家庭教育、家庭娱乐、家庭信息管理等。各类在职人员也可以通过专用软件和计算机网络在家里办公。

讨论：

举例说明你身边有哪些方面应用到了计算机。

任务2　信息安全与知识产权

【学习目标】

（1）了解信息与信息技术的基本概念以及信息化指标体系；

（2）了解计算机中信息的表示方法；

（3）了解信息安全和计算机病毒的基本知识以及预防计算机犯罪的措施。

活动1 信息化的定义与作用

1. 信息化的定义

信息化就是工业社会向信息社会前进的过程，即加快信息高科技发展及其产业化，提高信息技术在经济和社会各领域的应用水平并推动经济和社会发展的过程。

信息化建设的主要目标是在经济和社会活动中，普遍采用现代信息技术，有效地开发和利用信息资源，推动经济发展和社会进步，逐步使信息产业以及利用信息技术和信息资源所创造的劳动价值在国民总值中的比重不断上升至主导地位。

一般而言，信息化建设的主要内容包含三个层面和六个要素：

（1）三个层面。一是信息基础设施与信息资源的开发和建设，这是信息化建设的基础；二是信息技术与信息资源的应用，这是信息化建设的核心与关键；三是信息产品制造业的不断发展，这是信息化建设的重要支撑。三个层面的发展过程是相互促进的过程，也是工业社会向信息社会、工业经济向信息经济演化的动态过程。

（2）六个要素。其指信息基础设施、信息资源、信息技术与应用、信息产业、信息化法规与信息科技人才。其中，“信息基础设施”一词是在美国政府于1993年发表的《国家信息基础设施：行动计划》（The National Information Infrastructure：Agenda for Action）文件中正式出现的，也有人把它称为“信息高速公路”（Information Superhighways）。它是一个由通信网、计算机、信息资源、用户信息设备与人所构成的互联互通、无所不在的信息网络，凭借该网络可以把个人、家庭、学校、图书馆、医院、政府与企业连接起来，以获得各种各样的信息资源和信息服务，而且这些新型的服务将不受时间和地点的限制。电子政务、电子商务、远程医疗、远程教学、数字图书馆和数字地球等就是信息服务的典型代表。

2. 信息化推动工业化

我国是一个发展中国家，工业化的任务尚未完成，城镇化正在逐步推进。在这样的背景下，用信息化推动工业化是21世纪初我国的必然选择。

我国信息化建设除了信息技术、信息基础设施和信息产业的快速发展之外，还要在经济和社会的各个方面应用信息和信息技术来提高效率和效益，以加快传统工业的发展步伐、提高人们的生活质量。

我国目前正处于工业化的中期阶段，技术还比较落后，大量高科技尖端技术并没有完全为我们所掌握。因此，必须充分认识信息化在国民经济和社会发展中的重要意义，凭借“后发优势”，实现信息产业的跨越式发展，并利用信息化来推动工业化和改造传统工业，形成工业化与信息化相结合的新模式，既要充分发挥工业化对信息化的基础和推动作用，又要使信息化成为带动工业化升级的强大动力，在工业化过程中实现工业信息化，在信息化过程中实现信息工业化，把发达国家近200年内完成的工业化到信息化的实现过程，压缩到今后几十年内完成。

想一想：

你所在的学校在信息化建设方面做了哪些工作？

活动2　信息安全与相关技术

1. 信息安全的概念

随着社会的不断发展，信息资源对国家和民族发展、对人们的工作和生活都变得至关重要，信息已经成为国民经济和社会发展的战略资源，信息安全问题也已成为亟待解决、影响国家大局和长远利益的重大问题。因此，信息安全是信息系统生存和成败的关键，也是IT界的一个重要应用领域。

信息安全有两层含义：数据（信息）的安全和信息系统的安全。数据的安全是指保证计算机数据的机密性、完整性和可用性。信息系统的安全是指信息基础设施安全、信息资源安全和信息管理安全，它涉及计算机安全和网络安全。所谓计算机安全，是指为数据处理系统建立和采取的安全保护，以保护计算机硬件、软件和数据不因偶然和恶意的原因遭到破坏、更改和泄露。网络安全就是网络上的信息安全，是指网络系统的硬件、软件及其系统数据受到保护，不遭到破坏、更改、泄露，系统连续可靠正常地运行，网络服务不中断。

2. 信息安全技术

保障信息系统安全的方法有很多，涉及许多信息安全技术，它们主要是：访问控制、数据加密、身份验证、数字签名和防火墙。

1）访问控制

为保障网络信息系统的安全，限制对网络信息系统的访问和接触是重要措施。这就好比国家重点机密设施由军队守卫，辅以极其严密的安防机制，以保证其防卫万无一失。网络信息系统的安全也可采用类似的安全机制和访问控制技术来保障。

（1）建立、健全安全管理制度和措施。必须从管理角度来加强安全防范，通过建立、健全安全管理制度和措施，约束网络信息系统的访问者。

（2）限制对网络系统的物理接触。防止人为破坏的最好方法是限制对网络系统的物理接触，但是物理限制并不能制止偷窃数据，而且，限制物理接触虽然可以制止故意的破坏行为，但是并不能防止意外事件。

（3）限制对信息的在线访问。通常，限制对网络系统访问的方法是使用用户标识和口令。

（4）设置用户权限。用户权限是指限制用户对文件和目录的操控权力。当用户申请一个计算机系统的账号时，系统管理员会根据该用户的实际需要和身份分配一定的权限，允许其访问指定的目录及文件。

2）数据加密

为了在被窃听的情况下也能保证数据的安全，必须对传输的数据进行加密。加密是将原文信息进行伪装处理，即使这些数据被窃听，非法用户得到的也只是一堆杂乱无章的垃圾数据，而合法用户通过解密处理，可以将这些数据还原为有用信息。因此，数据加密是防止非法使用数据的最后一道防线。

通常，将加密前的原始数据称为明文；将被加密的数据称为密文；将明文与密文进行相互转换的算法称为加密、解密算法；将用于数据加密、解密，且仅仅只被收、发双方知道的信息称为密钥。

3）身份验证

身份验证技术是在计算机网络中确认操作者身份的过程中产生的有效方法。计算机网络世界中一切信息，包括用户的身份信息都是用一组特定的数据来表示的，计算机只能识别用户的数字身份，所有对用户的授权也均是针对用户数字身份的授权。保证以数字身份进行操作的操作者就是这个数字身份的合法拥有者，也就是说保证操作者的物理身份与数字身份相对应，是身份验证技术所要解决的问题。作为防护网络资产的第一道关口，身份验证有着举足轻重的作用。

4）数字签名

数字签名（又称公钥数字签名、电子签章）是一种类似写在纸上的、普通的物理签名，但是使用了公钥加密领域的技术实现，用于鉴别数字信息的方法。一套数字签名通常定义两种互补的运算，一个用于签名，另一个用于验证。

数字签名，就是只有信息的发送者才能产生的别人无法伪造的一段数字串，这段数字串同时也是对信息的发送者所发送信息的真实性的一个有效证明。

数字签名是非对称密钥加密技术与数字摘要技术的应用。

5）防火墙

防火墙技术，最初是针对网络不安全因素所采取的一种保护措施。顾名思义，防火墙就是用来阻挡外部不安全因素影响的内部网络屏障，其目的就是防止外部网络用户未经授权的访问。它将计算机硬件技术和软件技术相结合，在外网与内网之间建立起一个安全网关（Security Gateway），从而保护内部网络免受非法用户的侵入。防火墙主要由服务访问政策、验证工具、包过滤和应用网关 4 个部分组成。防火墙就是一个位于计算机及其所连接的网络之间的软件或硬件（其中硬件防火墙因为价格昂贵而很少使用）。通过计算机流入、流出的所有网络信息均要经过防火墙。

讨论：

（1）你或者你身边的朋友有没有因信息泄露而遭受一定的损失？

（2）信息安全对个人或者国家有什么重要意义？请举例说明（如“棱镜门”事件）。

活动 3　计算机病毒及防治

计算机安全中的一个特殊问题是计算机病毒。实际上，造成计算机系统中的信息丢失和信息破坏的罪魁祸首就是计算机病毒。

1. 计算机病毒的定义

我国颁布的《中华人民共和国计算机信息系统安全保护条例》指出：“计算机病毒，是指编制或者在计算机程序中插入破坏计算机功能或者毁坏数据，影响计算机使用，并能自我修复的程序代码”。也就是说，计算机病毒是人为制造出来的、专门威胁计算机系统安全的程序。

计算机病毒的存在是有一定的征状的。下面列出一些具体征状：

（1）屏幕显示异常后出现异常提示。这是某些病毒发作时的征状。

（2）计算机执行速度慢。这是病毒不断传播、自我复制，消耗系统资源所致。

（3）原来可以执行的一些程序无故不能执行。病毒破坏致使这些程序无法正常运行。

（4）经常出现死机现象。病毒感染计算机系统的一些重要文件，导致死机。

（5）文件夹中无故多了一些后缀奇怪的文件。例如 Nimda 病毒，它通过网络传播，被感染的计算机中会出现大量扩展名为“.eml”的文件。

（6）系统无法启动。这是因为病毒修改了硬盘的引导信息或删除了某些启动文件。

（7）计算机经常报告内存不够。病毒在自我繁殖过程中，产生大量垃圾文件，这些文件占据磁盘空间而使内存不足。

（8）网络速度变慢或者出现一些莫名其妙的网络连接。这说明系统已经感染了病毒或特洛伊木马程序，它们正通过网络向外传播。

（9）电子邮箱中有来路不明的信件。这是电子邮件病毒的征状。

（10）键盘或鼠标无故被锁死，不起作用。

2. 计算机病毒的特点

计算机病毒的特点很多，概括地讲，可大致归纳为以下几个方面：

（1）传染性。传染性是计算机病毒的重要特征，病毒为了生存，唯一的方法就是不断地感染其他文件。病毒的传播速度极快，范围很广。特别是在互联网环境下，病毒可以在极短的时间内传遍世界。

（2）破坏性。无论何种病毒程序，一旦侵入系统，都会产生不同程度的影响：有的病毒破坏系统运行，有的病毒蚕食系统资源（如争夺 CPU、大量占用存储空间），还有的病毒删除文件、破坏数据、格式化磁盘，甚至破坏主板。

（3）隐蔽性。隐蔽是病毒的本能特性，为了逃避被觉察，病毒制造者总是想方设法地使用各种隐藏术。病毒一般都是些短小精悍的程序，通常依附在其他可执行程序体或磁盘中较隐蔽的地方，因此用户很难发现它们。用户发现时，病毒已经发作了。

（4）潜伏性。为了达到更大的破坏性，病毒在未发作之前往往潜伏起来。有的病毒可以几周或者几个月内在系统中进行繁殖而不被人们发现。病毒的潜伏性越好，其在系统内存在的时间就越长，传染范围也就越广，危害越大。

（5）可触发性。病毒在潜伏期内一般是隐蔽地活动（繁殖），当病毒的触发机制或条件满足时，就会以各自的方法对系统发起攻击。病毒触发机制和条件五花八门，如指定日期、时间、文件类型，或指定文件名、一个文件的使用次数等。例如，“黑色星期五”病毒每逢 13 日星期五时发作，CIH 病毒 V1.2 的发作日期为每年的 4 月 26 日。

（6）攻击的主动性。病毒对系统的攻击是主动的，是不以人的意志为转移的。也就是说，从一定程度上讲，计算机系统无论采取多么严密的防范措施都不可能彻底地排除病毒对系统的攻击，而防范措施只是一种预防的手段而已。

（7）不可预见性。从对病毒的检测来看，病毒具有不可预见性。病毒对于反病毒软件永远是超前的。新一代计算机病毒甚至连一些基本的特征都隐藏了，有时病毒利用文件中的空隙来存放自身代码，有的新病毒则采用变形来逃避检查，这也成为新一代计算机病毒的基本特征。

3. 计算机病毒的预防

计算机病毒防治的关键是做好预防工作，即防患于未然。预防工作应包含思想认识、管理措施和技术手段三方面的内容。

1）牢固树立以预防为主的思想

病毒防治的关键是在思想上足够重视，要“以预防为主，防治结合”，要从加强管理入手，制定切实可行的管理措施，并严格地贯彻落实。由于计算机病毒的隐藏性和主动攻击性，要杜绝病毒的传染，在目前的情况下，特别是对于网络系统和开放式系统而言，几乎是不可能的。因此，采用“以预防为主，防治结合”的策略可降低病毒感染、传播的概率，即使受到感染，也可立即采取有效措施将病毒消除，从而达到把病毒的危害降到最低的目的。

2）制定切实可行的预防管理措施

对病毒应制定切实可行的管理措施，并严格贯彻执行。大量实践证明这种主动预防的策略是行之有效的。预防管理措施包括：

（1）尊重知识产权，使用正版软件。不随意复制、使用来历不明及未经安全检测的软件。

（2）建立、健全各种切实可行的预防管理规章、制度及紧急情况处理预案。

（3）对服务器及重要的网络设备实行物理安全保护和严格的安全操作规程，做到专机、专人、专用。严格管理和使用系统管理员的账号，限定其使用范围。

（4）对系统中的重要数据要定期与不定期地进行备份。

（5）严格管理和限定用户的访问权限，特别是加强对远程访问用户、特殊用户的权限管理。

（6）随时注意观察计算机系统的各种异常现象。经常使用杀毒软件进行检测。

（7）在网络病毒发作期间，暂停使用 Outlook Express 接收电子邮件，避免来自其他邮件病毒的感染。

3）采用技术手段预防病毒

采用技术手段预防病毒主要包括以下措施：

（1）安装、设置防火墙，对内部网络实行安全保护。

（2）安装实时检测的杀病毒软件，定期更新软件版本，享受杀毒软件提供的防护服务。

（3）从 Internet 接口中去掉不必要的协议。

（4）不要随意下载来路不明的可执行文件或 E－mail 附件中携带的可执行文件。

（5）不要将自己的邮件地址放在网上，以防 SirCam 病毒窃取。

（6）对重要的文件采用加密方式传输。

4. 计算机病毒的消除

消除计算机病毒可采用人工清除和自动清除两种方法。

1）人工清除病毒法

人工清除病毒是借助工具软件对病毒进行手工清除。操作时使用工具软件打开被感染的文件，从中找到并摘除病毒代码，使之复原。手工清除操作复杂，速度慢，风险大，要求操作者具有熟练的操作技能和丰富的防病毒知识。这种方法是专业防病毒研究人员用于清除新病毒时采用的，一般用户不宜采取这种方式。

2）自动清除病毒法

自动清除病毒方法是使用杀毒软件来清除病毒。用杀毒软件杀毒，操作简单，用户只要按照菜单提示操作即可。自动清除病毒法具有效率高、风险小的特点，是一般用户都可以使用的杀毒方法。

讨论：

你的U盘有没有在使用过程中提示病毒感染的情况？你是如何处理的？

活动4 信息安全相关法规

如今，信息网络已经涉及国家的政治、军事、经济、文化等各个领域，因此吸引了越来越多的关注，包括不法分子的关注。近几年来，计算机犯罪案件急剧上升，已经成为普遍的国际性问题。据美国联邦调查局的报告，计算机犯罪是商业犯罪中最大的犯罪类型之一。网络的负面影响还包括计算机诈骗、非法盗版、垃圾邮件、青少年堕落、黄毒泛滥、恐怖活动等。

我国的信息安全与法律问题目前还处于探讨阶段。国内的专家和学者对信息安全法律的问题已经进行了一定程度的研究，对诸如立法框架、主要内容、基本制定等已经有了初步的设想。有关部门对互联网的行政管理已经做出了几项管理规定，如国务院颁布的《互联网信息服务管理办法》等。

为了预防计算机犯罪，计算机安全的防护措施必然要综合考虑信息流通的各个环节。因此，应做好以下几个方面的工作：

（1）建立信息保护法，做到“有法可依，执法必严，违法必究”。

（2）建立和健全严密的安全管理规章制度，采取各种预防措施和恢复手段防止来自内部和外部的攻击。

（3）建设好物理保护层，将周密的戒备措施与严格的身份鉴别技术相结合，识别和监视接触信息系统的各类人员。例如，可采用密钥、磁卡、条码等手段来对付“电子作恶”。

（4）保护存储在硬件主体（内存、外部设备、磁盘等）中的信息。例如，构建异地、异机的信息备份机制，定期备份数据。

（5）保护通信网络中传输的信息。有效的保护方法就是采用加密技术。

（6）保护操作系统和用户的应用程序。在编写软件时要考虑到安全性。

（7）保护数据的完整性和安全性，防止数据非法泄露，严禁对数据库的非法存取和篡改。可以采用访问控制技术保护数据库。

练习：

1. 下列各组设备中，全都属于输入设备的是______。

A. 键盘、磁盘和打印机　　B. 键盘、鼠标器和显示器

C. 键盘、扫描仪和鼠标器　　D. 硬盘、打印机和键盘

2. 在微型计算机中，CPU的“PentiumⅢ/866”配置中的数字“866”表示______。

A. CPU的型号是866　　B. CPU的时钟主频是866 MHz

C. CPU的高速缓存容量为866 KB　　D. CPU的运算速度是866 MIPS

3. 微型计算机的性能主要取决于______。

A. CPU 的性能　　B. 硬盘容量的大小

C. RAM 的存取速度　　D. 显示器的分辨率

4. 计算机中的标准 ASCII 编码用______位二进制数表示一个字符。

A. 6　　B. 7　　C. 8　　D. 16

5. 冯·诺依曼型体系结构的计算机所包含的五大部件是______。

A. 输入设备、运算器、控制器、存储器、输出设备

B. 输入/输出设备、运算器、控制器、内/外存储器、电源设备

C. 输入设备、中央处理器、只读存储器、随机存储器、输出设备

D. 键盘、主机、显示器、磁盘、打印机

第二篇

Word 2010 的使用

项目一

制作电脑小报

【项目介绍】

Word 2010 是目前使用比较广泛的一种文字处理软件，它集文字的编辑、排版、表格处理、页面设置等为一体。本章主要通过电脑小报的制作来介绍 Word 2010 中各个知识点的应用。

【学习目标】

（1）掌握刊头或标题的制作方法和设计原则；

（2）掌握版面布局的基本原理；

（3）掌握美化版面的技术。

任务 1　设计刊头和标题

在一张报纸中，最引人注目的是刊头。刊头在报刊设计中可起到画龙点睛的作用，刊头的位置、字体、大小、形状、方向都直接关系到整个版面的视觉效果。刊头的内容一般要和报刊的主题思想一致，可采用纯文字或文字与装饰纹样相结合的形式。

活动 1　学习案例：设置特刊标题

制作如图 2－1－1 所示的庆祝《科技日报》成立 20 周年特刊标题。

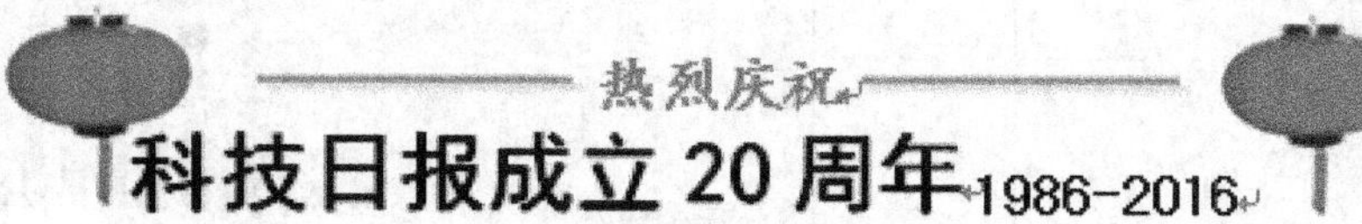

图 2－1－1　庆祝《科技日报》成立 20 周年特刊标题

（1）选择“插入”→“形状”，调出绘图工具栏；单击“形状”工具栏上的直线工具（如图 2－1－2 所示），画一直线，选中该直线，单击鼠标右键选择“设置形状格式”，将线条颜色设为橘黄色，宽为 1.5 磅，如图 2－1－3 所示。

（2）选中该直线，单击绘图工具栏上的阴影工具，选择“阴影效果”（如图 2－1－4 所示），调出“阴影设置”工具栏，选择阴影颜色为“黄色”（如图 2－1－5 所示）；选中直线，复制一份放于右边，如图 2－1－6 所示。

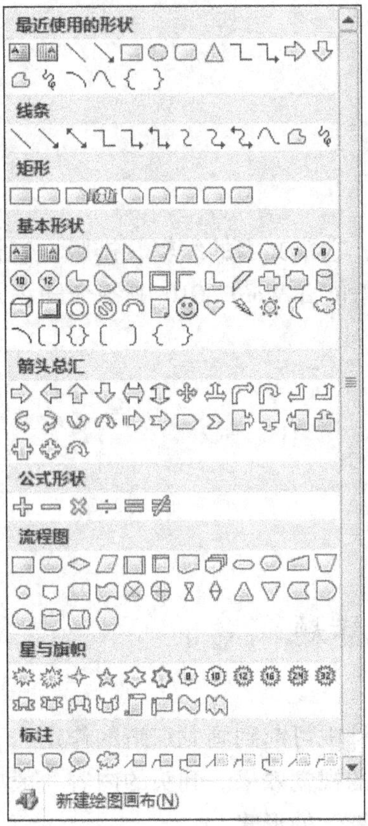

图 2－1－2　绘图工具栏的直线工具

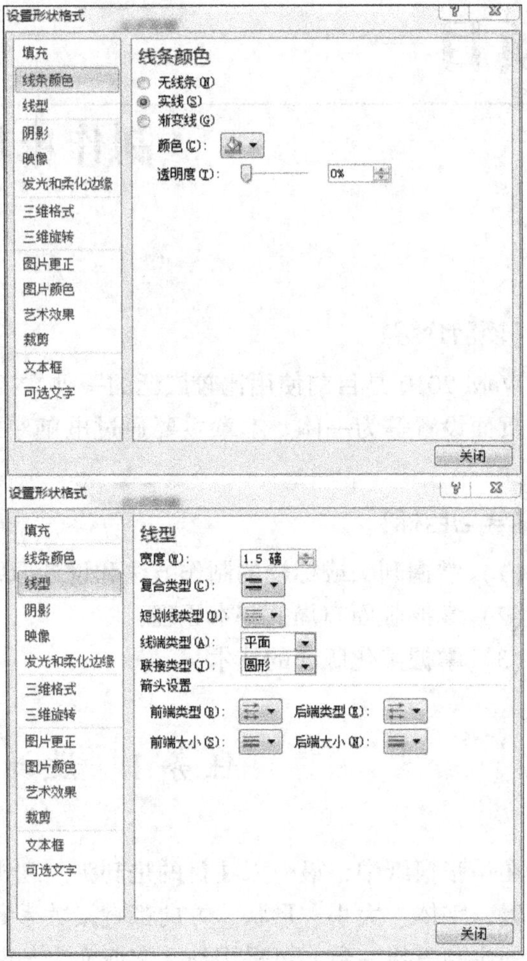

图 2－1－3　“设置形状格式”对话框

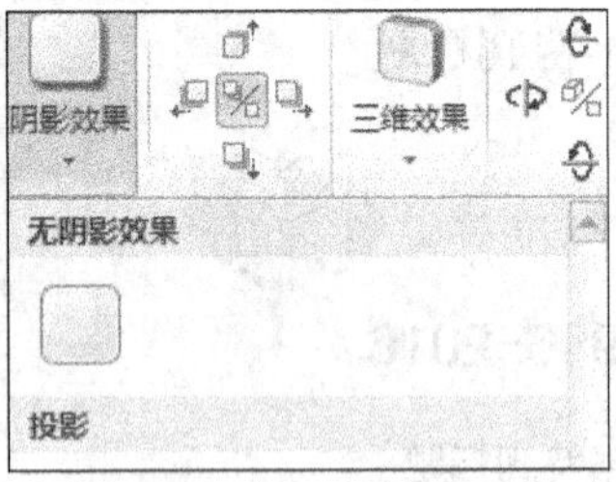

图 2－1－4　阴影设置

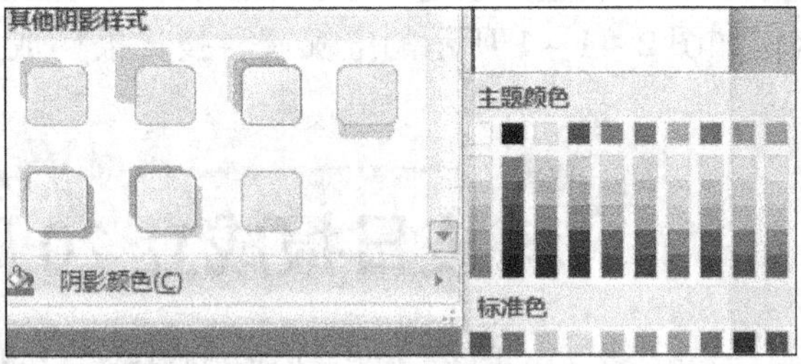

图 2－1－5　阴影颜色

图 2－1－6　线条效果

（3）单击“插入”工具栏上的“艺术字”工具（如图 2－1－7 所示），插入艺术字“热烈庆祝”，艺术字样式为第一种，字体设为“华文行楷、14、粗体”，填充颜色为“红色”，“文本轮廓”为“无轮廓”（如图 2－1－8 所示），版式设为“浮于文字上方”。

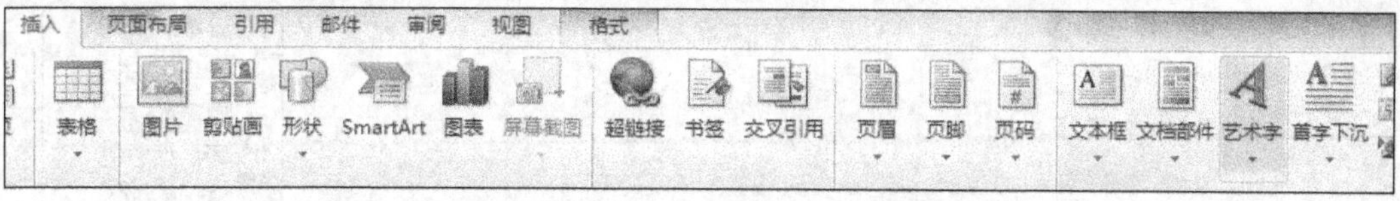

图 2-1-7 “插入”工具栏的“艺术字”工具

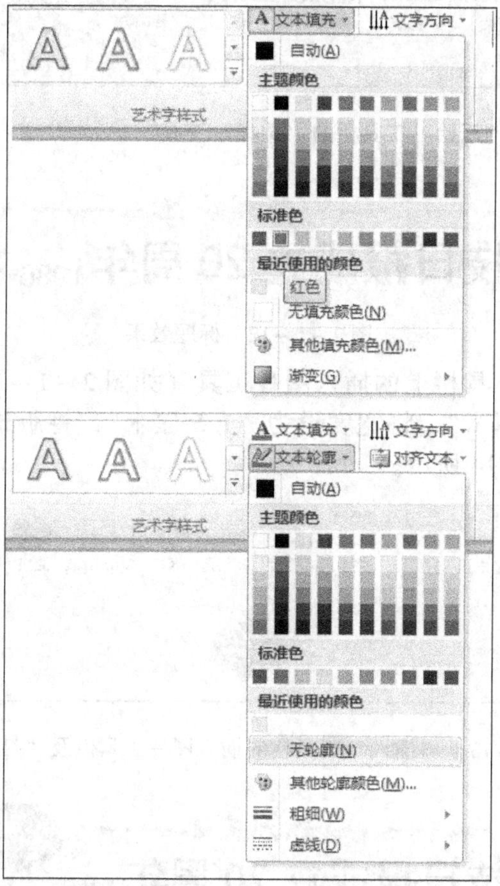

图 2-1-8 填充颜色和轮廓颜色设置

(4) 将“热烈庆祝”与第(2)步所画直线按如图 2-1-9 所示位置放置，单击“开始”工具栏上的“选择”工具(如图 2-1-10 所示)，选中直线和艺术字，接着选择“艺术字”→“对齐方式”→“居中”命令(如图 2-1-11 所示)，将直线和艺术字垂直对齐。

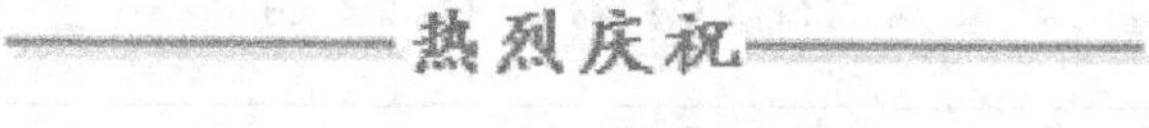

图 2-1-9 艺术字效果

(5) 插入艺术字“科技日报成立 20 周年”和“1986—2016”。将“科技日报成立 20 周年”字体设为“宋体、24、加粗”，将“1986—2016”字体设为“Times New Roman、12”，填充颜色和线条颜色均为“黑色”，版式均为“浮于文字上方”，放置位置如图 2-1-12 所示。

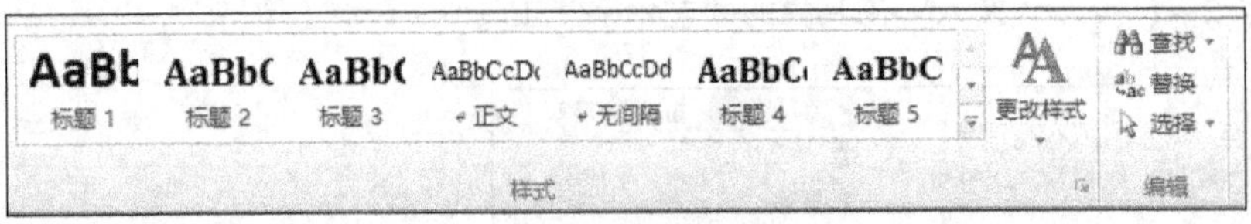

图 2－1－10　“开始”工具栏的“选择”工具

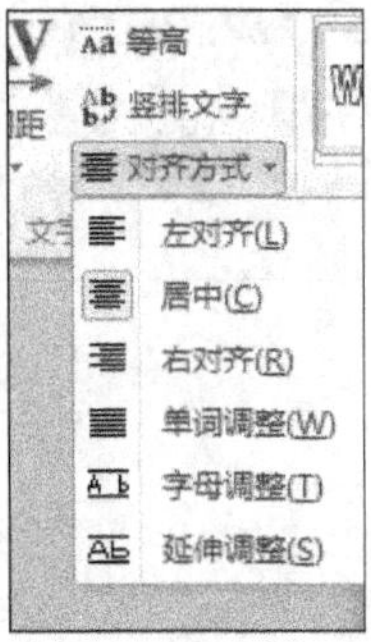

图 2－1－11　对齐方式设置

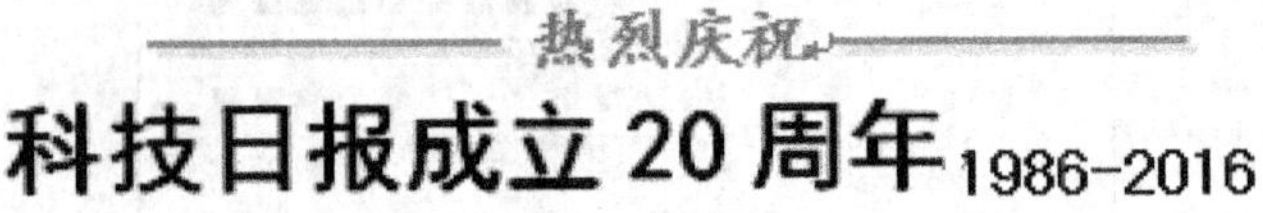

图 2－1－12　标题效果

（6）单击“插入”工具栏上的插入图片工具（如图 2－1－13 所示），插入图片“灯笼”，将高度设为“1.8 厘米”，将宽度设为“1.5 厘米”，将版式设为“浮于文字上方”，调整其位置，如图 2－1－14 所示。

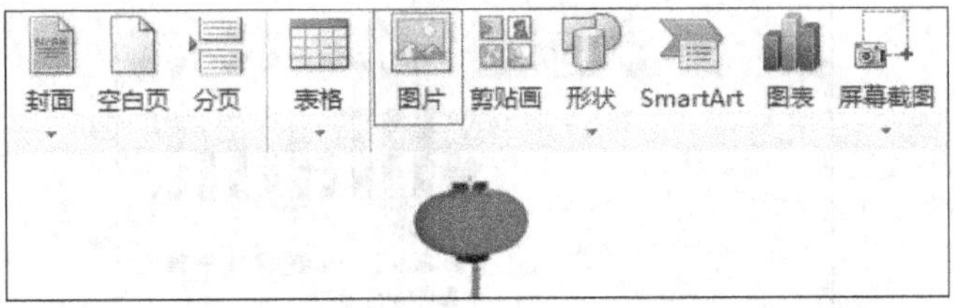

图 2－1－13　“插入”工具栏的插入图片工具以及“灯笼”图片

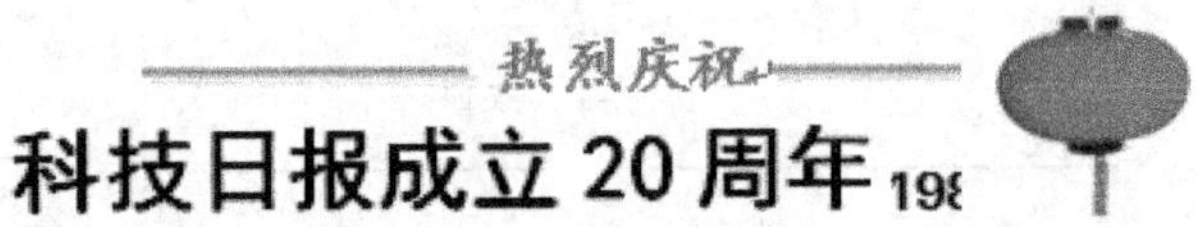

图 2－1－14　标题效果（1）

（7）由图 2－1－14 可知，图片“灯笼”有一白色的背景层遮住了艺术字“1986—2016”，那么如何将这层白色的背景层去掉呢？这里必须用到图片工具栏，如图 2－1－15 所示。

图 2－1－15　图片工具栏

选择图片，调出图片工具栏，选中“灯笼”图片后，单击图片工具栏中的“设置透明色”工具（如图 2－1－16 所示），当鼠标指针变为铅笔状后单击“灯笼”图片的白色背景处，将图片的背景色设为透明，如图 2－1－17 所示。

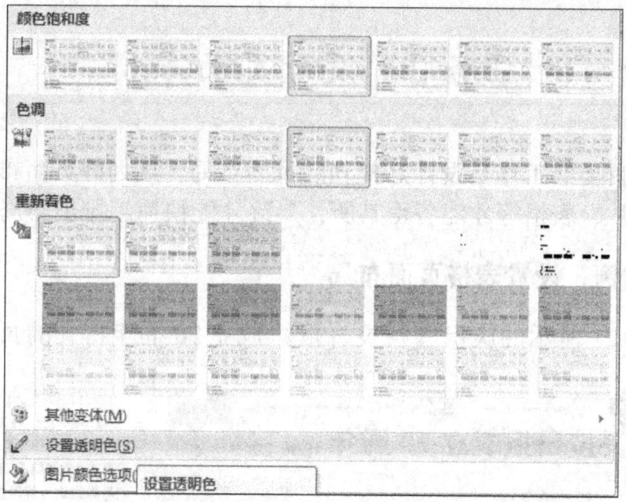

图 2－1－16　图片工具栏的“设置透明色”工具

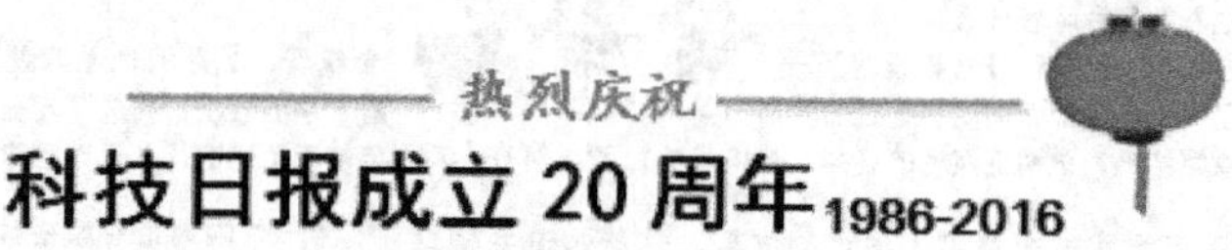

图 2－1－17　标题效果（2）

（8）复制“灯笼”图片置于刊头左侧，单击图片工具栏中的“排列”工具，选中所有对象，如图 2－1－18 所示，单击“排列”→“组合”（如图 2－1－19 所示），这样特刊标题就制作完成了。

图 2－1－18　全选

活动 2　课后练习——制作报刊刊头

制作如图 2－1－20 所示的报刊刊头。

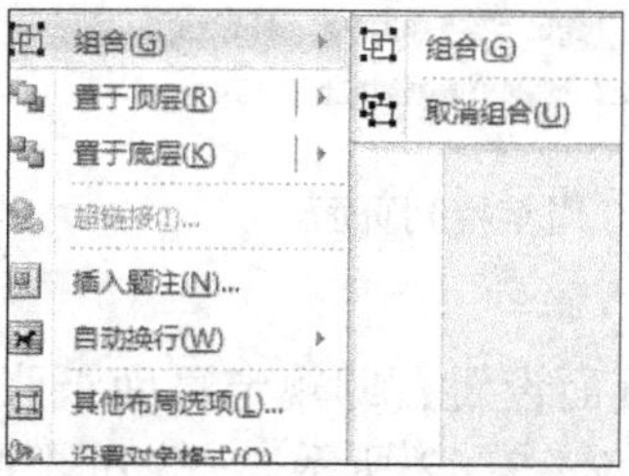

图 2－1－19　组合

图 2－1－20　《语文报》刊头

任务 2　设计页面布局

在编排报刊时，首要的工作是设计好报刊的页面布局，规划好页面布局，才能做到心中有数，排版时文字、图片、表格等才能各得其所，最终才能快速编排出布局美观、合理的报刊。

活动 1　学习案例：设置表格页面布局

编排如图 2－1－21 所示的庆祝《科技日报》成立 20 周年特刊的页面布局。

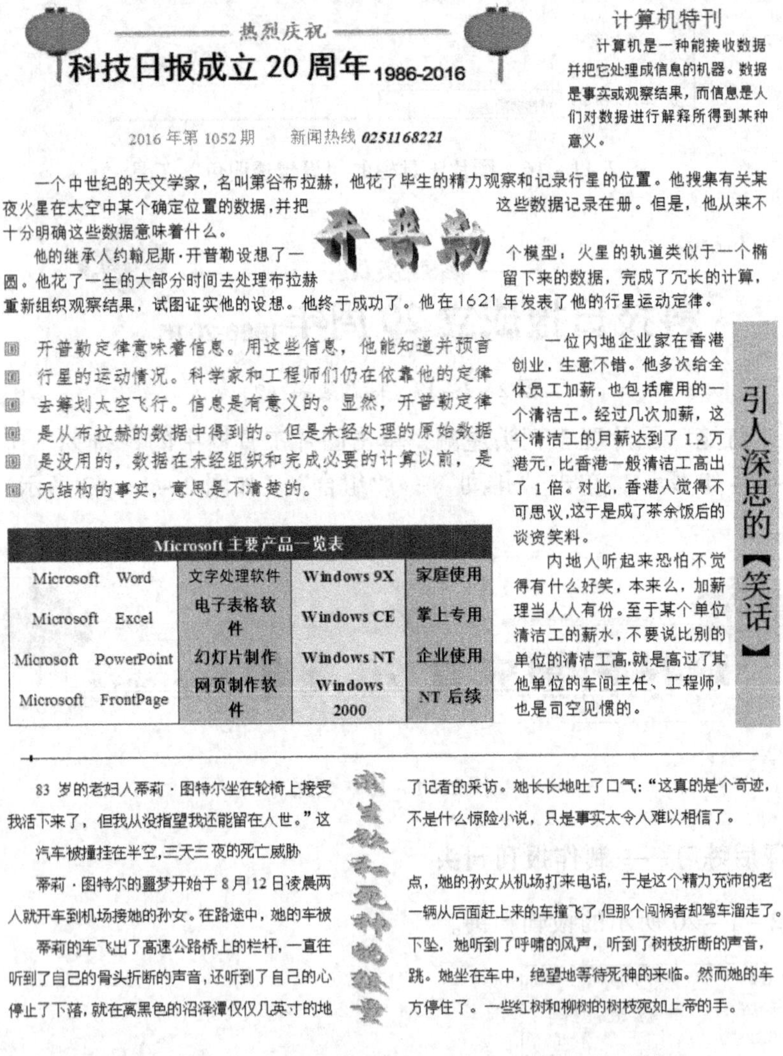
热烈庆祝

科技日报成立 20 周年 1986-2016

2016 年第 1052 期　　新闻热线 *0251168221*

计算机特刊

计算机是一种能接收数据并把它处理成信息的机器。数据是事实或观察结果，而信息是人们对数据进行解释所得到某种意义。

开普勒

一个中世纪的天文学家，名叫第谷布拉赫，他花了毕生的精力观察和记录行星的位置。他搜集有关某夜火星在太空中某个确定位置的数据，并把这些数据记录在册。但是，他从来不十分明确这些数据意味着什么。

他的继承人约翰尼斯·开普勒设想了一个模型：火星的轨道类似于一个椭圆。他花了一生的大部分时间去处理布拉赫留下来的数据，完成了冗长的计算，重新组织观察结果，试图证实他的设想。他终于成功了。他在 1621 年发表了他的行星运动定律。

开普勒定律意味着信息。用这些信息，他能知道并预言行星的运动情况。科学家和工程师们仍在依靠他的定律去筹划太空飞行。信息是有意义的。显然，开普勒定律是从布拉赫的数据中得到的。但是未经处理的原始数据是没用的，数据在未经组织和完成必要的计算以前，是无结构的事实，意思是不清楚的。

Microsoft 主要产品一览表			
Microsoft　Word	文字处理软件	Windows 9X	家庭使用
Microsoft　Excel	电子表格软件	Windows CE	掌上专用
Microsoft　PowerPoint	幻灯片制作	Windows NT	企业使用
Microsoft　FrontPage	网页制作软件	Windows 2000	NT 后续

引人深思的【笑话】

一位内地企业家在香港创业，生意不错。他多次给全体员工加薪，也包括雇用的一个清洁工。经过几次加薪，这个清洁工的月薪达到了 1.2 万港元，比香港一般清洁工高出了 1 倍。对此，香港人觉得不可思议，这于是成了茶余饭后的谈资笑料。

内地人听起来恐怕不觉得有什么好笑，本来么，加薪理当人人有份。至于某个单位清洁工的薪水，不要说比别的单位的清洁工高，就是高过了其他单位的车间主任、工程师，也是司空见惯的。

83 岁的老妇人蒂莉·图特尔坐在轮椅上接受我活下来了，但我从没指望我还能留在人世。”这

汽车被撞挂在半空，三天三夜的死亡威胁

蒂莉·图特尔的噩梦开始于 8 月 12 日凌晨两人就开车到机场接她的孙女。在路途中，她的车被

蒂莉的车飞出了高速公路桥上的栏杆，一直在听到了自己的骨头折断的声音，还听到了自己的心停止了下落，就在离黑色的沼泽潭仅仅几英寸的地

了记者的采访。她长长地吐了口气：“这真的是个奇迹，不是什么惊险小说，只是事实太令人难以相信了。

点，她的孙女从机场打来电话，于是这个精力充沛的老一辆从后面赶上来的车撞飞了，但那个闯祸者却驾车溜走了。

下坠，她听到了呼啸的风声，听到了树枝折断的声音，跳。她坐在车中，绝望地等待死神的来临。然而她的车方停住了。一些红树和柳树的树枝宛如上帝的手。

图 2－1－21　庆祝《科技日报》成立 20 周年特刊页面

1. 报刊的页面设置

利用 Word 进行页面布局时，首先必须进行正确的页面设置，即规定页面纸张大小、页边距等。选择【页面布局】→【页面设置】命令（如图 2－2－2 所示），打开“页面设置”

对话框，页面设置的基本操作均可以在该对话框中完成。

1）纸张大小

在“页面设置”对话框中，单击“纸张”标签，切换到“纸张”选项卡，进行页面纸张大小的设置。单击“纸张大小”下拉按钮，在下拉列表中选择合适的纸型，也可以选择“自定义大小”，根据制作的报刊页面的大小，将“宽度”和“高度”修改为合适的值。本案例中选择的纸型是“A4”，如图 2－1－22 所示。

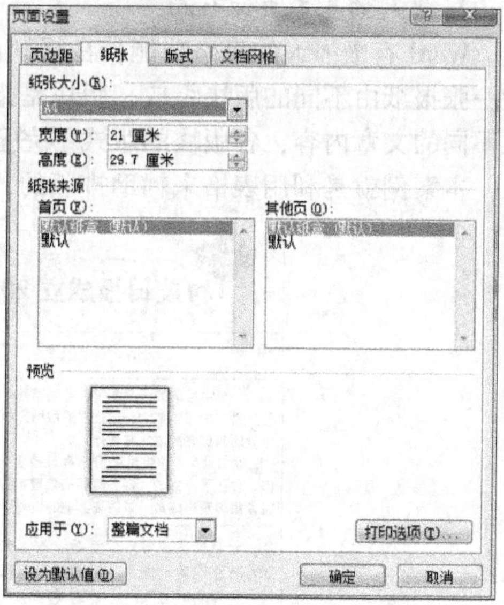

图 2－1－22　“页面设置”对话框

2）页边距

“页边距”是指页面四周的空白区域的宽度。在“页面设置”对话框中，单击“页边距”标签，切换到“页边距”选项卡，本案例中页边距上、下、左、右均为 2 厘米。在“纸张方向”选项卡中，可选择页面方向为“横向”或“纵向”，如图 2－1－23 所示。如图 2－1－24所示为纸张大小为“16 K”的纵向页面。

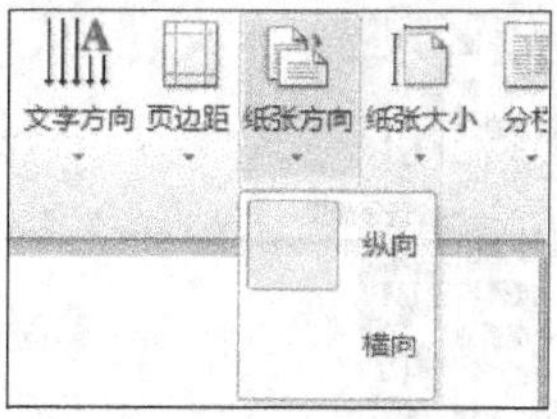

图 2－1－23　“纸张方向”选项卡

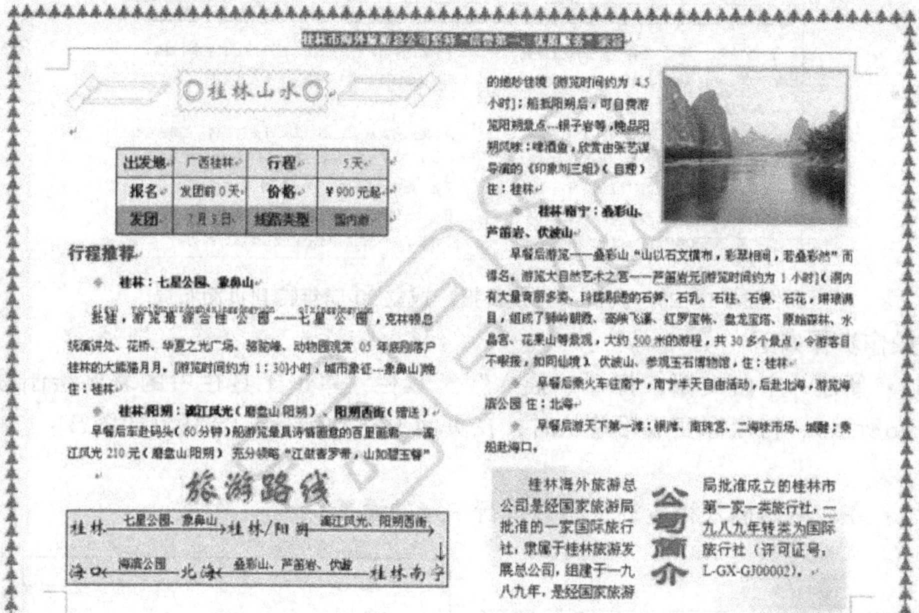

○桂林山水○

出发地	广西桂林	行程	5天
报名	发团前 0 天	价格	¥900 元起
发团	7 月 3 日	线路类型	国内游

行程推荐

◆ 桂林：七星公园、象鼻山

抵桂，游览最综合性公园——七星公园，克林顿总统演讲处、花桥、华夏之光广场、骆驼峰、动物园观赏 05 年底刚落户桂林的大熊猫月月。[游览时间约为 1：30]小时，城市象征--象鼻山]晚住：桂林

◆ 桂林阳朔：漓江风光（磨盘山阳朔）、阳朔西街（赠送）

早餐后车赴码头（60 分钟）船游览最具诗情画意的百里画廊——漓江风光 210 元（磨盘山阳朔）充分领略“江做青罗带，山如碧玉簪”的绝妙佳境 [游览时间约为 4.5 小时]；船抵阳朔后，可自费游览阳朔景点--银子岩等，晚品阳朔风味：啤酒鱼，欣赏由张艺谋导演的《印象刘三姐》（自理）住：桂林

◆ 桂林南宁：叠彩山、芦笛岩、伏波山

早餐后游览——叠彩山“山以石文横布，彩翠相间，若叠彩然”而得名。游览大自然艺术之宫——芦笛岩元[游览时间约为 1 小时]（洞内有大量奇丽多姿、玲珑剔透的石笋、石乳、石柱、石幔、石花，琳琅满目，组成了狮岭朝霞、高峡飞瀑、红罗宝帐、盘龙宝塔、原始森林、水晶宫、花果山等景观，大约 500 米的游程，共 30 多个景点，令游客目不暇接，如同仙境）、伏波山、参观玉石博物馆，住：桂林

◆ 早餐后乘火车往南宁，南宁半天自由活动，后赴北海，游览海滨公园 住：北海

◆ 早餐后游天下第一滩：银滩、南珠宫、二海味市场、城雕；乘船赴海口。

旅游路线

桂林 —七星公园、象鼻山→ 桂林/阳朔 —漓江风光、阳朔西街→ 桂林南宁 —叠彩山、芦笛岩、伏波→ 北海 —海滨公园→ 海口

公司简介

桂林海外旅游总公司是经国家旅游局批准的一家国际旅行社，隶属于桂林旅游发展总公司，组建于一九八九年，是经国家旅游局批准成立的桂林市第一家一类旅行社，一九八九年转类为国际旅行社（许可证号：L-GX-GJ00002）。

图 2－1－24　纸张大小为“16 K”的纵向页面

2. 报刊的基本页面布局

Word 有极强大的表格功能，在报刊的基本布局中也可以利用表格来设计页面布局。一般一张报纸由不同的版块组成。版块是指在一个版面内分成的若干个小块，在每个版块中输入不同的文章内容，各版块的版式不完全相同。

本案例就是利用表格来辅助排版的，效果如图 2－1－25 所示。

热烈庆祝

科技日报成立 20 周年 1986-2016

2016 年第 1052 期　　新闻热线 0251168221

计算机特刊

计算机是一种能接收数据并把它处理成信息的机器。数据是事实或观察结果，而信息是人们对数据进行解释所得到某种意义。

开普勒

一个中世纪的天文学家，名叫第谷布拉赫，他花了毕生的精力观察和记录行星的位置。他搜集有关某夜火星在太空中某个确定位置的数据，并把这些数据记录在册。但是，他从来不十分明确这些数据意味着什么。

他的继承人约翰尼斯·开普勒设想了一个模型：火星的轨道类似于一个椭圆。他花了一生的大部分时间去处理布拉赫留下来的数据，完成了冗长的计算，重新组织观察结果，试图证实他的设想。他终于成功了。他在1621 年发表了他的行星运动定律。

开普勒定律意味着信息。用这些信息，他能知道并预言行星的运动情况。科学家和工程师们仍在依靠他的定律去筹划太空飞行。信息是有意义的。显然，开普勒定律是从布拉赫的数据中得到的。但是未经处理的原始数据是没用的，数据在未经组织和完成必要的计算以前，是无结构的事实，意思是不清楚的。

Microsoft 主要产品一览表

Microsoft Word	文字处理软件	Windows 9X	家庭使用
Microsoft Excel	电子表格软件	Windows CE	掌上专用
Microsoft PowerPoint	幻灯片制作	Windows NT	企业使用
Microsoft FrontPage	网页制作软件	Windows 2000	NT 后续

引人深思的【笑话】

一位内地企业家在香港创业，生意不错。他多次给全体员工加薪，也包括雇用的一个清洁工。经过几次加薪，这个清洁工的月薪达到了 1.2 万港元，比香港一般清洁工高出了 1 倍。对此，香港人觉得不可思议，这于是成了茶余饭后的谈资笑料。

内地人听起来恐怕不觉得有什么好笑，本来么，加薪理当人人有份。至于某个单位清洁工的薪水，不要说比别的单位的清洁工高，就是高过了其他单位的车间主任、工程师，也是司空见惯的。

83 岁的老妇人蒂莉·图特尔坐在轮椅上接受了记者的采访。她长长地吐了口气："这真的是个奇迹，我活下来了，但我从没指望我还能留在人世。"这不是什么惊险小说，只是事实太令人难以相信了。

汽车被撞挂在半空，三天三夜的死亡威胁

蒂莉·图特尔的噩梦开始于 8 月 12 日凌晨两点，她的孙女从机场打来电话，于是这个精力充沛的老人就开车到机场接她的孙女。在路途中，她的车被一辆从后面赶上来的车撞飞了，但那个闯祸者却驾车溜走了。

蒂莉的车飞出了高速公路桥上的栏杆，一直往下坠，她听到了呼啸的风声，听到了树枝折断的声音，听到了自己的骨头折断的声音，还听到了自己的心跳。她坐在车中，绝望地等待死神的来临。然而她的车停止了下落，就在离黑色的沼泽潭仅仅几英寸的地方停住了。一些红树和柳树的树枝宛如上帝的手。

图 2－1－25　庆祝《科技日报》成立 20 周年特刊页面布局

主要操作步骤如下：

步骤 1：新建一空白文档，打开"插入"工具栏，单击工具栏中的表格绘制按钮（如图 2－1－26所示），待鼠标变成铅笔状时，在页面上拖动鼠标，绘制出如图 2－1－27 所示的表格。

步骤 2：在表格内插入相应的文字并进行一定的设置。

图 2－1－26　"插入"工具栏的表格绘制按钮

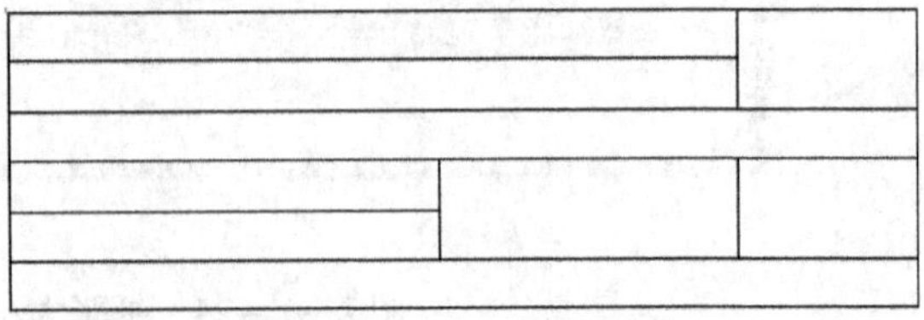

图 2－1－27　页面表格

步骤3：选中整张表格（如图 2－1－28 所示），选择“格式”→“边框和底纹”→“边框”选项卡，如图 2－1－29 所示设置，将整张表格的边框线设为白色。

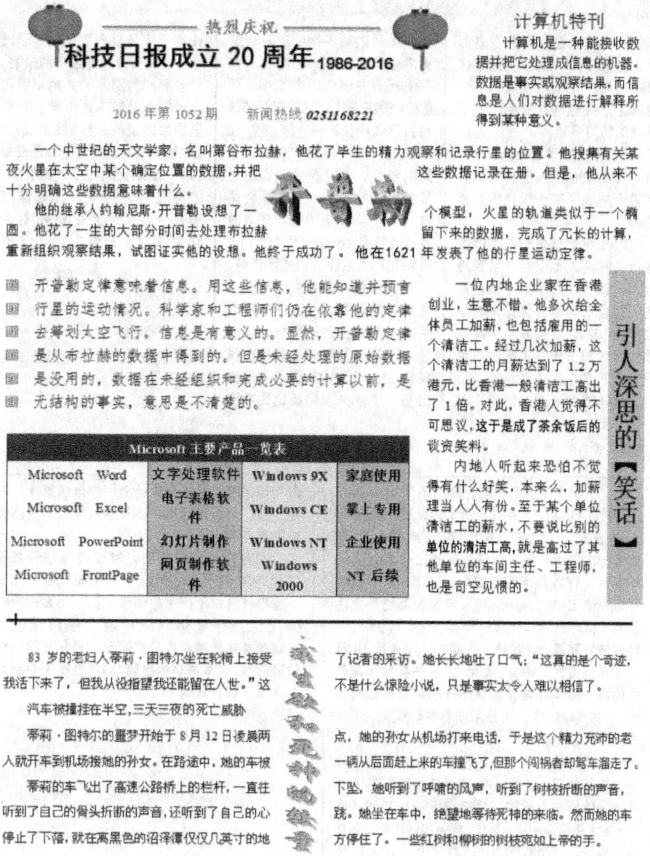
热烈庆祝

科技日报成立 20 周年 1986-2016

2016 年第 1052 期　　新闻热线 0251168221

计算机特刊

计算机是一种能接收数据并把它处理成信息的机器。数据是事实或观察结果，而信息是人们对数据进行解释所得到某种意义。

一个中世纪的天文学家，名叫第谷布拉赫，他花了毕生的精力观察和记录行星的位置。他搜集有关某夜火星在太空中某个确定位置的数据，并把这些数据记录在册。但是，他从来不十分明确这些数据意味着什么。

开普勒

他的继承人约翰尼斯·开普勒设想了一个模型，火星的轨道类似于一个椭圆。他花了一生的大部分时间去处理布拉赫留下来的数据，完成了冗长的计算，重新组织观察结果，试图证实他的设想。他终于成功了。他在1621 年发表了他的行星运动定律。

开普勒定律意味着信息。用这些信息，他能知道并预言行星的运动情况。科学家和工程师们仍在依靠他的定律去筹划太空飞行。信息是有意义的。显然，开普勒定律是从布拉赫的数据中得到的。但是未经处理的原始数据是没用的，数据在未经组织和完成必要的计算以前，是无结构的事实，意思是不清楚的。

Microsoft 主要产品一览表			
Microsoft　Word	文字处理软件	Windows 9X	家庭使用
Microsoft　Excel	电子表格软件	Windows CE	掌上专用
Microsoft　PowerPoint	幻灯片制作	Windows NT	企业使用
Microsoft　FrontPage	网页制作软件	Windows 2000	NT 后续

引人深思的【笑话】

一位内地企业家在香港创业，生意不错。他多次给全体员工加薪，也包括雇用的一个清洁工。经过几次加薪，这个清洁工的月薪达到了 1.2 万港元，比香港一般清洁工高出了 1 倍。对此，香港人觉得不可思议，这于是成了茶余饭后的谈资笑料。

内地人听起来恐怕不觉得有什么好笑，本来么，加薪理当人人有份。至于某个单位清洁工的薪水，不要说比别的单位的清洁工高，就是高过了其他单位的车间主任、工程师，也是司空见惯的。

83 岁的老妇人蒂莉·图特尔坐在轮椅上接受了记者的采访。她长长地吐了口气：“这真的是个奇迹，我活下来了，但我从没指望我还能留在人世。”这不是什么惊险小说，只是事实太令人难以相信了。

汽车被撞挂在半空，三天三夜的死亡威胁

蒂莉·图特尔的噩梦开始于 8 月 12 日凌晨两点，她的孙女从机场打来电话，于是这个精力充沛的老人就开车到机场接她的孙女。在路途中，她的车被一辆从后面赶上来的车撞飞了，但那个闯祸者却驾车溜走了。

蒂莉的车飞出了高速公路桥上的栏杆，一直往下坠，她听到了呼啸的风声，听到了树枝折断的声音，听到了自己的骨头折断的声音，还听到了自己的心跳。她坐在车中，绝望地等待死神的来临。然而她的车停止了下落，就在离黑色的沼泽潭仅仅几英寸的地方停住了。一些红树和柳树的树枝宛如上帝的手。

图 2－1－28　选定整张表格

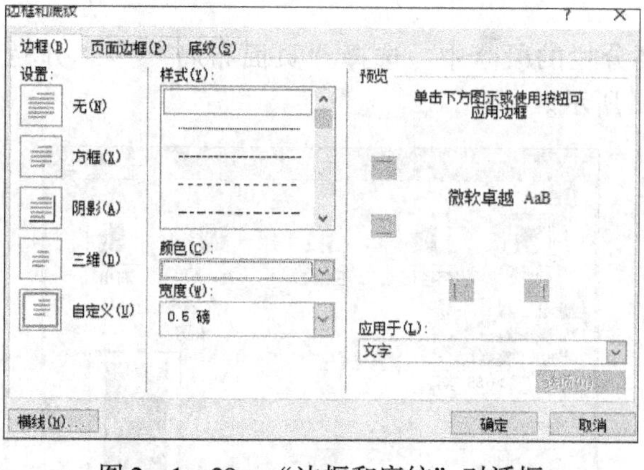

图 2－1－29　“边框和底纹”对话框

活动 2　学习案例：设置分栏、文本框链接

编排如图 2－1－30 所示页面的布局。在报刊的页面布局中，很多时候会用到分栏、文

本框链接等技术，以分隔不同内容的版块。

引人深思的“笑话”

一位内地企业家在香港创业，生意不错。他多次给全体员工加薪，也包括雇用的一个清洁工。经过几次加薪，这个清洁工的月薪达到了 1.2 万港元，比香港一般清洁工高出了 1 倍。对此，香港人觉得不可思议,这于是成了茶余饭后的谈资笑料。

内地人听起来恐怕不觉得有什么好笑，本来么，加薪理当人人有份。至于某个单位清洁工的薪水，不要说比别的单位的清洁工高,就是高过了其他单位的车间主任、工程师，也是司空见惯的。

两种截然不同的态度，源自香港和内地不同的工薪制度。香港公司员工薪水的差别，并不取决于其在哪个单位工作，而是取决于其干的什么工作。在同一个单位，不同职位的薪水差别在 10 倍以上；而相同的职位，在不同的单位，无论是私人作坊还是跨国公司，薪水差别不会超过 10%。所以香港清洁工人的月薪也就是 6000 多元，加到 1.2 万港元，难免让人们感到奇怪。

内地是按单位决定薪的。它的导向则是：没有本事没啥关系，只要找到一个好单位就行。于是人们把精力都用在找单位上，进了好单位，内部比比差不了多少，外面比比高出许多，于是心满意足，不思进取。这种违背市场经济的做法，难免要成为别人的笑柄。现在内地一些急需人才的单位，只是因为经济效益一时还不是太好，就算有部门经理的位子空缺也不一定有人愿意去，而效益好的单位又人才过剩。比如现在国有企业人才大量流失，有的硕士生自愿去看大门，这不能不说与这种工薪分配办法有关。

（上接第 1 版）他向记者出示了 1998 年 8 月调到康阳小学任职以获得的各项奖励证明，比如：1999年12月在九九年度工会工作中被城关镇评为先进工作者；2000 年 2 月，在九九年底工作中，被镇党委、政府评为先进工作者；2000 年 6 月在师范德评选活动中，被评为校、镇师德标兵……7 月 27 日于舒军被免职后，还获得一些奖励，如 8 月 18 日获市实验论文一等奖；8 月 20 日获县数学电教优质课一等奖和县投影制作一等奖。据粗略统计，1997 年以来，于舒军获得各种奖励 30 多种。

于舒军说，两年来，没有人通知自己考评不合格，相反，康阳小学及其任教的数学课成绩在全镇还是不错的。城关镇1999—2000年度第一期中质量检测中,康阳小学各级各科校排名总名次第5名，他所教的四年级数学课排名第4，期末考试语文、数学质量检测学校排名第 4。今年 1 月，于舒军任教的四年级数学获学区质量检测第 1 名。

记者在康阳村看到，学校现在还分散在村民的房子里，空间狭小，光线严重不足。一些教师说，于舒军教学水平高，办事也比较公正，对他被免职想不通。于舒军说：“我向媒体反映学校危房问题，只是想尽快维修或翻建。如果这样做就算‘政治嗅觉不灵敏’，今后谁还敢说真话？”

图 2－1－30　某页面布局

1. 分栏

(1) 将光标置于要分栏的段落中，选择“页面布局”→“分栏”命令，打开“分栏”对话框，如图 2－1－31 所示。

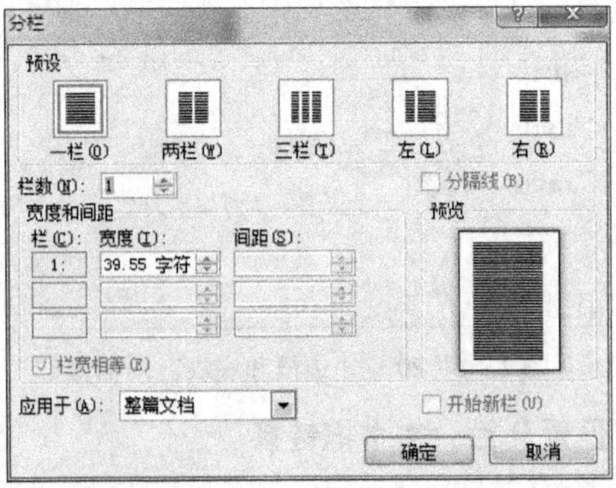

图 2－1－31　“分栏”对话框

（2）在“分栏”对话框中的“预设”区域选择分栏的栏数，也可在“栏数”后的选择框中直接输入。在“宽度和间距”区域，可对栏宽和栏间距进行相应设置，若要使栏的宽度相等，可勾选“栏宽相等”前的复选框。本案例的分栏设置如图 2－1－32 所示。

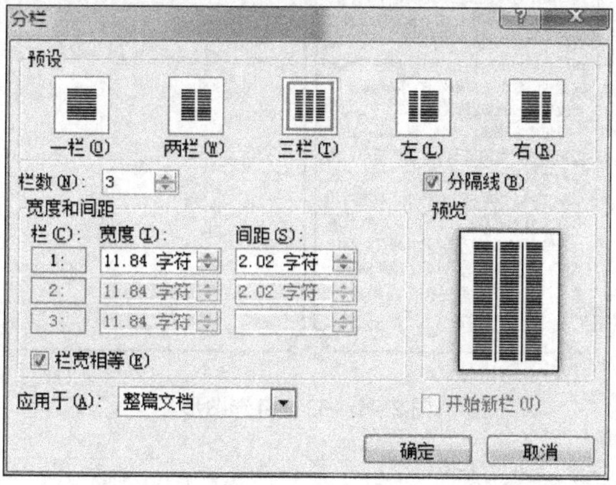

图 2－1－32　分栏设置

（3）在“分栏”对话框中的“应用于”区域，还可选择“分栏”所应用的范围，包括应用于本节、插入点之后、整篇文档或所选文字、所选节等。

> **操作技巧**：分栏后有时会出现左边一栏有文字，其他各栏没有文字的现象，这种现象称为栏长不均衡。其解决方法是：在页面视图下，将光标放在要平衡的栏的结尾，执行“页面布局”→“分隔符”命令，选中其中的“连续”项，单击“确定”按钮，该栏结尾会插入一个连续分隔符，使各栏的文字自动平衡。

2. 文本框链接

在报纸、杂志等版面中同一篇文章经常被分散编排在不同的版面或同一版面的不同位置处，Word 提供的文本框链接技术可以实现上述功能。可以通过文本框链接功能把各个独立的文本框组成一个逻辑上连续的文本框，这些文本框可以被编排在文档的任意位置。

（1）插入如图 2－1－33 所示的两个自选图形，用鼠标右键单击选择“添加文字”，将自选图形变成“文本框”。

（2）将文字粘贴到左边文本框内，选取该文本框后，选择“格式”内的“创建链接”，此时鼠标变为直立的杯状，创建链接如图 2－1－34 所示。

（3）将鼠标移动到右边空白的文本框内，待鼠标变为倾斜的杯状后单击，在第一个文本框中未显示完的文字在第二个文本框中接着显示，这时单击鼠标左键完成，最终如图 2－1－35所示。

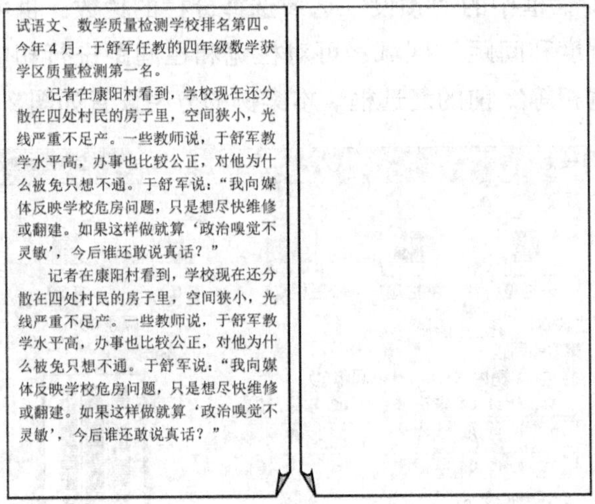

图 2－1－33　自选图形

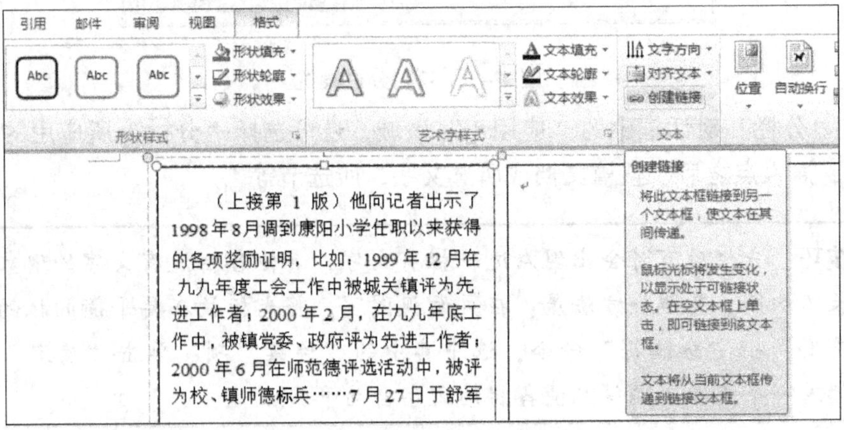

图 2－1－34　文本框链接

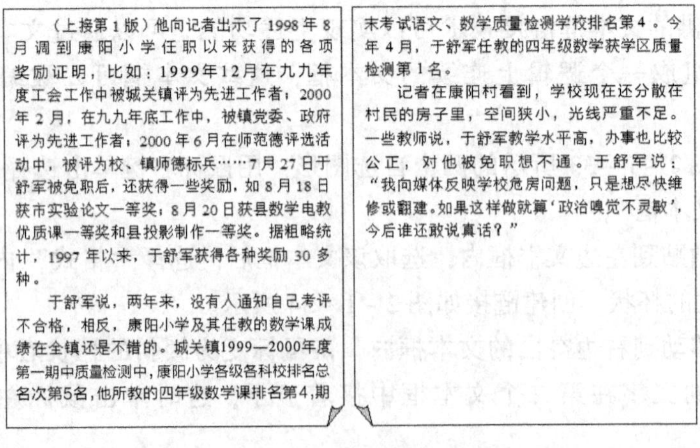

图 2－1－35　最终效果

活动 3 课后练习——制作某报刊页面

制作如图 2-1-36 所示的某报刊页面。

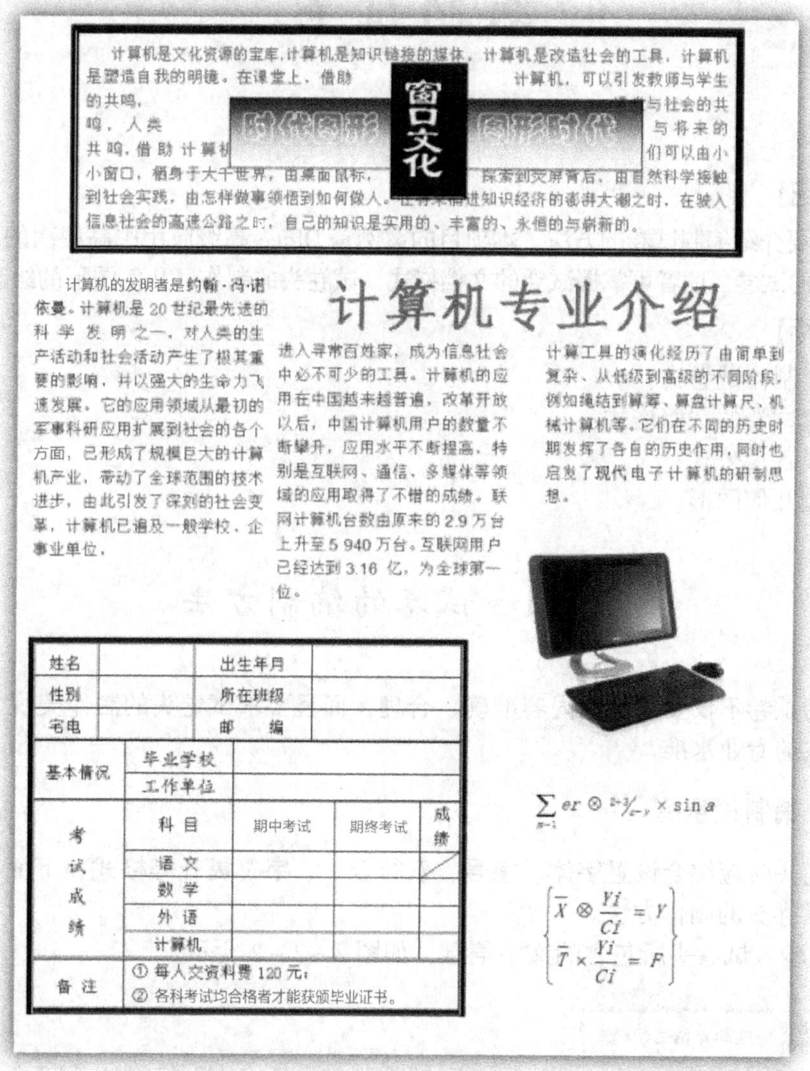

窗口文化

时代图形 图形时代

计算机是文化资源的宝库,计算机是知识链接的媒体，计算机是改造社会的工具，计算机是塑造自我的明镜。在课堂上，借助 计算机，可以引发教师与学生的共鸣， 与社会的共鸣，人类 与将来的共鸣，借助计算机 们可以由小小窗口，栖身于大千世界，由桌面鼠标， 探索到荧屏背后，由自然科学接触到社会实践，由怎样做事领悟到如何做人。 进知识经济的澎湃大潮之时，在驶入信息社会的高速公路之时，自己的知识是实用的、丰富的、永恒的与崭新的。

计算机专业介绍

计算机的发明者是约翰·冯·诺依曼。计算机是 20 世纪最先进的科学发明之一，对人类的生产活动和社会活动产生了极其重要的影响，并以强大的生命力飞速发展。它的应用领域从最初的军事科研应用扩展到社会的各个方面，已形成了规模巨大的计算机产业，带动了全球范围的技术进步，由此引发了深刻的社会变革，计算机已遍及一般学校、企事业单位，进入寻常百姓家，成为信息社会中必不可少的工具。计算机的应用在中国越来越普遍，改革开放以后，中国计算机用户的数量不断攀升，应用水平不断提高，特别是互联网、通信、多媒体等领域的应用取得了不错的成绩。联网计算机台数由原来的 2.9 万台上升至 5 940 万台。互联网用户已经达到 3.16 亿，为全球第一位。

计算工具的演化经历了由简单到复杂、从低级到高级的不同阶段，例如绳结到算筹、算盘计算尺、机械计算机等。它们在不同的历史时期发挥了各自的历史作用，同时也启发了现代电子计算机的研制思想。

姓名		出生年月		
性别		所在班级		
宅电		邮　编		
基本情况	毕业学校			
	工作单位			
考试成绩	科　目	期中考试	期终考试	成绩
	语　文			
	数　学			
	外　语			
	计算机			
备　注	① 每人交资料费 120 元； ② 各科考试均合格者才能获颁毕业证书。			

$$\sum_{n=1} er \otimes {}^{2-3}/_{c-y} \times \sin a$$

$$\begin{Bmatrix} \overline{X} \otimes \dfrac{Yi}{Ci} = Y \\ \overline{T} \times \dfrac{Yi}{Ci} = F \end{Bmatrix}$$

图 2-1-36

练一练

1. 根据本项目介绍的报刊刊头和标题的制作方法，发挥想象力，为学校“清晨文学社”主办的文学报《清晨》设计一个刊头。

2. 根据本项目介绍的页面布局的方法，为“清晨文学社”第 1 期报纸设计一个页面布局，提供文字和图片，要求：主题鲜明、布局合理、富有“文学社”特色。

3. 制作一份介绍景点的海报，海报主题自拟，要求美观生动、图文并茂。

项目二

编制试卷

【项目介绍】

本项目主要介绍编制试卷的方法。本项目的案例是 Office 高级应用中高层次的应用，通过制作一份高质量的试卷，读者可掌握试卷的文档格式，试卷头的制作、几何图形的绘制等方法。

【学习目标】

(1) 编辑制作试卷头；

(2) 设置试卷的文档格式；

(3) 编辑各类公式；

(4) 绘制几何图形。

任务1　试卷的编制方法

一份好的试卷不仅要求试题内容准确、合理，而且要求试卷头的制作美观大方，这样更能体现制作人的专业水准。

活动1　编制试卷头

编制试卷头时应综合设置字体、字号、双行合一、字符提升等格式，下面以图 2-2-1 为例来学习试卷头的制作方法。

步骤 1：输入试卷头所包含的文字信息，如图 2-2-2 所示。

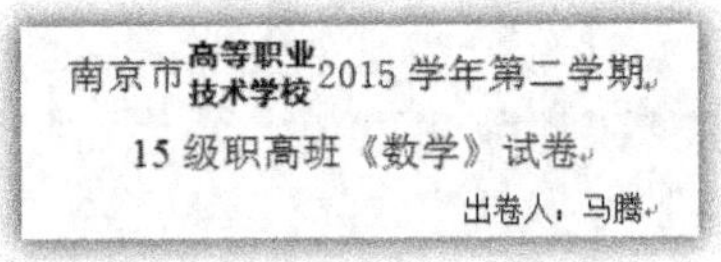
南京市高等职业技术学校2015 学年第二学期

15 级职高班《数学》试卷

出卷人：马腾

图 2-2-1　试卷头的效果

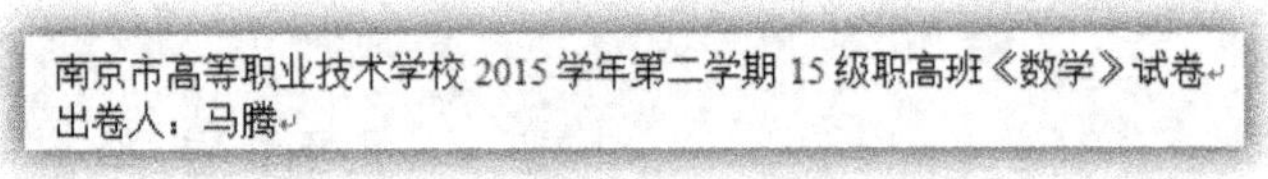
南京市高等职业技术学校 2015 学年第二学期 15 级职高班《数学》试卷

出卷人：马腾

图 2-2-2　试卷头的文字内容

步骤 2：选取“高等职业技术学校”文本内容，单击“格式”→“中文版式”→“双行合一”命令，效果如图 2-2-3 所示。

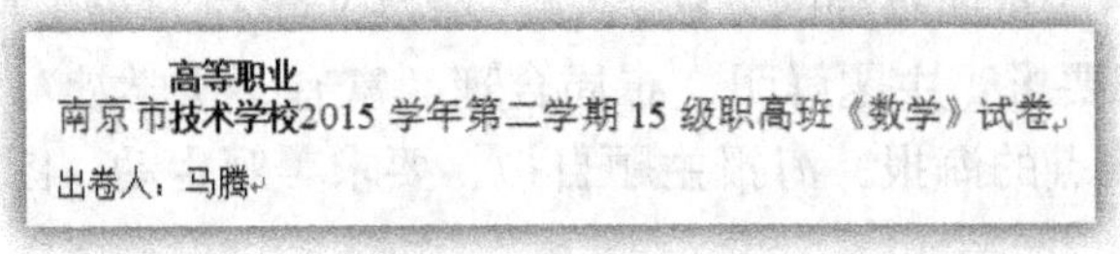
南京市高等职业技术学校2015 学年第二学期 15 级职高班《数学》试卷

出卷人：马腾

图 2-2-3　双行合一的效果

步骤 3：选取双行合一的文本，按住组合键“Ctrl + Shift + >”若干下，使选取文本的字号增大到“一号”，按组合键“Ctrl + B”加粗文本，并将字体设置为黑体，格式设置后效果如图 2－2－4 所示。

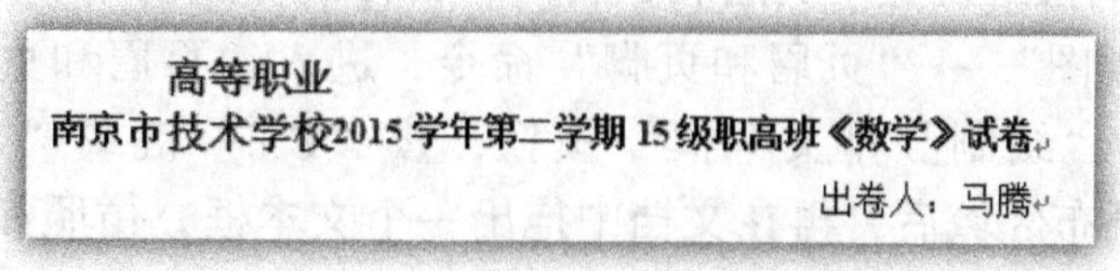

图 2－2－4　双行合一文字格式设置的效果

步骤 4：按“Ctrl”键，分别用鼠标选取文本“南京市”和“2015 学年第二学期 15 级职高班《数学》试卷”，按住组合键“Ctrl + D”，打开“字体”对话框，把“字号”设为“三号”，把“字体”设为“方正姚体”，单击“高级”选项卡，如图 2－2－5 所示。在“位置”下拉框中选择“提升”，在“磅值”框中设置“3 磅”，单击“确定”按钮，设置后的效果图如图 2－2－6 所示。

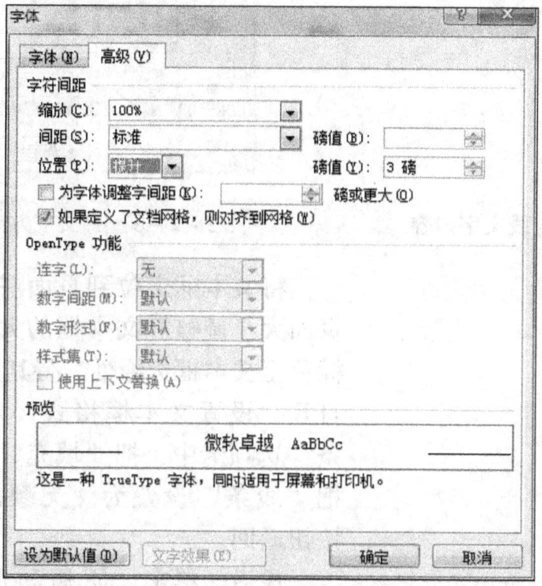

图 2－2－5　“字体”对话框的“高级”选项卡

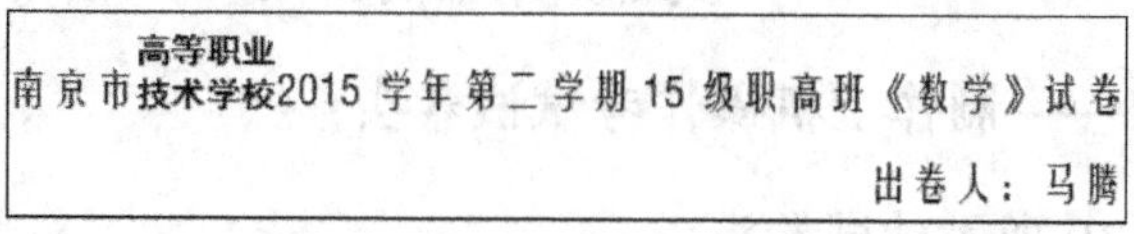

图 2－2－6　设置后的效果

第 1 行标题行文字内容布满一行，使标题行不够美观，因此从文字“15 级”开始另起一段，选取第 1、2 段标题行，按组合键“Ctrl + E”使段落居中对齐。把光标定于第 3 段，按组合键“Ctrl + R”使段落右对齐。

活动2　制作试卷密封线

正规的试卷上都有密封线，其可以借助文本框来制作。为了不让文本框悬浮于正文中，影响文档操作，可以把密封线置于页眉和页脚内，具体制作过程如下：

步骤1：选择“视图”→“页眉和页脚”命令，进入“页眉和页脚”编辑状态。然后单击绘图工具栏中的“绘制竖排文本框”按钮，按“Esc”键或“Ctrl + Z”组合键取消“在此处创建图形”画布区域后，再在文档中拖出一个文本框，仿照如图2－2－7所示的样式输入字符并设置下划线。

步骤2：将光标定位在文本框中，选择“页面布局”→“文字方向”命令，打开“文字方向”对话框，如图2－2－8所示，选择对话框左边的一种文字方向样式后，单击“确定”按钮。

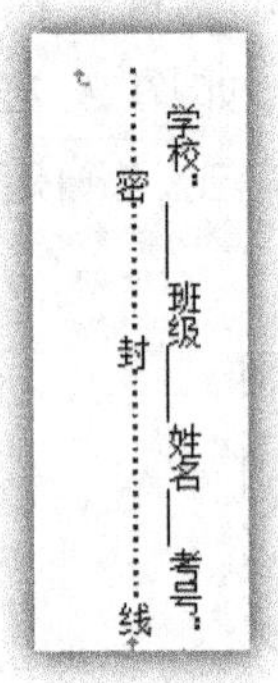

图2－2－7　试卷密封线文字内容

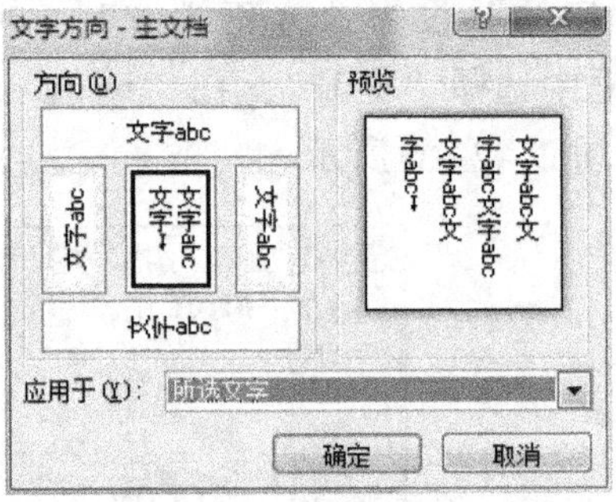

图2－2－8　“文字方向”对话框

将文本框定位到页面左边页边距外侧，并根据页面大小调整好文本框的大小及字符位置等。将鼠标移至文本框边缘处，待其成梅花状时，双击鼠标，打开“设置文本框格式”对话框，在“颜色与线条”选项卡中，把“填充”设置为“无填充颜色”，把“线条”设置为“无颜色线条”，单击“确定”按钮返回。

最后，单击“页眉和页脚”工具栏上的“关闭”按钮返回文档编辑状态，试卷密封线制作完成，局部效果如图2－2－9所示。

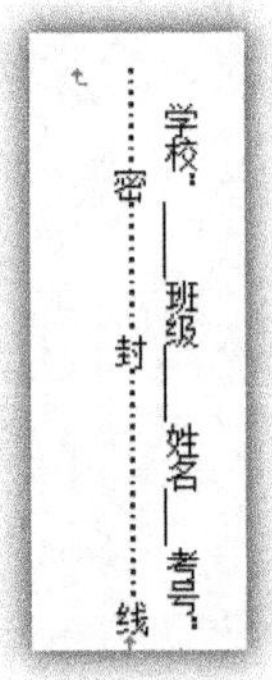

图2－2－9　试卷密封线局部效果

活动3　课后练习——制作上机操作考试试卷头

请制作如图2－2－10所示的试卷头。

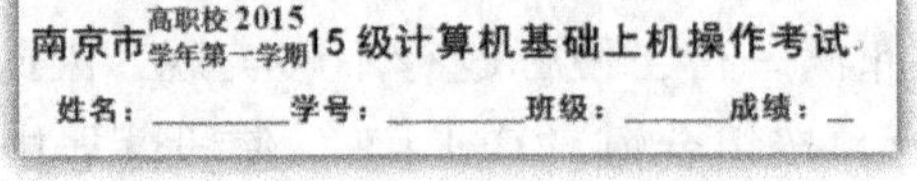

图2－2－10　上机操作考试试卷头

任务2　试卷文档格式设置

在录入试卷内容前应先对文档的格式进行设置，这样在录入试卷内容的过程中就能编制布局整齐的试题。

活动1　设置分栏

如图2－2－11所示，试卷页面呈两栏排列，且各选择题排列整齐，要编制这样的效果，应在录入文档内容前做好相应的文档格式设置工作。

试卷的一个特点就是分栏设置，也就是将页面中的试卷内容分成左、右两部分。分栏前应预先确定分栏的起始位置，即确定是否将试卷头列入分栏范围。如果要防止试卷头内容文字被分栏，应在试卷头标题行末尾插入一个分节符，具体分栏步骤如下：

步骤1：插入分节符。将光标定位于试卷头标题行末尾，选择“页面布局”→“分隔符”命令，在打开的对话框中，选择“分节符”框中的“连续”选项后，单击“确定”按钮返回，如图2－2－12所示。

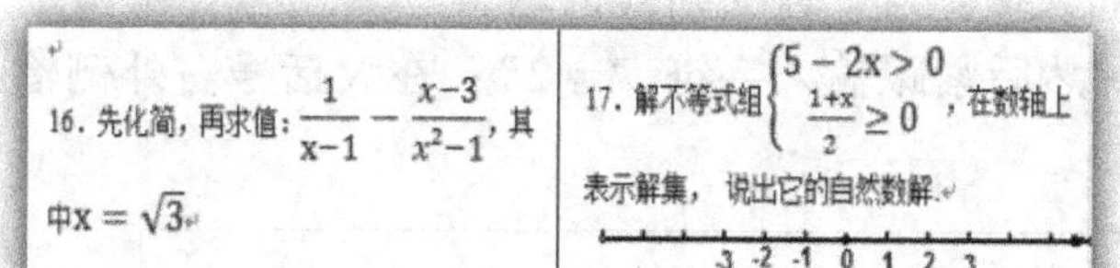

图2－2－11　试卷页面分两栏的局部效果

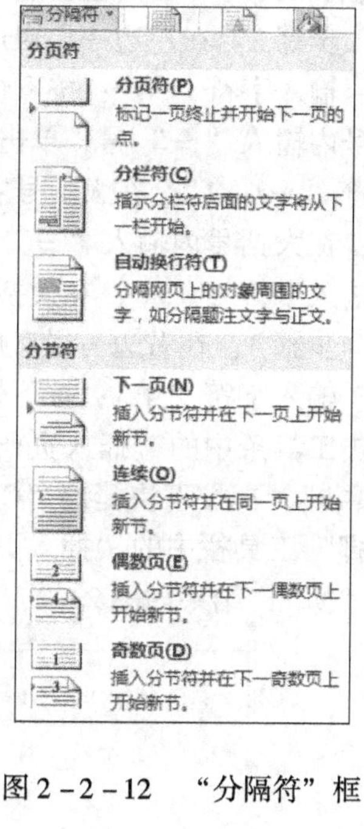

图2－2－12　“分隔符”框

步骤2：将光标定位在分节符后面，按“Enter”键，使光标在空行中，选择“页面布局”→“分栏”命令，在打开的对话框中进行分栏设置，选择两栏，将“应用于”设为“所选文字”，也可以在两栏间添加一条分隔线，最后单击“确定”按钮返回，如图2－2－13所示。

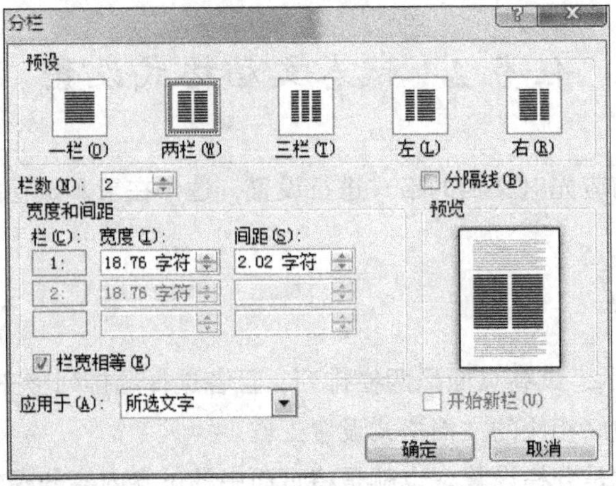

图 2－2－13 “分栏”对话框

活动 2 制作分栏页码

试卷分两栏打印，每栏下面都应有页码及总页码提示。具体操作步骤如下：

步骤 1：选择“插入”→“页眉和页脚”命令，进入“页眉和页脚”编辑状态，单击“页眉和页脚”工具栏上的“转至页脚”按钮，切换到“页脚”编辑状态。

步骤 2：在左边一栏对应的页脚处进行如下操作：

输入字符“第”；按下快捷键“Ctrl + F9”，插入域记号“{}”（即一对大括号），在大括号内输入“=”号；单击“页眉页脚”工具栏中的“插入页码”按钮，然后紧跟着输入字符“*2－1”，在大括号右外侧输入字符“页共”，再按下快捷键“Ctrl + F9”，插入域记号；在大括号内输入“=”号；单击“页眉页脚”工具栏中的“插入页数”按钮，然后紧跟输入字符“*2”；在大括号右外侧输入字符“页”。

步骤 3：在右边一栏对应的页脚处进行如下操作：

输入字符“第”；按下快捷键“Ctrl + F9”，插入域记号；在大括号内输入“=”号；单击工具条中的“插入页码”按钮；紧跟着输入字符“*2”；在大括号右外侧输入字符“页共”，再按下快捷键“Ctrl + F9”，插入域记号；在大括号内输入“=”号；单击“页眉页脚”工具栏中的“插入页数”按钮，然后紧跟输入字符“*2”；在大括号右外侧输入字符“页”，结果如图 2－2－14 所示。

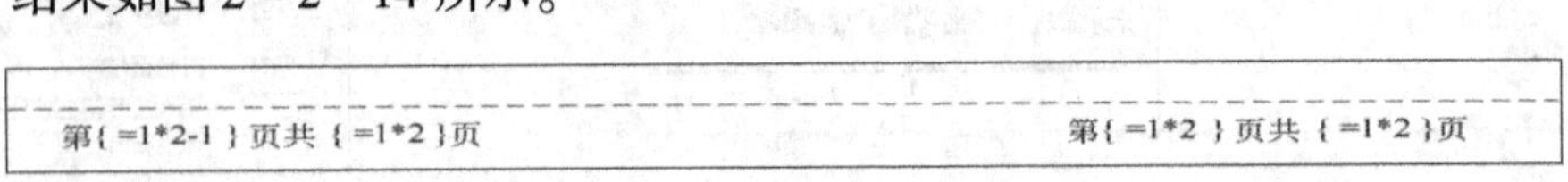

图 2－2－14 分栏页码设置

活动 3 设置制表位

在试卷选择题的编制中，每题的选择答案都排列得很整齐，这不是用按空格键的方法来实现的，因为按空格键没有办法使各个选项完全对齐，应该使用制表位功能来实现。

为了认识制表位，先来设置一下：单击水平标尺左侧的“制表位”按钮，可以切换不同的对齐方式，在设置了制表位的地方可以清楚地看到一个向右的灰色箭头“→”，这就是制表位符号。

在设置制表位之前先来了解制表位的种类。

制表位是一种隐含“光标定位”标记，专门用来与“Tab”键配合使用，每按一次“Tab”键光标向右跳到下一个制表位，按“Shift + Tab”组合键光标向左跳到上一个制表位。

制表位有以下 5 种，不同的制表位在标尺上显示不同的符号，它们分别是：

① 左对齐：输入的文字从制表位开始向右延伸；②右对齐：输入的文字从制表位开始向左延伸；③居中：输入的文字以制表位为基准向两侧延伸；④小数点对齐：小数点前的数字向左延伸，小数点后的数字向右延伸；⑤竖线对齐：在该位置出现竖线。制位表对话框如图 2－2－15所示。

设置制表位的具体操作如下：

步骤 1：用鼠标不断单击水平标尺最左端的“制表位”按钮，直到出现“左对齐制表位”时为止，然后移动鼠标到水平标尺上，在需要放置选择答案的对齐位置上单击，这样标尺上就设置相应的制表位，如图 2－2－16 所示。

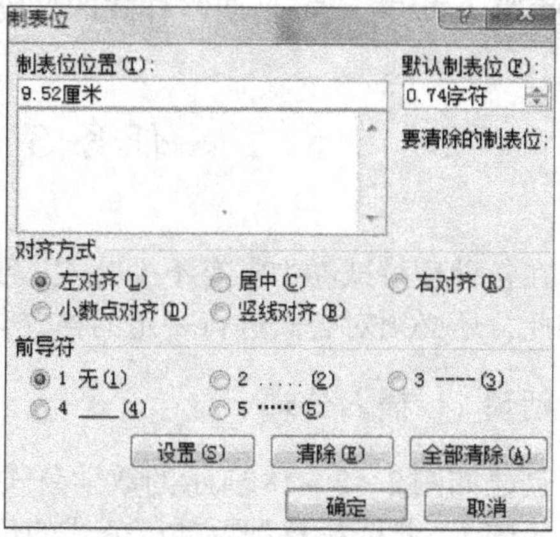

图 2－2－15 “制表位”对话框

图 2－2－16 设置的制表位在标尺上的显示

步骤 2：按“Tab”键，使光标自动跳到当前光标位置后第一处制表位位置上，输入选择项 A 的内容“A. $x + x = 2x^2$”，然后按“Tab”键，光标就自动跳到下一处设置好的制表位位置，再输入选择项 B 的内容“B. $-(a-b+c)=-a-b+c$”。

步骤 3：按“Enter”键，上一段设置的制表位信息自动带入下一段落，重复刚才的操作，依次输入另两个选择项的内容，并利用制表位将它们对齐，如图 2－2－17 所示。

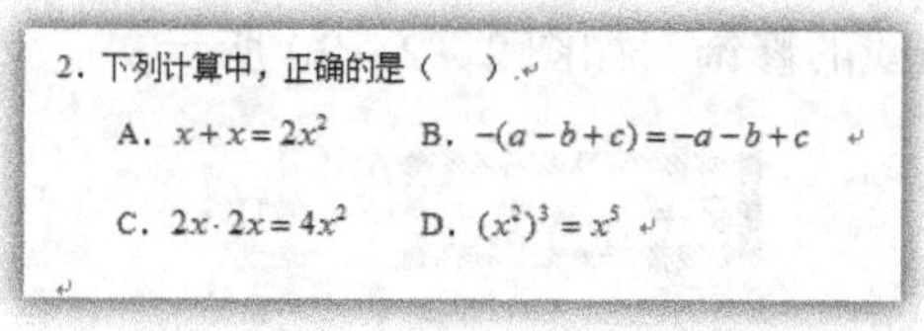

图 2－2－17 使用制表位的选择题题对齐效果

活动 4 调整制表位

（1）若要调整选项 A 与选项 B 之间的间距，可按如下操作进行：

把光标定位于要调整间距的行上；用鼠标拖动标尺上相应的制表位位置，从而调整选项 A 与 B 之间的距离。

（2）若要同时调整多行中同一制表位的位置，则调整前应选择多行文本，然后拖动标尺上的制表位就能实现。

（3）若要删除设置好的制表位，则只要用鼠标将标尺上的制表位拖至标尺以外，就能删除制表位了。

活动 5　课后练习——制作机密试卷头

请在制作好试卷头后，把试卷的页面格式设置为 8K，分两栏，横向打印，为每栏设置“机密 第＊页 共＊页 日期”样式的页码。

任务 3　编辑各类公式

在各种理科试卷中常有不少公式，要想制作一份高质量的试卷，插入公式是必要的，不仅如此，还必须对公式进行一定的格式化，使整张试卷看起来更为美观。

活动 1　插入公式

创建如图 2－2－18 所示的数学公式。

步骤 1：把光标移到要插入公式的位置，然后在“插入”菜单里的“文本”→“对象”中选择“公式 3.0”，打开公式编织器，在插入点处就会出现如图 2－2－19 所示的输入框，而且光标在闪动。

$$\bar{y} = \sqrt{\frac{a}{b}}\int_{b}^{a} f(t)dt$$

图 2－2－18　数学公式

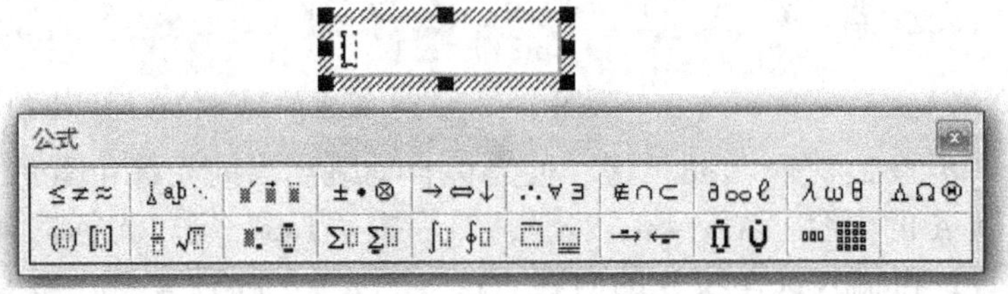

图 2－2－19　插入公式

步骤 2：输入公式的第一部分。先输入“y＝”，然后选中“y”并在公式编辑器中找到修饰符号，选中其中带有横线的修饰，如图 2－2－20 所示。

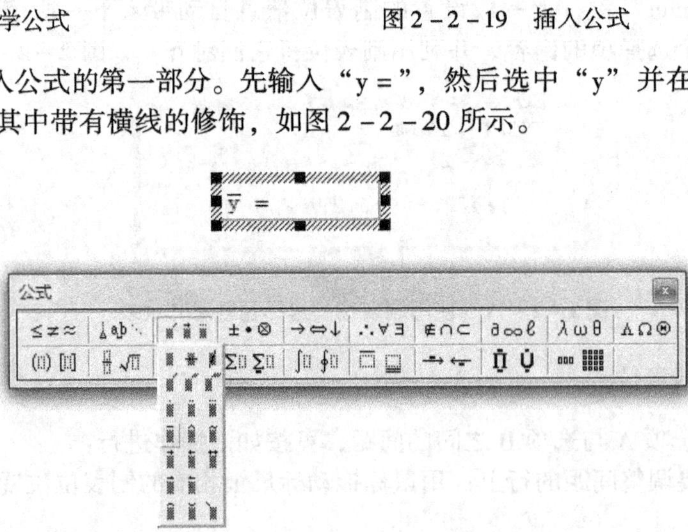

图 2－2－20　公式修饰符号

步骤 3：插入根号。找到公式编辑器中的分式与根式模板进行插入，如图 2－2－21 所示，插入之后，光标在根号里闪动。

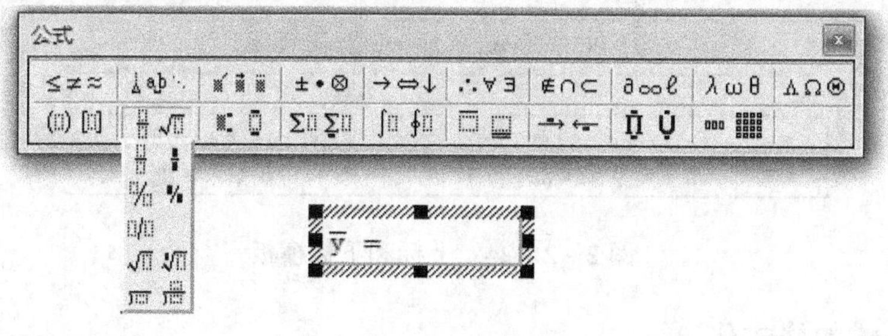

图 2－2－21　分式和根式模板（1）

步骤 4：在闪动的光标处输入分式。先在公式编辑器中找到分式和根式模板，如图 2－2－22 所示，在分式上方的文本框内输入“a”，在分式下方的文本框内输入“b”。

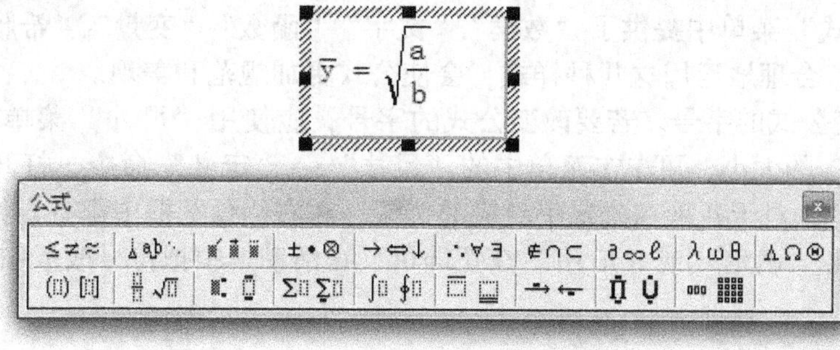

图 2－2－22　分式和根式模板（2）

步骤 5：在公式编辑器中找到积分模板，选择积分符号上、下都有文本的类型，可看到公式呈下列状态：在积分符号上方有一个文本框，在积分符号下方也有一个文本框，在积分符号右边还有一个文本框，然后用鼠标单击一下上方文本框，输入“a”，再单击下方文本框，输入“b”，如图 2－2－23 所示。

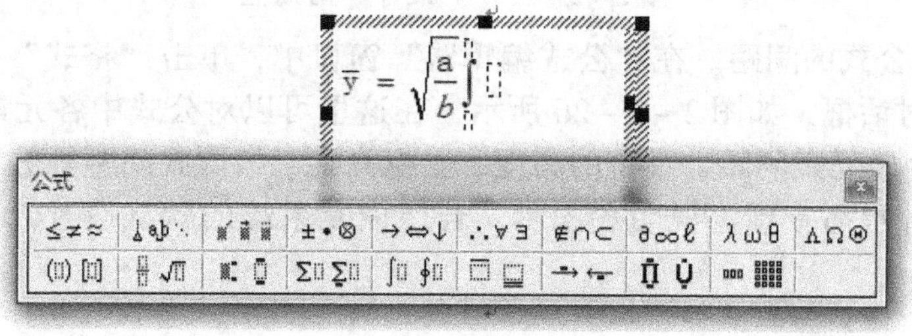

图 2－2－23　积分模板

步骤 6：在积分符号的右文本框中输入“f”，如图 2－2－24 所示。

步骤 7：在围栏模板中选择小括号，这样小括号里就出现一个文本框。在文本框中输入“t”，再在小括号外输入“dt”就完成了。单击空白处退出公式编辑状态。编辑效果如图 2－2－18 所示。

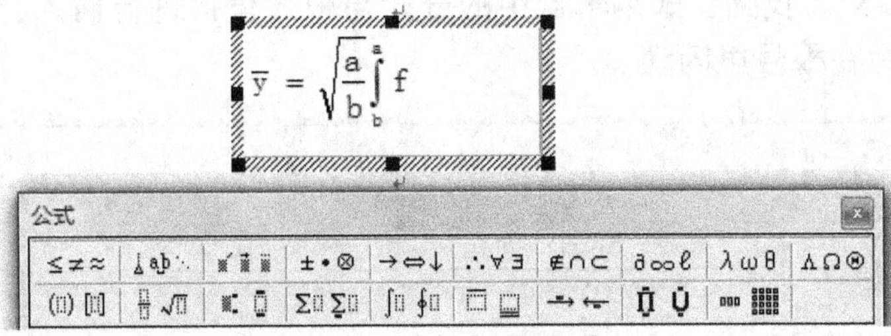

图 2 - 2 - 24　上标和下标模板

活动 2　公式的格式化

步骤 1：改变公式的大小。改变公式的大小很简单，选中公式后会出现 8 个控制点，将鼠标移向控制点，等鼠标变成双向箭头状时拖动鼠标即可改变公式的大小。

步骤 2：改变公式的样式。改变公式的样式，其实就是改变公式的字体，在“公式编辑器”窗口的“样式”菜单中提供了“数学”“文字”“函数”“变量”“希腊字母”等几种内置样式，灵活、合理地运用这几种样式，会使公式更加规范和美观。

步骤 3：改变公式的字号。若要改变公式的字号，应使用“尺寸”菜单中的相关命令。若想改变“尺寸”的大小，可单击菜单中的“尺寸”→“定义”命令，打开“尺寸”对话框（图 2 - 2 - 25），对于各项在公式中对应的位置，在右侧预览框中都有详细的提示，修改好各项尺寸后单击“确定”或“应用”按钮即可。在活动 1 中把符号改成 40 磅，这样积分符号就会增大。

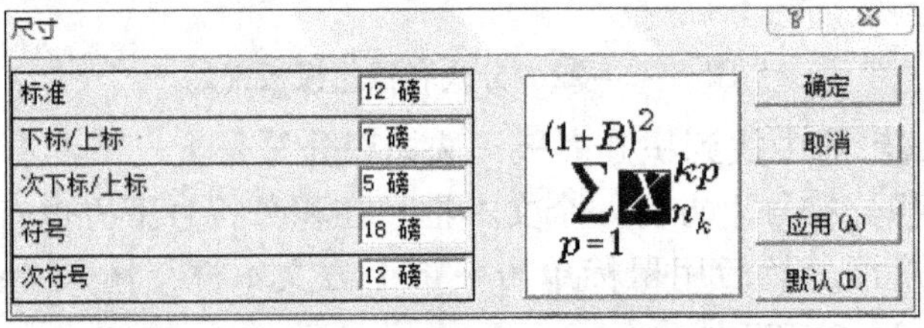

图 2 - 2 - 25　“尺寸”对话框

步骤 4：调整公式的间距。在“公式编辑器”窗口中，单击“格式”→“间距”命令，可打开“间距”对话框，如图 2 - 2 - 26 所示，在这里可以对公式中各元素的间距进行详细的设置，如对行距、元素间距、字符的高度、上标高度、极限式间距等进行设置，对于每一项内容，对话框右侧都有预览说明和图示，若想恢复系统的默认设置，只要单击“默认”按钮就可以了。

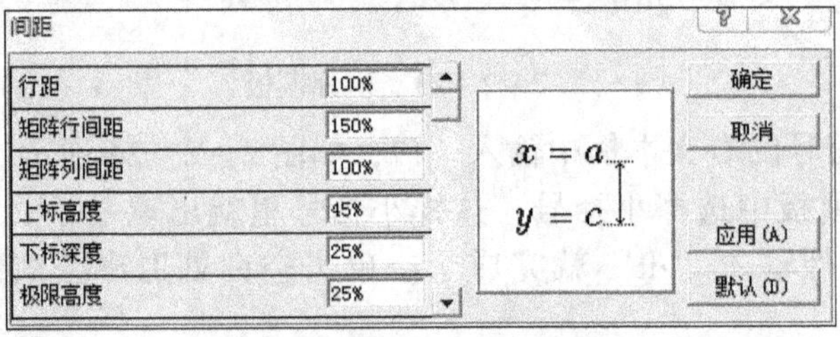

图 2 - 2 - 26　“间距”对话框

步骤 5：增加空格。再看活动 1，“d”与“t”之间有一个空格，在编辑公式时，若要增加空格，首先会想到键盘上的空格键（Space），但是在这里行不通。先打开“样式”菜单，将“数学”样式切换到“文字”样式，输入空格有效。

其实在“数学”样式中也可以用空格键输入空格，只要将输入法切换到“中文输入法”状态就可以了。为了输入一个空格，来回不断地切换很麻烦，其实可以用工具栏中的“间距和省略号”按钮，如图 2－2－27 所示，其中提供了几种增加元素间距（或空格）的选项。

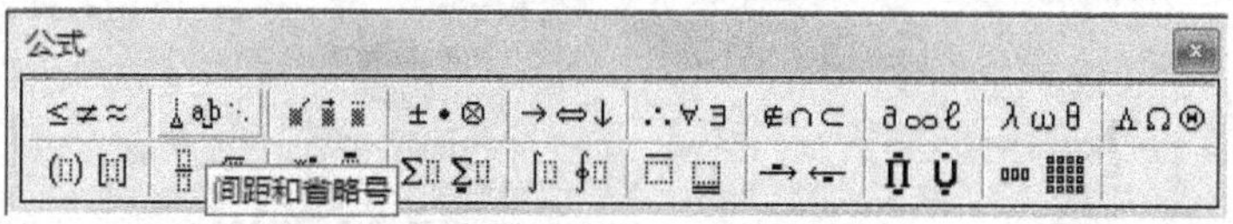

图 2－2－27　间距和省略号

活动 3　课后练习——编辑公式

请在试卷中插入如图 2－2－28 所示的公式。

$$\sqrt{\frac{a}{b}\int_a^b f^2(t)\,\mathrm{dt}}$$

$$\iint_{\Sigma}\begin{vmatrix} dydz & dzdy & dxdy \\ \dfrac{\partial}{\partial x} & \dfrac{\partial}{\partial y} & \dfrac{\partial}{\partial z} \\ P & Q & R \end{vmatrix} = \iint_{\Sigma}\begin{vmatrix} \cos\alpha & \cos\beta & \cos\gamma \\ \dfrac{\partial}{\partial x} & \dfrac{\partial}{\partial y} & \dfrac{\partial}{\partial z} \\ P & Q & R \end{vmatrix}$$

$$\text{球面座标：}\begin{cases} x = r\sin\phi\cos\theta \\ y = r\sin\phi\sin\theta \\ z = r\cos\phi \end{cases}$$

图 2－2－28　需要插入的公式

任务 4　绘制几何图形

在编制理科试卷时，常常需要绘制图形，如数学试卷中的几何图形、物理试卷中的受力图、化学试卷中的实验装置等。那么在利用 Word 编制试卷时，如何使用 Word 提供的各种绘图工具来绘制这些图形呢？

活动 1　绘制几何图形

绘制如图 2－2－29 所示的几何图形。

步骤 1：在“页面布局”工具栏中单击“排列”布局里“对齐”下拉列表的“网格设置”，出现“绘图网格”对话框，如图 2－2－30 所示。

步骤 2：在“插入”工具栏中单击“形状”下拉按钮，选择“基本形状”中的“等腰三角形”图标，按住“Shift”键画一个正三角形，按住“Ctrl”键和光标键进行微移，使其底边对准网格中的一条横线，如图 2－2－31 所示。

步骤3：选择“椭圆”工具，画一个椭圆，使椭圆的宽度略小于正三角形的边长，再按“Ctrl”键和光标键进行微移，使椭圆尺寸调节点中间的两个空心圆对准正三角形底边所在的网格横线，如图2-2-32所示。

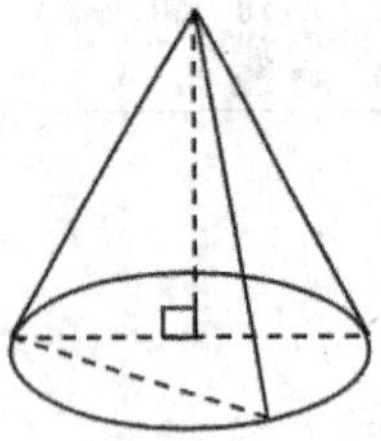

图2-2-29　几何图形效果

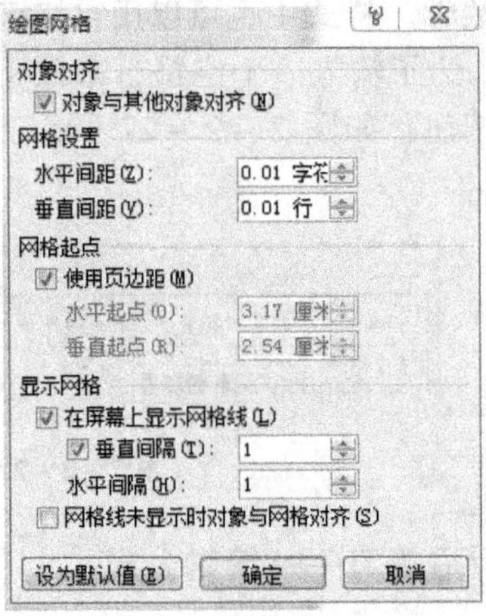

图2-2-30　“绘图网格”对话框

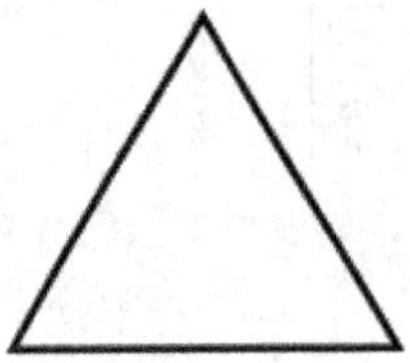

图2-2-31　绘制正三角形

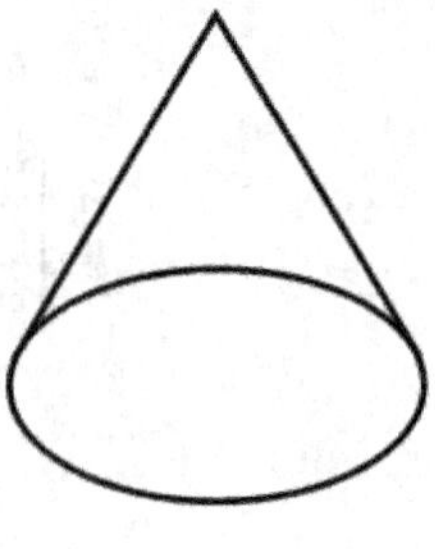

图2-2-32　绘制椭圆

步骤4：选择“直线”绘图，绘制两条直线，使其长度分别等于椭圆的宽度和正三角形的高度（高度设置可通过双击该对象，选择“大小”选项卡进行设置。），再按“Ctrl”键和光标键进行微移，最后选择“绘图”工具栏中“形状轮廓”的“虚线”按钮，设置直线的线型为“短线型”，如图2-2-33所示。

步骤5：选择“矩形”工具，按住“Shift”键画一个小正方形，使其位置如图2-2-34所示。

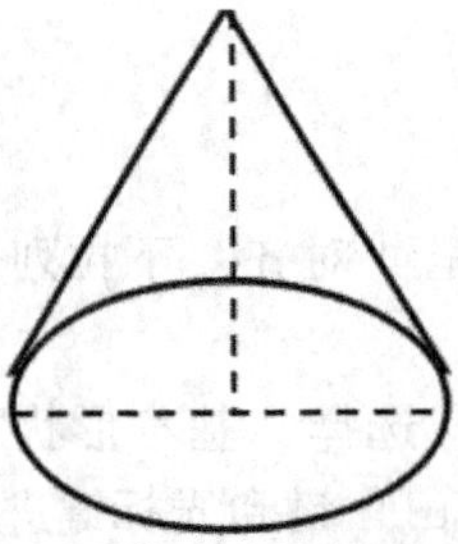

图2-2-33　绘制虚线

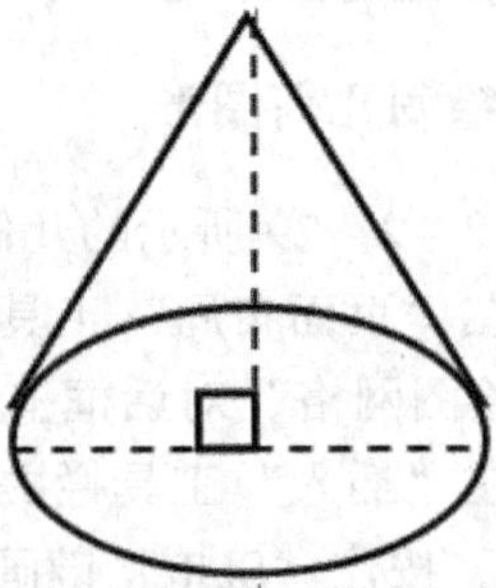

图2-2-34　绘制小正方形

步骤 6：选择“直线”绘图，绘制如图 2－2－35 所示的两条直线，在画线的过程中，可将显示比例设为“200%”，按“Alt”键和光标键对直线的长度进行微调，按“Ctrl”键和光标键进行微移，使直线尽量准确美观。

步骤 7：利用“文本框”工具给图形的各个顶点添上字母标示，将文本框的“填充颜色”和“线条颜色”均设为“无”，调整其位置，效果如图 2－2－36 所示。

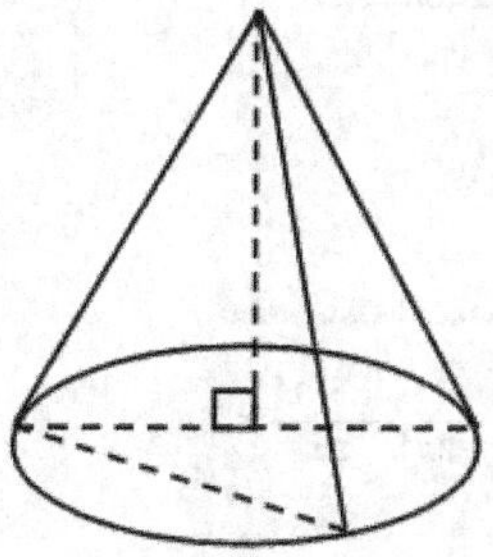

图 2－2－35　绘制直线

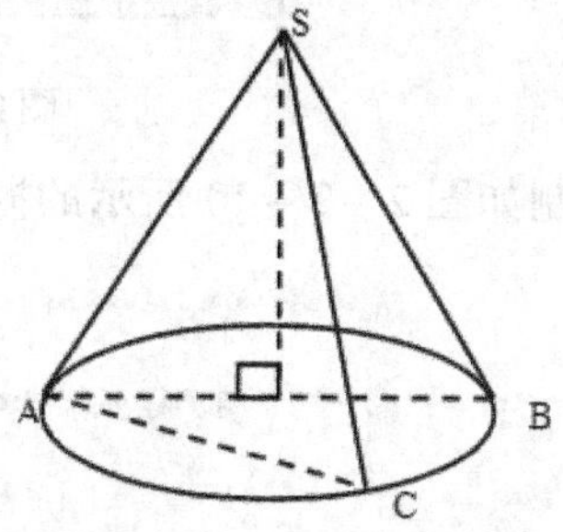

图 2－2－36　添加字母标示

步骤 8：选择“开始”工具栏中的“编辑”，选择下拉列表中的“选择对象”，在所绘图形周围拉出一个框，选中所有图形，在鼠标变为“十”字形时单击鼠标右键对其进行组合，如图 2－2－37 所示，这样，一幅简单的几何图形就绘制完成了。

活动 2　课后练习——制作几何图形

制作如图 2－2－38 所示的几何图形。

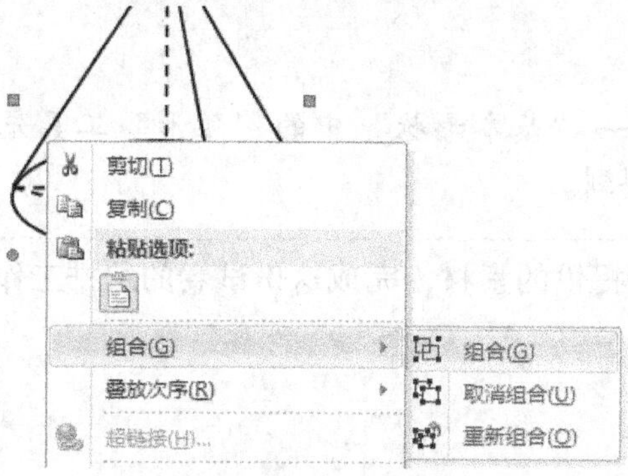

图 2－2－37　组合图形

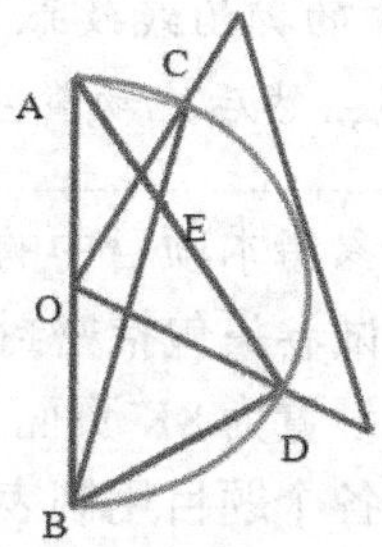

图 2－2－38　几何图形

小提示：

图 2－2－38 中的曲线部分可由“曲线”工具绘制，然后单击鼠标右键选择“编辑顶点”，对形状进行调节。

练一练

1. 请结合平时考试过程中所见的试卷标题行，自行设计一个试卷头，要求包括密封线，并设置好试卷页面，添加分栏页码。

2. 请用公式编辑器编辑如图 2－2－39 所示的效果。

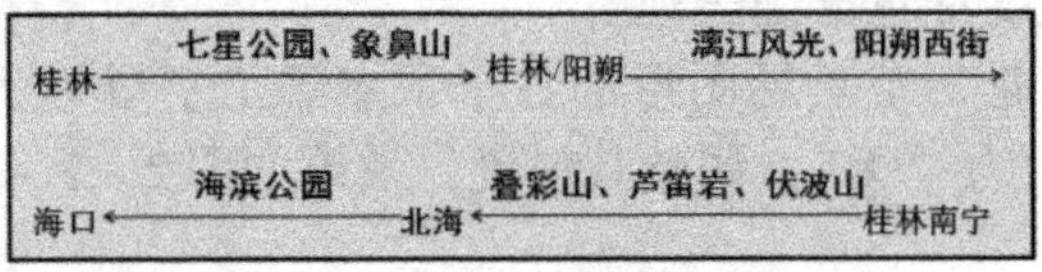

图 2－2－39　旅游路线图

3. 请绘制如图 2－2－40 所示的抛物线。

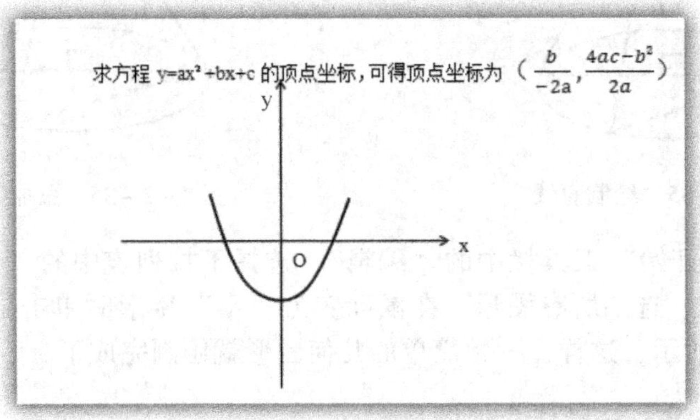

图 2－2－40　抛物线

小提示：

图中的抛物线效果可使用“形状”→“基本形状”中的“弧形”工具先绘制一条 1/4 弧线，然后拖动黄色小棱形块调整得到。

4. 请参考本项目中的学习案例，根据提供的素材，完成这份试卷的编排工作。要求：

（1）试卷头包括密封线；

（2）设置为 8K 页面，添加分栏页码；

（3）各个题目用制表符对齐；

（4）插入相关的公式和几何图形。

项目三 长文档的处理

【项目介绍】

本项目中所选用的案例均为日常工作生活中经常碰到的实际问题，能解决论文等长文档编辑中出现的问题。练习用 Word 制作长文档，掌握编辑长文档的方法和技巧。

【学习目标】

（1）长文档的制作；

（2）目录和索引的制作；

（3）文档审阅与修订。

任务 1 长文档的制作

在使用 Word 进行日常办公的过程中，长文档的制作是人们常常需要面临的任务，比如制作营销报告、毕业论文、宣传手册、活动计划等类型的长文档。由于长文档的纲目结构通常比较复杂，内容也较多，如果不注意使用正确的方法，那么整个工作过程可能费时费力，而且质量不能令人满意。

当完成一篇长文档的构思后，根据上面提出的工作观念，最好先把该文档的纲目框架建立好。下面通过制作一份名为“营销沙龙——8 月策划专刊”的长文档纲目结构，如图 2－3－1 所示，学习在大纲视图中建立长文档纲目结构的基本方法。

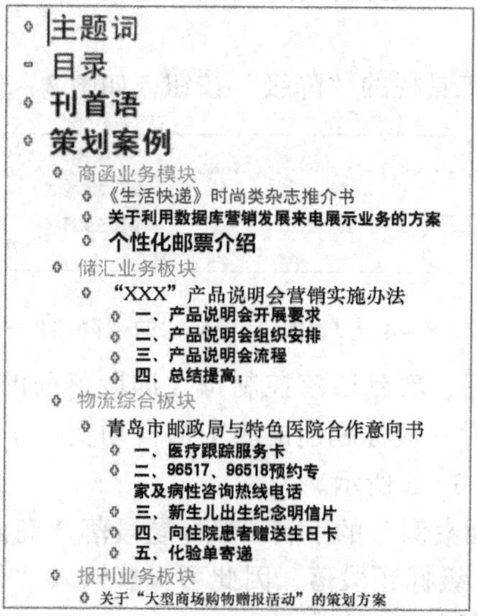

图 2－3－1 建立长文档纲目结构案例

活动 1 建立纲目结构

步骤 1：启动 Word 2010，新建一个空白文档，然后单击 Word 窗口左下方的“大纲视图”按钮切换到大纲视图，如图 2-3-2 所示。

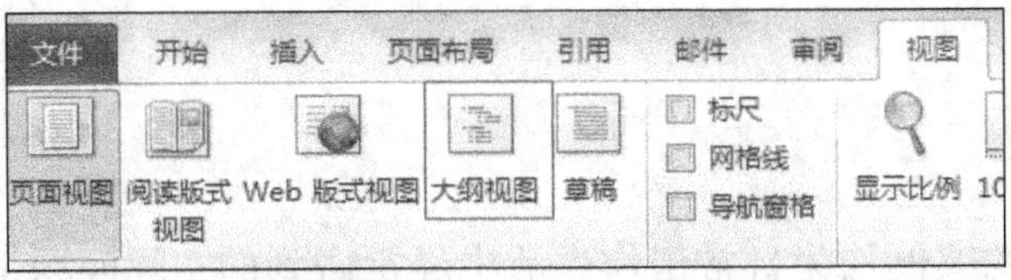

图 2-3-2 “大纲视图”按钮

步骤 2：切换到大纲视图后，可以看到窗口上方出现了“大纲”工具栏，该工具栏是专门为建立和调整文档纲目结构设计的，在后面的操作中可以体会到它的方便性，如图 2-3-3 所示。

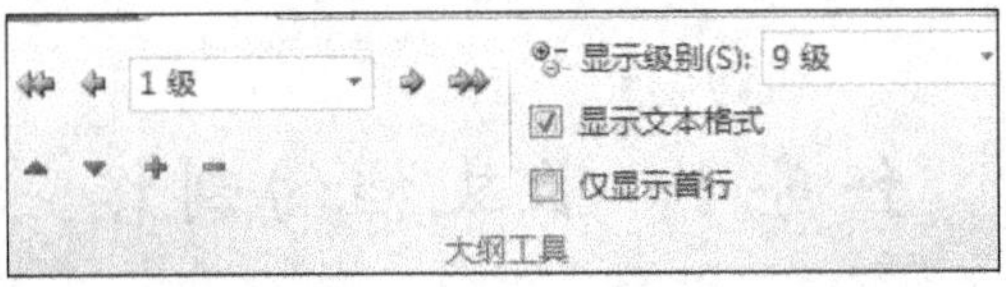

图 2-3-3 “大纲”工具栏

步骤 3：接下来先输入一级标题，可以看到输入的标题段落被 Word 自动赋予“标题 1”样式，这节省了用常规方法处理文档时手动设置标题样式的时间。文档很长，标题段落很多时，就能体会到 Word 这个自动化功能的好处了。

步骤 4：接下来输入长文档的二级标题，将插入点定位于“策划案例”段落的末尾，按“Enter”键后得到新的一段，如果直接输入会发现 Word 仍然把它当成一级标题，用什么方法告诉 Word 现在输入的是二级标题呢？有两个方法：

方法一：按“Tab”键。

方法二：单击“大纲”工具栏的“降级”按钮，如图 2-3-4 所示。

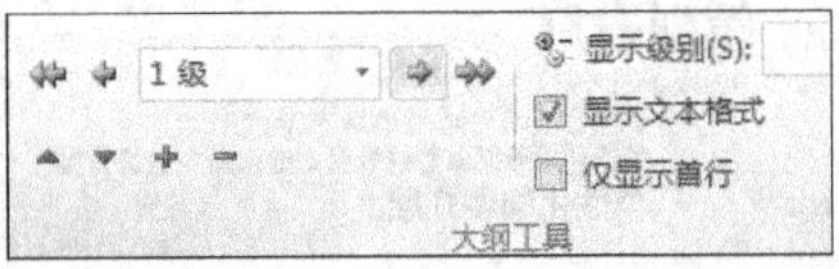

图 2-3-4 “大纲”工具栏的“降级”按钮

执行上述任何一个操作后，看到段落控制符（即段落前的小矩形）向右移动一格，表示该标题段落降了一级，同时一级标题前的小图形自动变成了“十”字形，表示该级标题下加入了下级标题，如图 2-3-5 所示。

步骤 5：接着输入“策划案例”的下属二级标题段落“商函业务板块”，按“Enter”键后 Word 默认得到新的一段二级标题段落，因此可直接输入“储汇业务板块”，用同样方法输入其他几个二级标题，如图 2-3-6 所示。

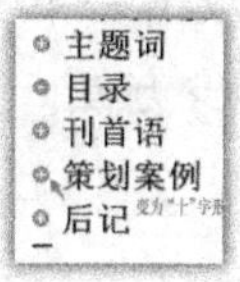

图 2-3-5 含二级标题的一级标题段落控制

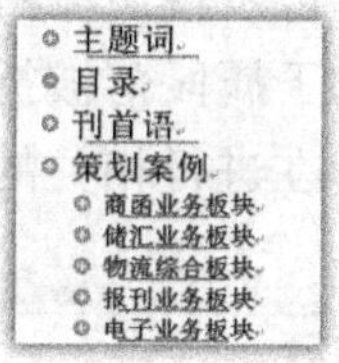

图 2-3-6 输入二级标题

步骤 6：进行到这里，会发现 Word 自动为二级标题段落赋予“标题 2”的样式。后面标题等级的处理依此类推，Word 内置了“标题 1”～“标题 9”和“正文文本”共 10 个样式，如图 2-3-7 所示，可以处理大纲中出现的 1 级～9 级标题，请参照如图 2-3-8 所示的标题效果，输入剩余的各级标题段落。其中“正文文本”样式用于纲目结构建立完成后，向各对应的标题填充所属的正文内容。

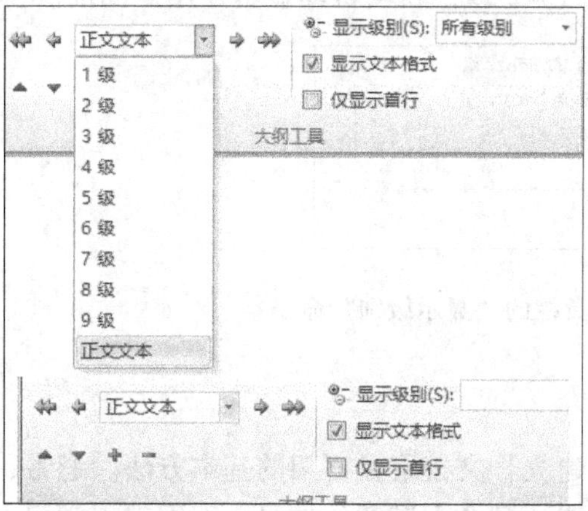

图 2-3-7 内置的“标题”及“正文文本”样式

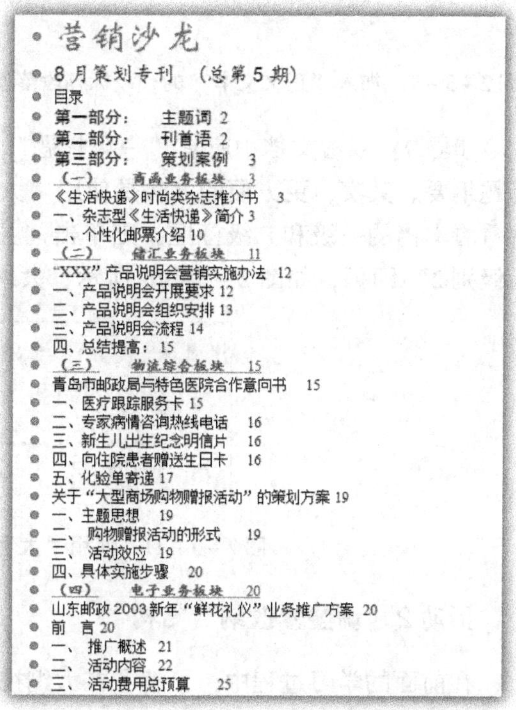

图 2-3-8 输入其他各级标题的效果

步骤 7：当输入完各级标题后，可以发现凡是含有下属标题的上级标题段落前的段落控制符均由原来的小矩形变成了“十”字形。如果某一级标题不包含下级标题，但向该标题输入相应的正文内容后，也可以发现段落控制符由原来的小矩形变成了“十”字形，如图 2-3-9所示。其中“主题词”和“目录”下的内容均属于“正文文本”内容，“正文文本”内容前的段落控制符为小正方形。

步骤 8：为什么把这些符号称为段落控制符呢？现在用鼠标指针单击一下“目录”前面

的段落控制符，可以发现该段落及它的下属段落都被选中；双击“目录”前面的段落控制符，可以看到它的下属段落被折叠，如图 2－3－10 所示，再双击一下又可将其展开。可见这个小小的符号，在进行相关的操作控制时，给用户带来了不少方便。

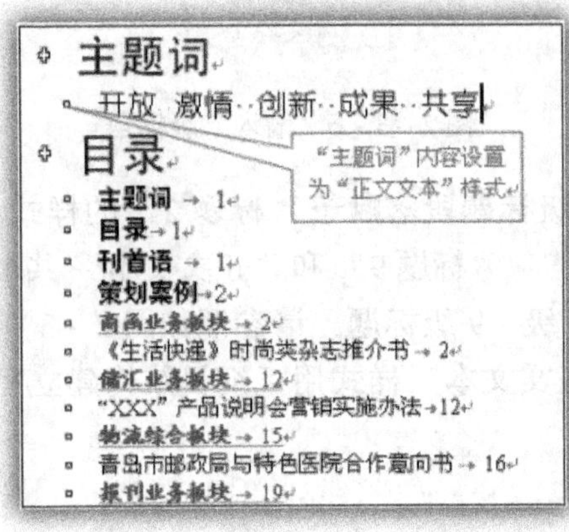

图 2－3－9　加入“正文文本”的一级标题段落控制符

图 2－3－10　“目录”的下属段落被折叠

步骤 9：双击文档中所有“一级标题”前的“折叠”按钮，能观看到整个文档的一级标题纲要。其实，更方便的方法是使用“大纲”工具栏上的“显示级别”命令，比如用户想看看文档的一级和二级标题，则单击“显示级别”下拉按钮，在弹出的列表中选择“显示级别 2”即可，如图 2－3－11 所示，大纲中的 1～2 级标题均自动显示在用户面前。

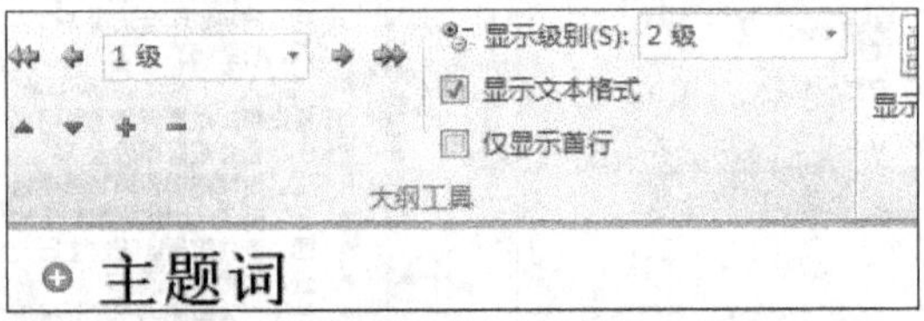

图 2－3－11　使用“大纲”工具栏的“显示级别”命令

活动 2　调整修改纲目结构

在前面的学习过程中，了解了在大纲视图中建立长文档纲目框架的基本方法。通常，一篇文档的纲要建立后，常常需要调整修改几次才能达到令人满意的效果。下面就来学习在大纲视图中调整修改文档纲目框架的方法。

步骤 1：还是在活动 1 的案例文件中，用户想把“刊首语”及其下属段落移动到“目录”段落之前。为了让“刊首语”及其下属段落能够被整体移动，先双击一下它前面的段落控制符，把它折叠起来。同样对“目录”段落进行折叠，这样“刊首语”可以作为一个整体段落直接移动到“目录”一级标题之前。

步骤 2：把它们都折叠好后，单击“大纲”工具栏的“上移”按钮，如图 2－3－12 所示，移动完成后效果如图 2－3－13 所示。

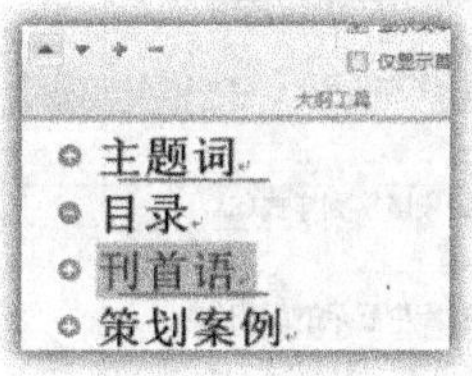

图 2－3－12　“大纲”工具栏的“上移”按钮

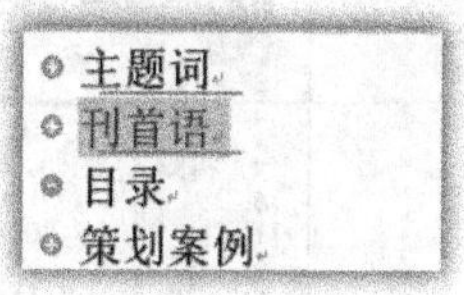

图 2－3－13　标题移动完成后的效果

步骤 3：通过这个操作可以体会到使用“折叠”按钮的好处，类似的移动操作都可以仿照进行。

步骤 4：下面来练习更改级别的操作。其基本方法为：先选中需要更改级别的段落，然后通过“大纲”工具栏的按钮操作。假如想把文档开头“营销沙龙”段落的“一级标题”样式改为“正文文本”样式，使它成为文档名称，先选中“营销沙龙”段落，然后单击“大纲”工具栏上的“降级”按钮将其降为“正文文本”即可，如图 2－3－14 所示。其他类似标题的升级或降级操作可以依此进行。

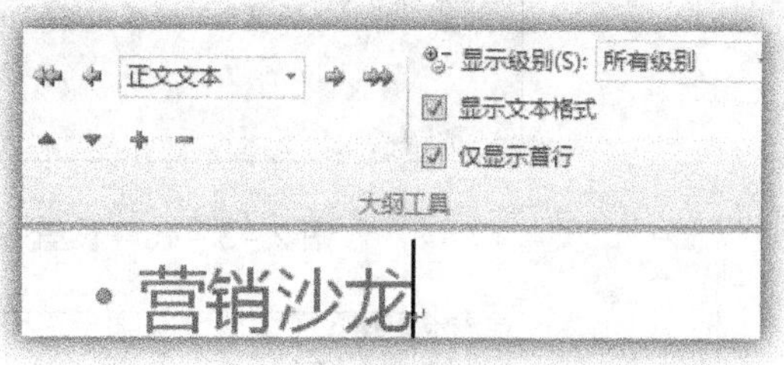

图 2－3－14　降为“正文文本”

到这里为止，初步介绍了在大纲视图中建立和调整文档纲目框架的基本方法，练习了各种常见的操作。这部分内容的特点是，只要了解了基本操作原理，其他类似的操作均可仿照进行。当文档的纲目框架建立、修改好后，就可以切换到普通或页面视图进行具体内容的填写工作了。

活动 3　设置多级标题编号

当在大纲视图中建立好文档的纲目框架后，由于 Word 自动把标题样式套用于相应的标题段落中，所以用户可以直接为文档的标题进行编号。假设多级标题编号的效果如图 2－3－15 所示，下面介绍具体的操作方法。

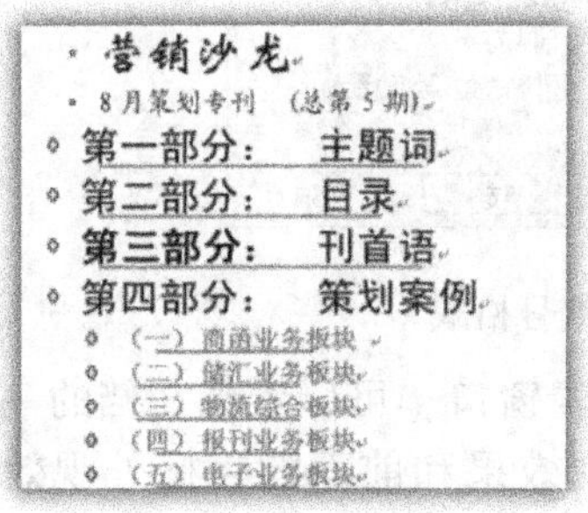

图 2－3－15　设置多级标题编号的效果

步骤 1：还是在活动 1 的案例文档中，选择“开始”→“段落”命令，打开“多级列表”选项卡，然后单击“自定义新的多级列表”。

步骤 2：选中“单击要修改的级别”列表框内的“1”，然后选择编号样式为“一、二、三”，在“输入编号格式”框内“一”字符之前输入“第”，然后把光标定位到字符“一”之后输入“部分:”。以上设置表示文档中一级标题段落按“第 X 部分:”格式进行编号，如图2－3－16所示。

步骤 3：接着选中“单击要修改的级别”列表框内的“2”，按如图 2－3－17 所示设置文档中二级标题段落的编号格式。

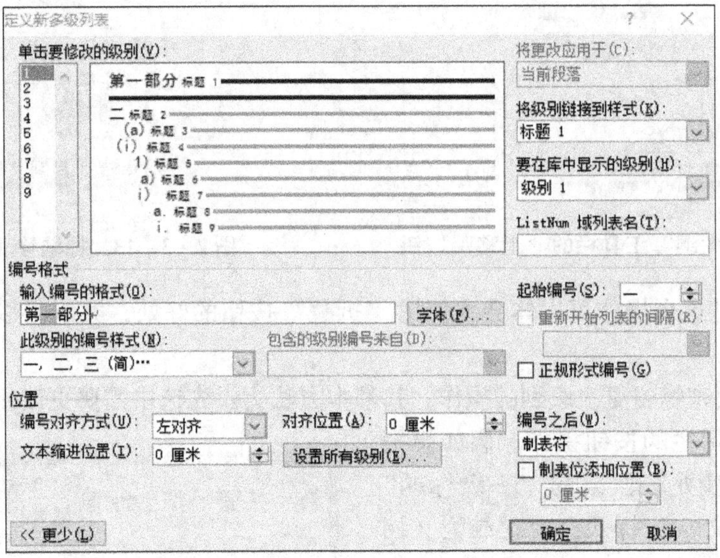

图 2-3-16 设置一级标题段落的编号格式

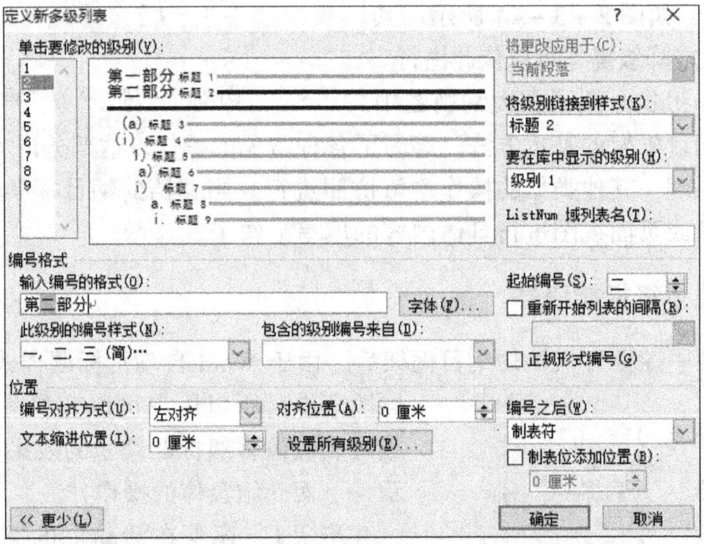

图 2-3-17 设置二级标题段落的编号格式

步骤 4：设置完成后单击“确定”按钮，返回文档编辑窗口，可以看到文档的一级和二级标题已经根据用户的自定义格式进行了编号，实际外观效果和前面的目标外观效果是一致的。

步骤 5：编号完成后，就可以选择“视图”→“页面视图”，进行文档正文内容的填充工作了。

通过本活动的练习，读者能够体会到使用 Word 多级标题编号功能的高效和快捷。由于自定义多级符号列表操作比较方便，因此用户可以轻松地制作符合自己个性的编号外观，从而高效地完成工作。当制作的长文档是页数过百的产品手册等的时候，用户就更能体会 Word 编号功能的高效率了。

活动 4　设置题注

插入图片之后，随之而来的工作就是为插图编号，针对图片、表格、公式一类的对象，为它们建立的带有编号说明的段落，称为“题注”，通俗的说法就是插图的编号。

为插图编号后，还要在正文中设置引用说明，比如文档中的“如图 2－3－1 所示”“如图 2－3－2 所示”等文字，就是插图的引用说明。很显然，引用说明文字和图片是相互对应的，称这一引用关系为“交叉引用”。

明白概念以后，下面将介绍如何让 Word 自动为插图编号，以及如何使用 Word 的“交叉引用”功能，在文档正文中为插图设置引用的说明文字，即“交叉引用”。

在进行具体的练习之前，请准备一篇长文档，以及数幅图片，然后跟随下面的操作步骤一同练习，这样可以获得较好的学习效果。

步骤 1：在 Word 中打开准备好的长文档“营销沙龙——8 月策划专刊原文 . doc”，插入点定位于第 1 张图片的插入位置，选择“插入”→“图片”命令，把第 1 张图片插入到文档中。

步骤 2：选中这张图片，选择“引用”→“题注”命令，打开“题注”对话框。假设需要的编号格式为“图 1”“图 2”等，于是单击“新建标签”按钮，在弹出的“新建标签”对话框中输入“图”，输入完成后单击“确定”按钮返回“题注”对话框，如图 2－3－18 所示。

步骤 3：由于用户希望每次插入图片后 Word 能够自动为插图编号，所以单击“题注”对话框中的“自动插入题注”按钮，打开“自动插入题注”对话框，在“插入时添加题注”列表框中勾选“Microsoft Word 图片”复选框，然后在“使用标签”列表框中选择“图”，在“位置”列表框中选择“项目下方”，默认的编号输入为“1、2、3”，如图 2－3－19 所示。如果要更改编号样式，可以单击“编号”按钮，在弹出的对话框中作进一步的设置，设置完成后单击“确定”按钮返回 Word 编辑窗口。从此以后在文档中插入图片时，Word 就会自动为它们添加编号了。同样的，如果文档中的表格、公式需要自动编号，只要在“自动插入题注”对话框的“插入时添加题注”列表框中勾选对应的复选框即可。

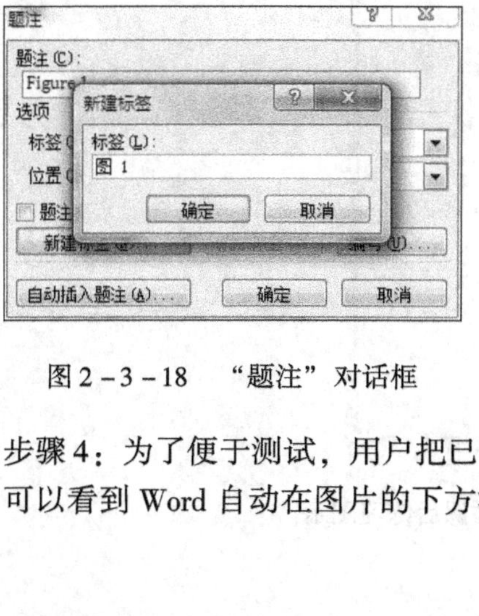

图 2－3－18　“题注”对话框

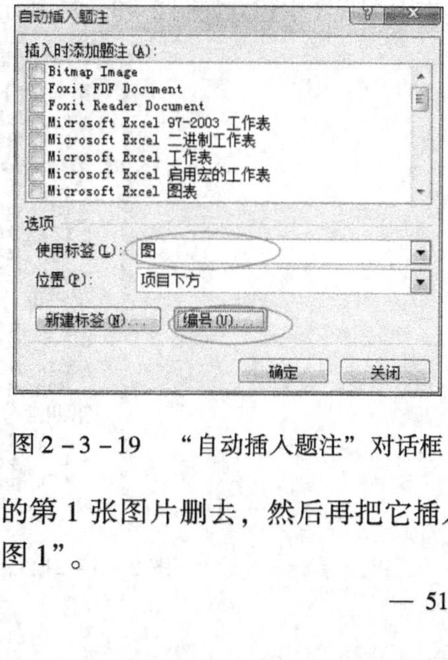

图 2－3－19　“自动插入题注”对话框

步骤 4：为了便于测试，用户把已插入到文档中的第 1 张图片删去，然后再把它插入进来，可以看到 Word 自动在图片的下方添加了题注“图 1”。

步骤5：接下来把光标定位到第2张图片的插入位置，插入第2张图片，也可以看到Word自动在它的下方添加了题注“图2”。

步骤6：把准备好的其余图片都插入到文档中，下面练习使用Word的“交叉引用”功能为插图设置引用说明。

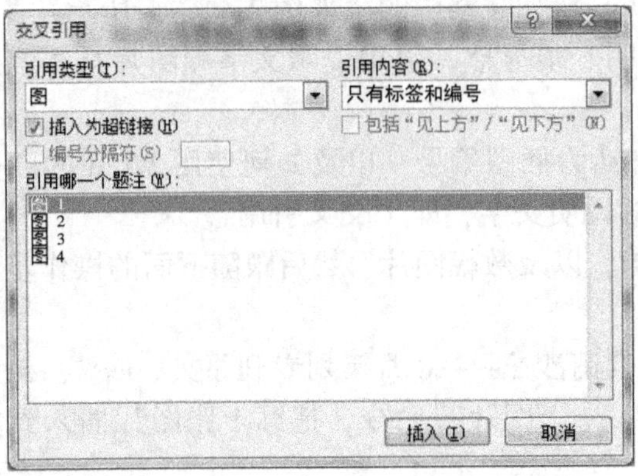

图2-3-20　“交叉引用”对话框

步骤7：在正文中需要为插图1添加引用说明的位置输入“（）”，然后将光标定位于其中，选择“题注”→“交叉引用”命令，打开“交叉引用”对话框，在“引用类型”下拉列表内选择“图”，在“引用内容”下拉列表内选择“只有标签和编号”，然后在“引用哪一个题注”列表框内选中“图1”，单击“确定”按钮后，就在正文中指定位置设置好了图1的引用说明，如图2-3-20所示。

步骤8：这时“交叉引用”对话框并没关闭，用户可以把插入点定位于文档中需要为图2添加引用说明的位置，然后选中“引用哪一个题注”列表框内的“图2”，单击“插入”按钮即可为图2添加引用说明。用同样的方法为其他插图在正文中添加引用说明。

步骤9：文档中所有插图的引用说明添加完成后，可以测试一下使用Word“交叉引用”功能的好处。先删除文档中间的某幅图片，包括它的题注及引用说明。由于前面使用了Word“自动添加题注”以及“交叉引用”功能为插图添加引用说明，现在用户只需按“Ctrl+A”组合键全选文档，然后再按“F9”键，Word就可以自动更新域，让后面的题注和引用说明中的序号自动更新为正确状态。

活动5　课后练习——使用多级标题编号建立纲目结构

在大纲视图中建立如图2-3-21所示的纲目结构，并使用多级编号功能设置多级标题编号。

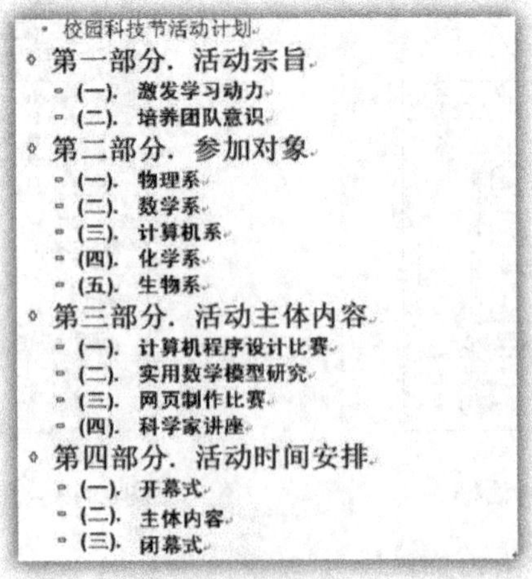

图2-3-21　任务1的活动5的课后练习图示

任务2 目录和索引制作

长文档的正文内容输入完毕之后，还需要为文档制作目录和索引。如果手动为长文档制作目录或索引，工作量相当大，而且弊端也很多，如：当更改文档标题内容后，又得再次更改目录或索引内容。自动生成文档目录和索引，是为长文档制作目录的有效途径之一。

活动1 制作文档目录

本活动使用“目录和索引”功能为“员工手册.doc”文档制作目录。文档目录的效果如图2-3-22所示。制作目录的具体操作步骤如下：

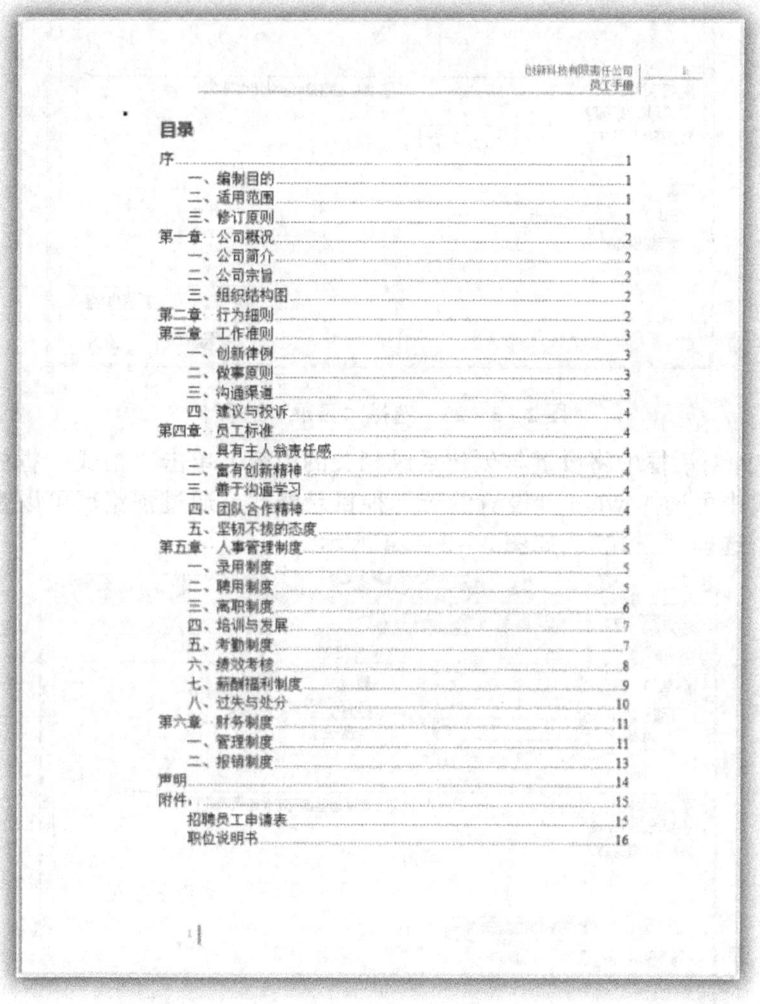

创新科技有限责任公司
员工手册

目录

序......1
一、编制目的......1
二、适用范围......1
三、修订原则......1
第一章 公司概况......2
一、公司简介......2
二、公司宗旨......2
三、组织结构图......2
第二章 行为细则......2
第三章 工作准则......3
一、创新律例......3
二、做事原则......3
三、沟通渠道......3
四、建议与投诉......4
第四章 员工标准......4
一、具有主人翁责任感......4
二、富有创新精神......4
三、善于沟通学习......4
四、团队合作精神......4
五、坚韧不拔的态度......4
第五章 人事管理制度......5
一、录用制度......5
二、聘用制度......5
三、离职制度......6
四、培训与发展......7
五、考勤制度......7
六、绩效考核......8
七、薪酬福利制度......9
八、过失与处分......10
第六章 财务制度......11
一、管理制度......11
二、报销制度......13
声明......14
附件：......15
招聘员工申请表......15
职位说明书......16

图2-3-22 文档目录效果

步骤1：打开“员工手册（原始文件）”案例文档，查看文档中的各级标题是否已经设置了恰当的标题样式，如：目录中形如“一”“二”编号的标题，文档中把该标题设置为一级标题；目录中形如“（一）”“（二）”编号的标题，文档中把该标题设置为二级标题，目录中形如“1.”“2.”编号的标题，文档中把该标题设置为三级标题。设置好后即可以直接进入创建目录的步骤。

步骤2：文档目录通常位于文档名称之后，于是将插入点定位于“员工手册”下一段，按“Ctrl + Enter”组合键插入一个分页符，然后在“思科乐器销售概要”下方输入“目录”文字，按“Ctrl + E”组合键把“目录”设置为“居中对齐”。

步骤3：将插入点放在“目录”下方的恰当位置，选择菜单中的“引用”→“目录”命令，打开“目录”对话框，选择“目录”选项卡，如图2-3-23所示。

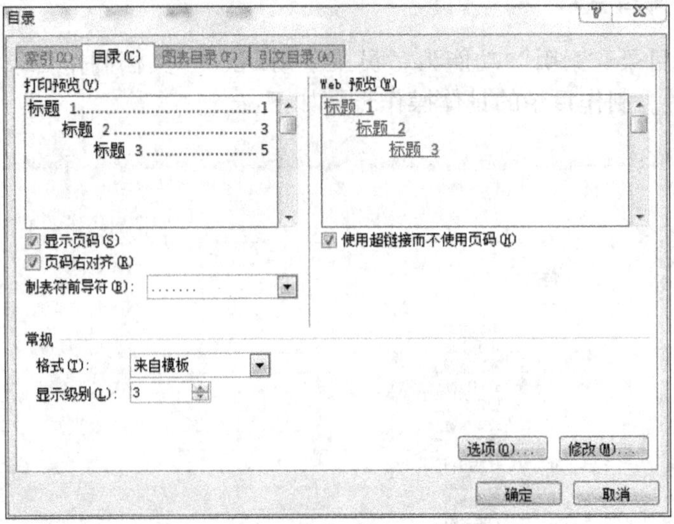

图2-3-23　选择“目录”选项卡

步骤4：在此对话框中将设置与创建目录相关的内容。单击“格式”框的下拉箭头，在弹出的下拉列表中可选择Word预设置的若干种目录格式，通过预览区可以查看相关格式的生成效果，这里选择“正式”，如图2-3-24所示。

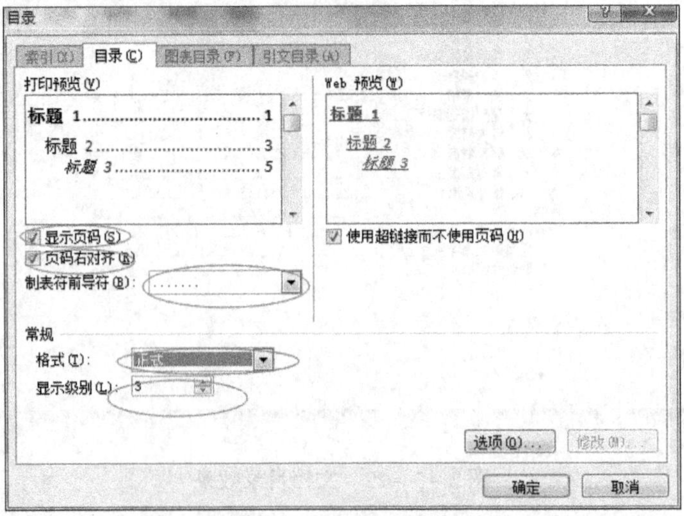

图2-3-24　设置创建目录的相关参数

步骤5：单击“显示级别”框的选择按钮，可以设置生成目录的标题级数，这里选择Word默认设置，通常情况下使用三级标题生成目录，如图2－3－24所示，如果需要调整，在此设置即可。

步骤6：单击“制表符前导符”框的下拉箭头，在弹出的列表中选择一种前导符，即设置目录内容与页码之间的连接符样式，这里选择默认的格式，即点线，如图2－3－24所示。

步骤7：设置好与目录格式相关的选项后，单击“确定”按钮，Word立即自动生成文档目录，如图2－3－25所示。

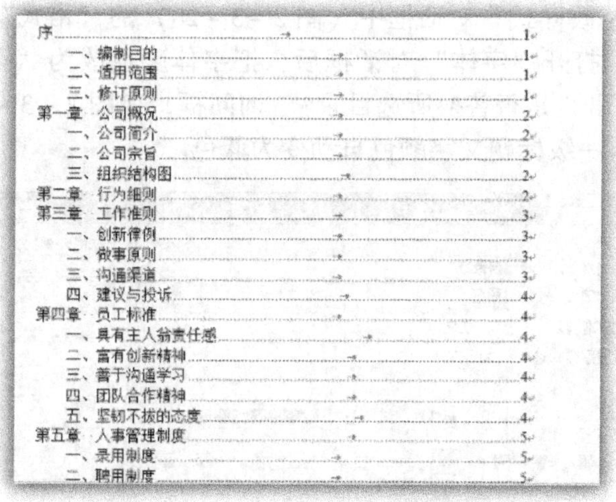
序……1
一、编制目的……1
二、适用范围……1
三、修订原则……1
第一章　公司概况……2
一、公司简介……2
二、公司宗旨……2
三、组织结构图……2
第二章　行为细则……2
第三章　工作准则……3
一、创新律例……3
二、做事原则……3
三、沟通渠道……3
四、建议与投诉……4
第四章　员工标准……4
一、具有主人翁责任感……4
二、富有创新精神……4
三、善于沟通学习……4
四、团队合作精神……4
五、坚韧不拔的态度……4
第五章　人事管理制度……5
一、录用制度……5
二、聘用制度……5

图2－3－25　自动生成文档目录的效果

步骤8：生成目录后，若其外观并不符合案例目录的要求，这时可以根据要求进一步修改目录。对照案例目录效果图，应把目录中一级标题文字改为“蓝色”，进行如下操作：再次进入“目录”对话框，并选择“开始”选项卡，打开“应用样式”对话框，如图2－3－26所示。

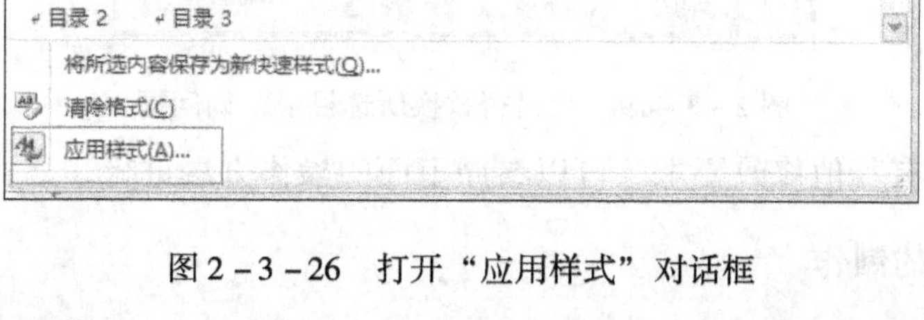

图2－3－26　打开“应用样式”对话框

步骤9：在“应用样式”对话框中，由于要对目录中的一级标题文字进行修改，故选中“样式名”列表框中的“目录1”，如图2－3－27所示，然后单击“修改”按钮打开“修改样式”对话框。

图 2－3－27　“应用样式”对话框

步骤 10：单击“修改样式”对话框中（图 2－3－28）的“格式”按钮，在弹出的菜单中选择“字体”命令，打开“字体”对话框后，把字体颜色改为“蓝色”，然后依次单击“确定”按钮，最后弹出“是否替换所选目录?”询问框，如图 2－3－29 所示，单击“是”按钮后，目录中的所有一级标题文字颜色自动变为蓝色。

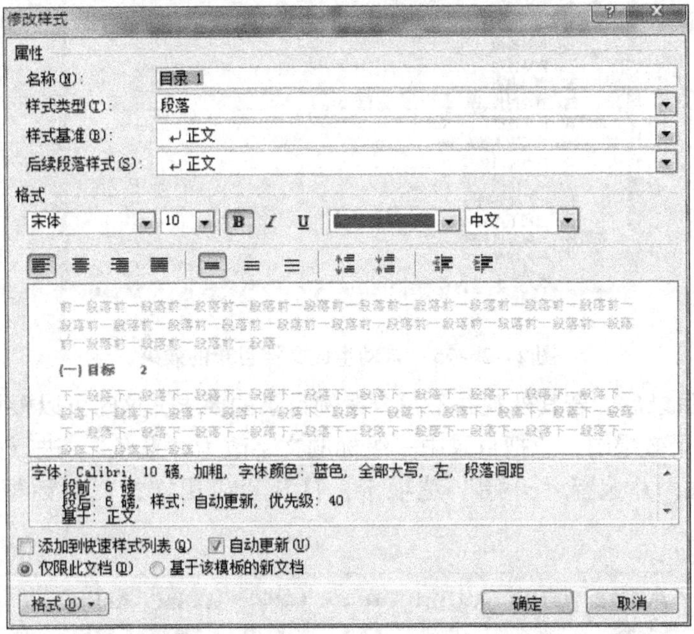

图 2－3－28　“修改样式”对话框

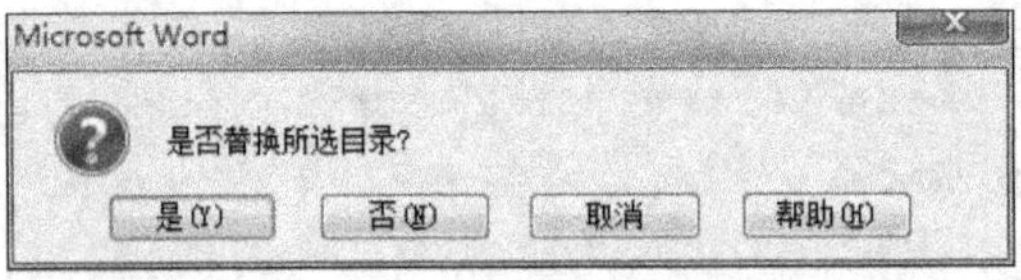

图 2－3－29　“是否替换所选目录”询问框

步骤 11：如果有其他修改要求，可以参照上面的操作方法进行。

活动 2　索引的制作

活动 1 中介绍了目录的创建、修改与更新，基本包括了目录制作的常见任务，接下来仍然借用上面的案例文档学习索引的制作。索引的制作效果如图 2－3－30 所示。

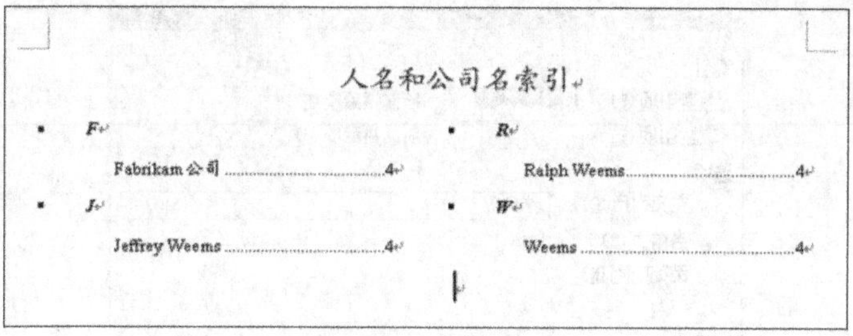

图 2-3-30 索引的制作效果

索引的制作主要包含两个步骤：一是对需要创建索引的关键词进行标记，用 Word 术语讲就是标记索引项，这个步骤将告诉 Word 哪些关键词参与索引的创建；二是调出“索引和目录”对话框，通过相应的命令创建索引。

步骤 1：假设主要以人名或公司名为关键词创建索引，下面标记索引项。在文档中的“二、公司”部分选中第一次出现的“Ralph Weems”文本，然后打开“引用”→“索引”中的“插入索引”选项卡，如图 2-3-31 所示。

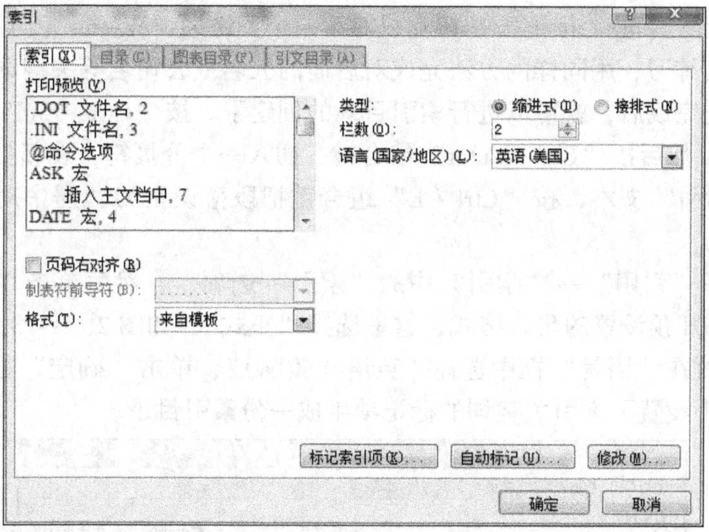

图 2-3-31 选择“索引”选项卡

步骤 2：单击“索引”对话框中的“标记索引项”按钮，打开“标记索引项”对话框，可以看到“主索引项”文本框内自动显示了索引标记内容，这里为“Ralph Weems”，然后单击“标记”按钮完成对第一个关键词“Ralph Weems”的标记，如图 2-3-32 所示。

操作技巧：Word 中将冒号“:”作为各级索引项之间的分隔符，所以在制作索引项时若索引项含有冒号“:”，则需要在其前面加上反斜杠“\”。利用这个属性可以添加次索引项以下的第三级索引项等，方法是：直接在“标记索引项”对话框中的“次索引项”文本框中的次索引项后输入“:”，再在其后输入第三级索引项。

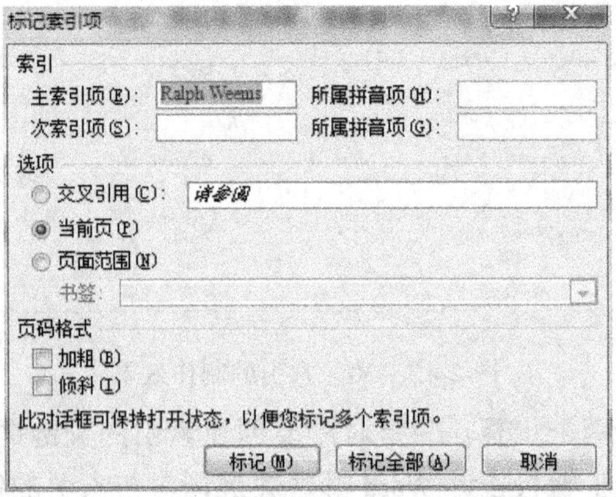

图 2-3-32　“标记索引项”对话框

步骤 3：完成第一个关键词的标记后，可以看到“标记索引项”对话框并未关闭，因为它在等待着用户标记第二个索引项。于是在对话框外区域单击，进入页面编辑状态，选择位于“（一）公司所有权”部分的第二个关键词“Weems 家族”，然后单击“标记索引项”对话框，将其激活后，单击“标记”按钮完成对第二个关键词“Weems 家族”的标记。

步骤 4：作为练习，用同样的方法完成对后面的人名或公司名等关键词的标记。

步骤 5：标记完成后，就可以进行索引目录的创建了。按“Ctrl + End”组合键，将插入点移至文档末尾，然后按“Ctrl + Enter”组合键，插入一个分页符，在新插入的页面中输入“人名和公司名索引”文本，按“Ctrl + E”组合键把段落设置为“居中对齐”格式，最后插入一个回车符。

步骤 6：选择“引用”→“索引”中的“索引”选项卡，然后单击“格式”框下拉按钮，选择一种 Word 预设置的目录格式，这里选择“正式”，如图 2-3-33 所示。由于索引关键词为英文，故在“语言”框中选择“英语（美国）”，单击“确定”按钮。可见索引目录的功能即为各个设置了索引关键词的标记项生成一份索引目录。

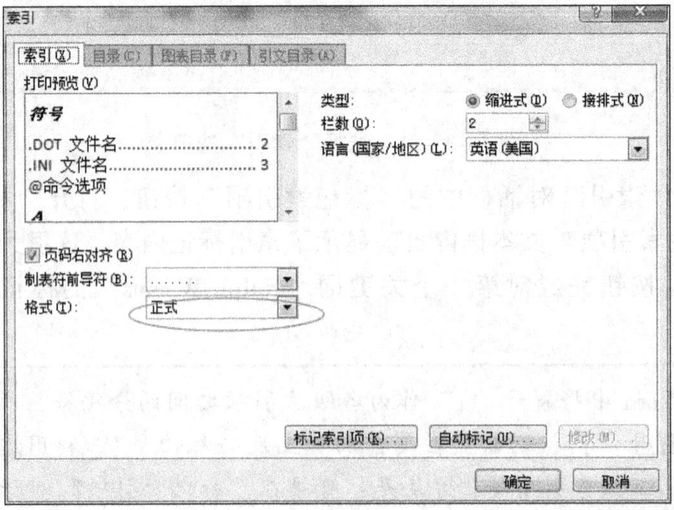

图 2-3-33　设置创建索引的相应命令

活动3 课后练习——制作专刊目录

以“行业代理协议书 . doc”文档为基础，制作效果如图 2－3－34 所示的目录。

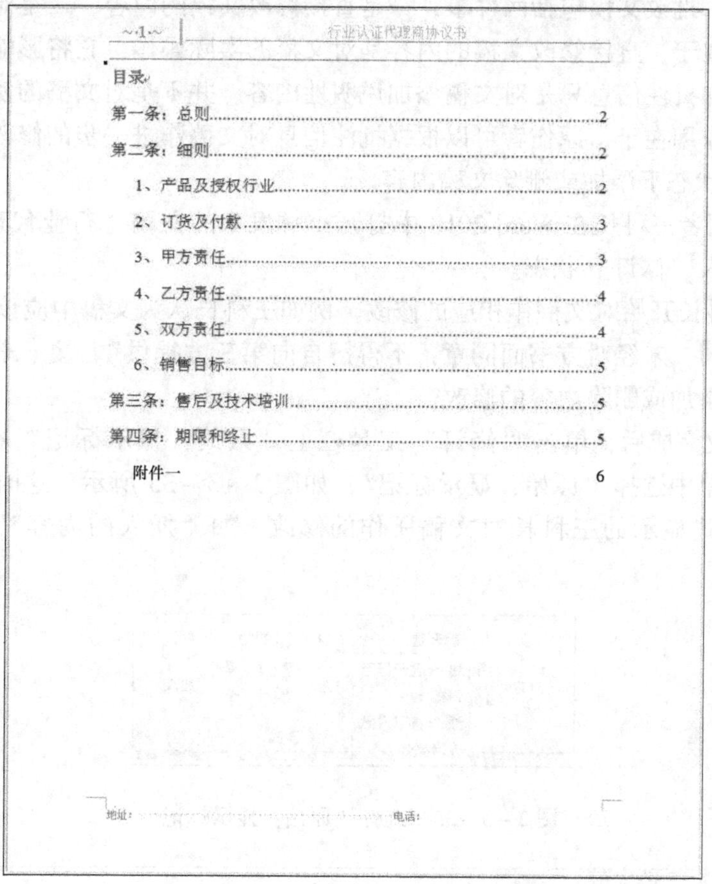
~1~ 行业认证代理商协议书

目录

第一条：总则 2
第二条：细则 2
1、产品及授权行业 2
2、订货及付款 3
3、甲方责任 3
4、乙方责任 4
5、双方责任 4
6、销售目标 5
第三条：售后及技术培训 5
第四条：期限和终止 5
附件一 6

地址： 电话：

图 2－3－34 目录制作效果

任务3 文档的修订

在日常的团队协作过程中，常常需要多人对同一篇文稿。特别是对长文档添加修改意见，然后返回原作者处，进行最后的编辑定稿。传统的处理方式是，编审人员先通过对打印原稿进行手工圈改，然后返回原作者处，原作者再根据修改意见更改并重新撰写文稿。这种处理方式的缺点在于，不仅非常容易出现错误，而且产生大量的重复劳动。同时，如果同一篇文稿需要好几个编审人员增加修改意见，那么上述传统方式几乎是难以完成的。

其实，使用 Word 提供的“修订”功能可以轻松地解决这一问题，在大大提高工作效率、减少重复劳动的同时，还增强了文稿处理的准确性。

活动 1　批改文稿

审阅者进入修订状态，设置好修订的显示状态之后，就可以开始在修订状态下批改文稿了。通常情况下，批改文稿包括两件事，一是直接修改文稿的内容，二是对文稿添加批注信息。两者的区别在于，直接修改文稿的内容是对文稿的实际操作，它将影响文稿内容的实际变化；对文稿添加批注信息只是对文稿添加说明性内容，并不是对文稿的实际修改，对文稿添加批注信息的作用在于，原作者可以根据批注信息对文稿作进一步的修改。

（1）在修订状态下添加或删除文稿内容。

步骤 1：审阅者王科长在 Word 2010 中打开小林发来的文稿“行业代理协议书”，用前面介绍的方法进入“修订”状态。

步骤 2：王科长开始对文稿作相应的修改。例如王科长认为文稿中应该添加“双方确认本合同为保密合同，未经对方书面同意，不得擅自向第三方提供”。接下来，王科长对文稿进行其他类似的添加或删除内容的修改。

步骤 3：修改完成后，单击“修订”工具栏上“最终：显示标记”右侧的下拉按钮，在弹出的下拉菜单中选择“原始：显示标记”，如图 2－3－35 所示，这时在文稿的右侧版面看到以批注形式显示的王科长对文稿所作的修改，如“插入的内容”，如图 2－3－36 所示。

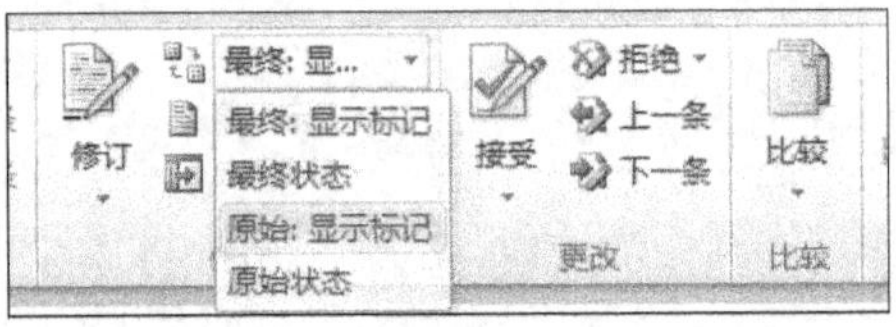

图 2－3－35　选择“原始：显示标记”

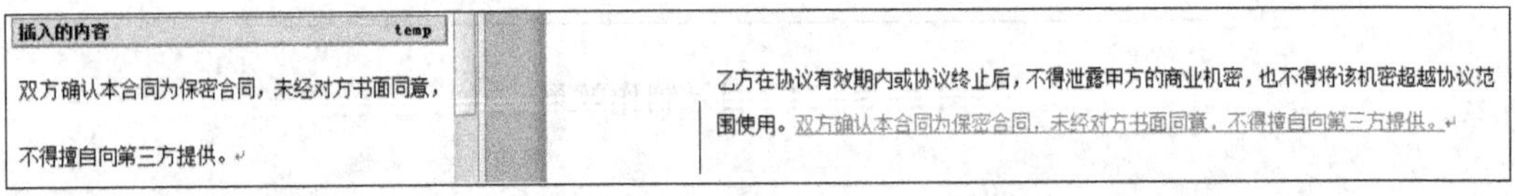

图 2－3－36　修订文稿内容后显示的批注框

（2）在文稿中添加批注信息。

如果王科长认为小林的文稿中的“获利”文本后需要写明“乙方不应代理或销售与代理产品相同或类似的（不论是新的或旧的）任何产品”，则可通过添加批注的方式提出修改意见，具体操作如下：

步骤 1：仍然在“修订”工作状态下，将光标定位于“获利”文本后，单击“审阅”工具栏上的“插入新批注”按钮，这时在页面右版边位置显示批注符号和批注框。这时王科长可以直接在批注框内输入批注内容“这里还应写明乙方不应代理或销售与代理产品相同或相似的（不论是新的或旧的任何产品）”。输入完成后，单击页面批注框外任意位置即可结束添加批注，如图 2－3－37 所示。

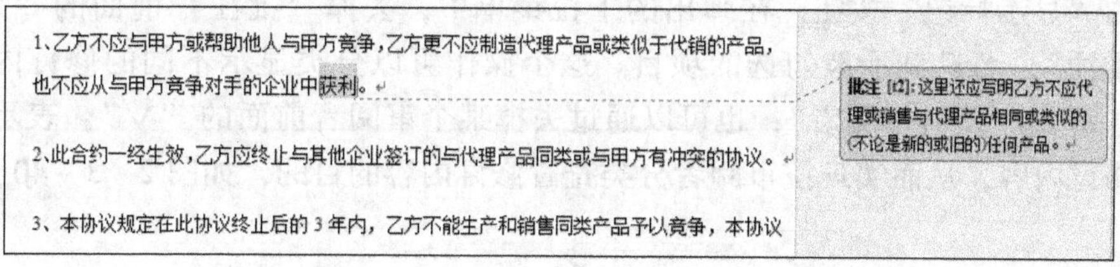

图 2－3－37　添加批注信息

如果王科长认为在其他地方还需要添加批注信息，可用同样的方法进行操作。在默认情况下，批注框都位于页面右版边位置。

活动 2　查看修订文稿

王科长审阅修订文稿后，必要时再把修订后的文稿发给赵局长作进一步的审阅修改，赵局长也用同样的方法审阅修改文稿。审阅修改完成后，最后将文稿返回给原作者小林，由小林根据审阅修改情况整合文稿。

整合文稿之前，小林可以先查看一下文稿的修订情况，了解各位领导提出的修改意见。

步骤 1；小林先打开返回的文稿，将鼠标指针移到已修改的内容处，Word 立即出现包括修订的作者、日期、时间和修订的属性等屏幕提示信息，如图 2－3－38 所示。

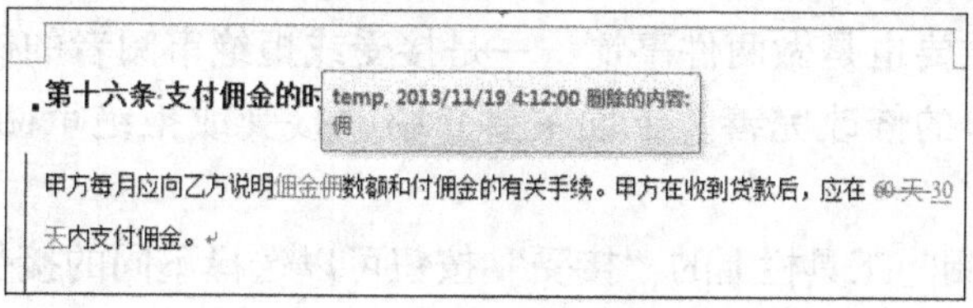

图 2－3－38　显示修订信息

步骤 2：如果小林还想查看更加详细的修订信息，可以先进入“修订”工作状态，显示“修订”工具栏，单击“审阅”工具栏上的“审阅窗格”按钮，即可将详细的修订信息显示于窗口的下方，如图 2－3－39 所示。

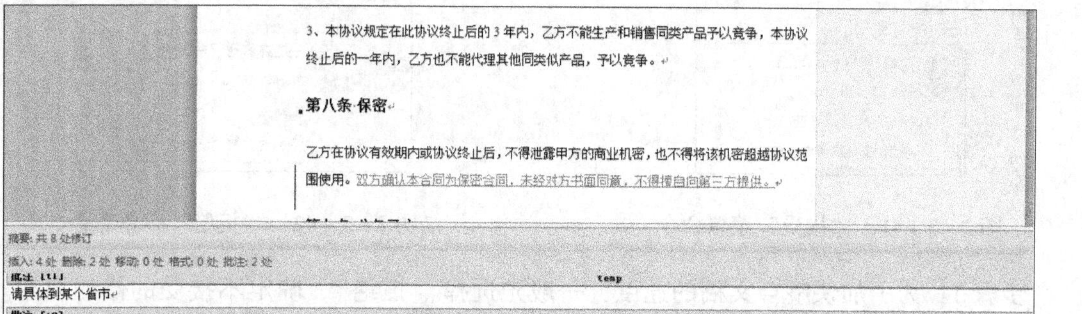

图 2－3－39　显示“审阅窗格”

步骤 3：如果文稿的修订内容很多，或者有好几位修订者，那么小林可以单击“审阅”

工具栏上的“显示标记”按钮，在弹出的下拉菜单中，去掉“批注”前面的“√”，表示不显示“批注”，而只显示被勾选的项目。这个操作可以分类显示不同的修订内容。单击“审阅者”，弹出“所有审阅者”，也可以通过去掉某个审阅者前面的“√”，表示不显示该审阅者的修订内容，从而实现按审阅者分类查看修订内容的目的，如图 2－3－40 所示。

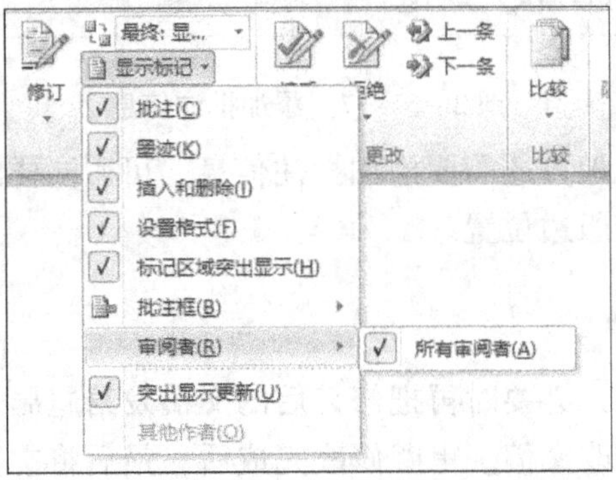

图 2－3－40　“审阅”工具栏上的“显示标记”命令

活动 3　整合修订文稿

当小林查看完修订信息之后，对如何取舍修订意见已心中有数，下面可以进行文稿的整合工作了。这个过程主要也是做两件事情，一是接受或拒绝审阅者的修订内容，二是根据批注意见对文稿作进一步的修改完善。下面主要介绍“接受或拒绝审阅者的修订内容”的具体操作步骤。

步骤 1：单击“审阅”工具栏上的“接受”按钮可以选择不同的接受方式，如图 2－3－41 所示。

步骤 2：同样，单击“审阅”工具栏上的“拒绝”按钮，如图 2－3－42 所示，可选择拒绝修订的方式。

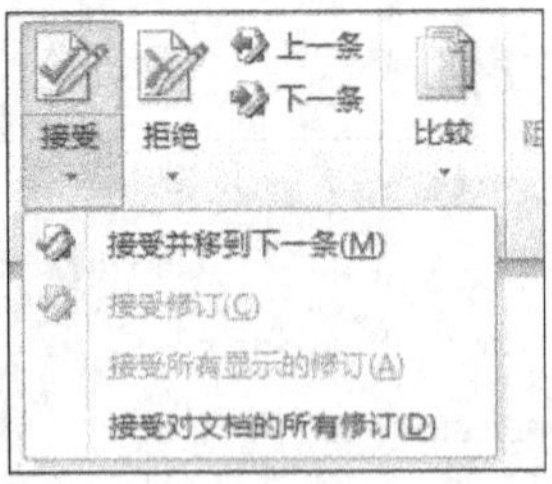

图 2－3－41　“接受”菜单命令

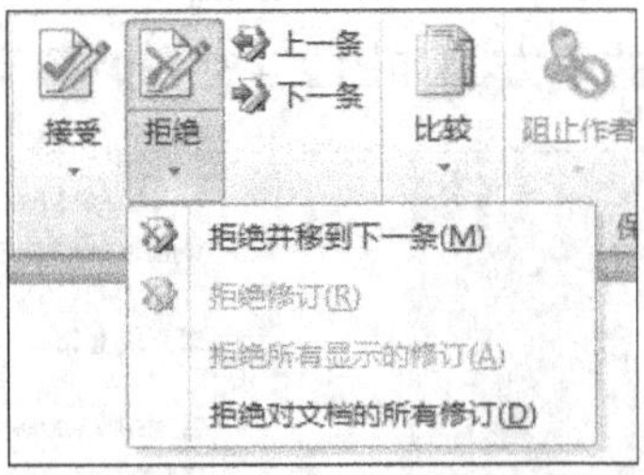

图 2－3－42　“拒绝”菜单命令

步骤 3：为了加快整合文稿的速度，一般先选择“拒绝”，确定不接受的修订内容。小林拒绝部分“修订内容”后，表示剩下的“修订内容”可以全部接受了，“接受对文档的所有修订”命令，包含显示和没有显示的修订内容，文档将按最终的修订状态转换为普通文档。

步骤 4：到此，文档内容整合的第一件事情完成，接下来根据批注信息对文稿作进一步的修改完善，最后完成文稿的修订整合工作。

活动 4 课后练习——审阅文档

打开“产品代理协议 . doc”文档，要求每位学生使用“批注”和“修订”功能对“产品代理协议 . doc”文档进行审阅，审阅要求如图 2 - 3 - 43 所示。

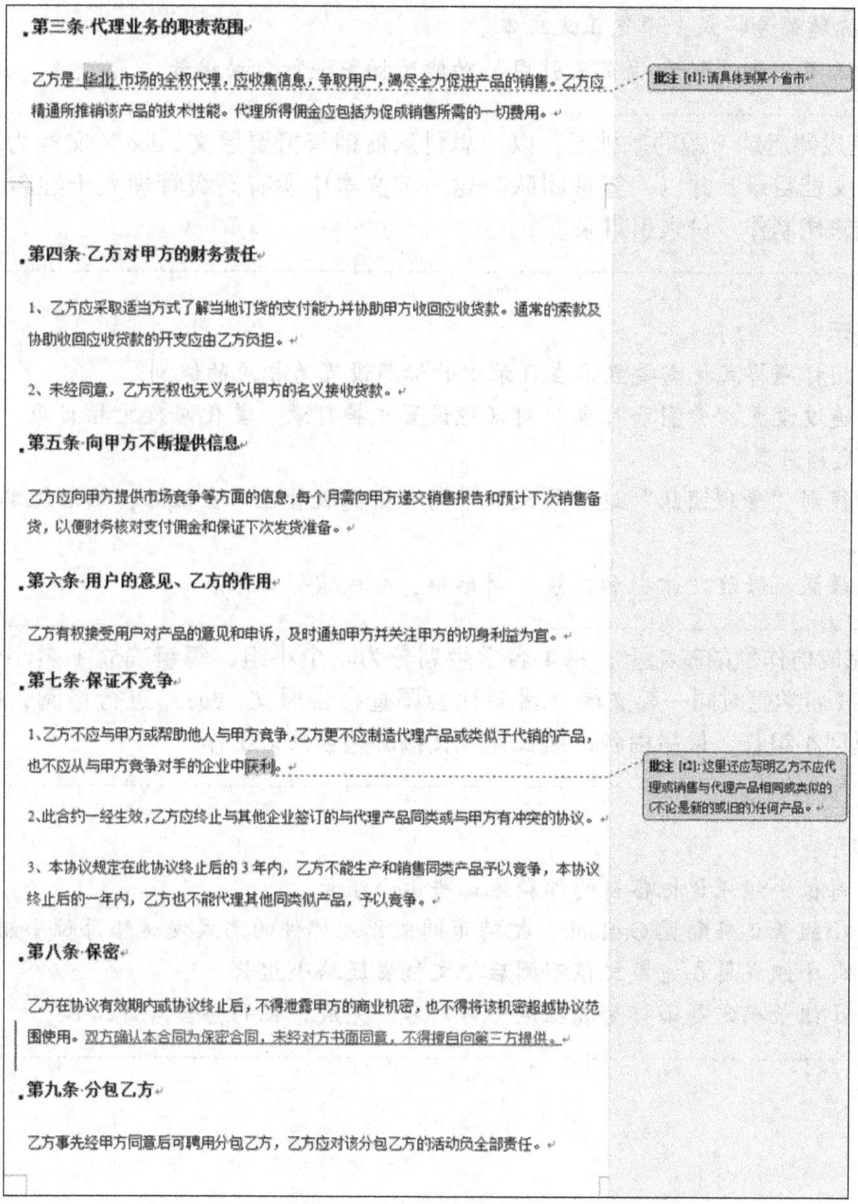

第三条 代理业务的职责范围

乙方是 华北 市场的全权代理，应收集信息，争取用户，竭尽全力促进产品的销售。乙方应精通所推销该产品的技术性能。代理所得佣金应包括为促成销售所需的一切费用。

批注 [t1]：请具体到某个省市

第四条 乙方对甲方的财务责任

1、乙方应采取适当方式了解当地订货的支付能力并协助甲方收回应收货款。通常的索款及协助收回应收货款的开支应由乙方负担。

2、未经同意，乙方无权也无义务以甲方的名义接收货款。

第五条 向甲方不断提供信息

乙方应向甲方提供市场竞争等方面的信息，每个月需向甲方递交销售报告和预计下次销售备货，以便财务核对支付佣金和保证下次发货准备。

第六条 用户的意见、乙方的作用

乙方有权接受用户对产品的意见和申诉，及时通知甲方并关注甲方的切身利益为宜。

第七条 保证不竞争

1、乙方不应与甲方或帮助他人与甲方竞争，乙方更不应制造代理产品或类似于代销的产品，也不应从与甲方竞争对手的企业中获利。

批注 [t2]：这里还应写明乙方不应代理或销售与代理产品相同或类似的（不论是新的或旧的）任何产品。

2、此合约一经生效，乙方应终止与其他企业签订的与代理产品同类或与甲方有冲突的协议。

3、本协议规定在此协议终止后的 3 年内，乙方不能生产和销售同类产品予以竞争，本协议终止后的一年内，乙方也不能代理其他同类似产品，予以竞争。

第八条 保密

乙方在协议有效期内或协议终止后，不得泄露甲方的商业机密，也不得将该机密超越协议范围使用。双方确认本合同为保密合同，未经对方书面同意，不得擅自向第三方提供。

第九条 分包乙方

乙方事先经甲方同意后可聘用分包乙方，乙方应对该分包乙方的活动负全部责任。

图 2 - 3 - 43 审阅要求效果

练一练

1. 在完成课后练习题的基础上，综合运用制作长文档的纲目结构、为长文档设置多级标题编号和对长文档的插图进行自动编号的知识，创作一个能体现自己个性的长文档。

小提示：

（1）利用网络、杂志等搜集制作长文档的文字及图片素材。

（2）分析素材，利用大纲视图构建并修改调整长文档的纲目结构。设置体现自己个性的多级标题编号样式，填充正文文本。

（3）运用“脚注”和“交叉引用”功能为插图进行自动编号。

2. 在完成课后练习题的基础上，以“思科乐器销售概要原文 . doc”文档为基础，为文档设计一份文档目录，并以“管理团队”这一节文本中所有高级管理人士姓名为索引关键词，在文档末尾制作一份索引目录。

小提示：

（1）用标题样式把需要显示在目录中的标题设置为相应的级别。

（2）通过设置“索引和目录”对话框设置文档目录。美化修改文档目录，制作具有个性化的文档目录。

（3）找到“管理团队”这一节文本中的各位高级管理人士姓名，然后把其标记成索引关键词。

（4）设置、修改“索引和目录”对话框，生成索引目录。

3. 在完成仿作题的基础上，每 4 名学生划分为 1 个小组，每组确立 1 名小组长，通过团队协作，3 名学生对同一篇文稿“暑期社会调查报告原文 . doc”进行审阅，提出修改意见，然后返回小组长，最后由各小组长完成文稿的整合修订工作。

小提示：

（1）每位小组成员把各自的邮箱地址告诉小组长。

（2）小组长正确配置 Outlook，把待审阅文稿以邮件的形式发送给每位小组成员。

（3）各小组成员在完成文稿审阅后把文稿发还给小组长。

（4）小组长确定是否接受或拒绝修订内容，完成文稿的整合修订工作。

第三篇
Excel 2010 电子表格软件

项目一

快速制作员工值班表

【项目介绍】

某公司有员工若干，现要进行公司值班安排，要求每个月每名员工至少值班两次，每次值班必须要有两名员工，星期六、星期天不安排值班。如何进行有效的值班规划呢？可以用 Excel 快速创建一个员工值班表，问题就可以迎刃而解。

根据公司值班规划要求，创建的表格应该包含日期、星期、员工姓名等元素，并且每个月必须要创建一张值班表，所以按月来创建表格，本项目以 4 月份的值班表为例来制作员工值班表。

【学习目标】

（1）掌握表格单元格的设置方法；

（2）掌握表格内容的编辑与设置；

（3）掌握单元格条件格式的使用；

（4）熟悉表单控件的使用方法。

任务 1　创建值班表表头

打开 Microsoft Excel 2010，在默认的工作簿中有 3 个工作表，分别为 Sheet1、Sheet2、Sheet3。双击或用鼠标右键单击 Sheet1，选择“重命名”，将 Sheet1 工作表重命名为“4 月份员工值班表”，然后在窗口工作区的表格中进行内容及格式的设置。

活动 1　设置列宽和行高

表格中单元格的大小可以通过设置列宽和行高实现。有两种方法可以进行设置。

第一种方法是使用鼠标粗略设置列宽。将鼠标指针指向要改变列宽的列标之间的分隔线上，鼠标指针呈水平双向箭头形状，按住鼠标左键并拖动鼠标，直至将列宽调整到合适宽度，放开鼠标即可。

第二种方法是通过“列宽”“行高”命令精确设置列宽和行高。具体方法是选定需要调整行高的区域，单击“单元格”功能区中“格式”下面的三角按钮，在弹出的菜单中选择“列宽”或“行高”命令进行精确设置，如图 3－1－1 所示。

在值班表中，采用三栏斜表头的形式来呈现日期、星期、姓名 3 个信息，三栏斜表头右侧的单元格分别显示日期和星期，下侧的单元格显示员工姓名。首先要调整单元格的大小。选中 A1 和 A2 单元格，用精确设置的方法将行高和列宽分别设置为 40 和 20。三栏斜表头右侧的单元格同样需要调整列宽，选中 B1：AE2 区域，用精确设置的方法将列宽设置为 14，如图 3 - 1 - 2 所示。

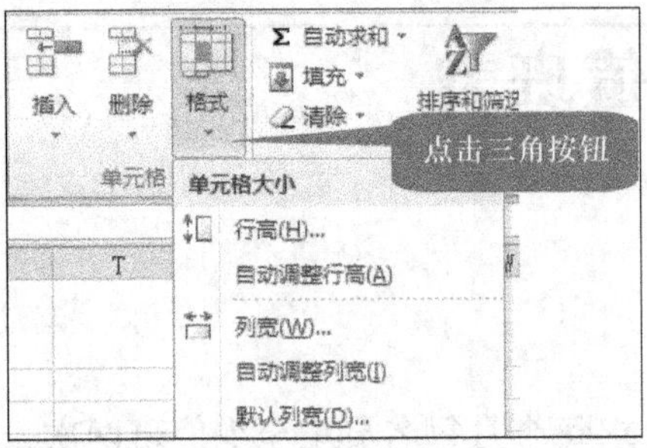

图 3 - 1 - 1　精确设置列宽和行高

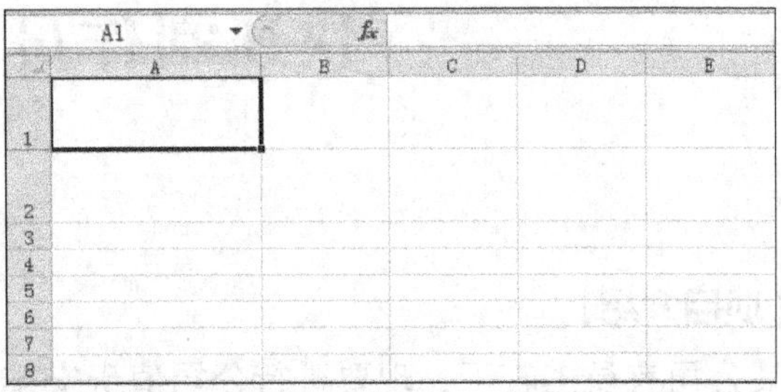

图 3 - 1 - 2　单元格列宽和行高设置效果

活动 2　设置单元格格式

在单元格大小设置完毕后，开始设置单元格格式。首先制作值班表的三栏表头，具体设置方法如下：

（1）选中 A1 和 A2 单元格，在“开始”选项卡的“对齐方式”面板中单击“合并后居中”右侧的三角按钮，在弹出的菜单中选择“合并单元格”，此时 A1 和 A2 合并为 A1 单元格。

（2）选中 A1 单元格，单击“插入”选项卡，在“插图”面板中单击“形状”选项。

（3）在弹出的菜单中单击“线条”下的直线，如图 3 - 1 - 3 所示。此时鼠标变成细“十”字线型。

图 3 - 1 - 3　选择线条

（4）在 A1 单元格内用鼠标从左上角拖曳至右下角，形成一条斜线；再次单击“线条”下的直线，再次绘制一条直线，将 A1 单元格分割成 3 栏。

（5）按“Ctrl”键分别选中 A1 单元格内的两条直线，单击鼠标右键选择“设置形状格式”，在菜单面板中选择“线条颜色”，将颜色设置为黑色，如图 3 - 1 - 4 所示。三栏斜表头的最终效果如图 3 - 1 - 5 所示。

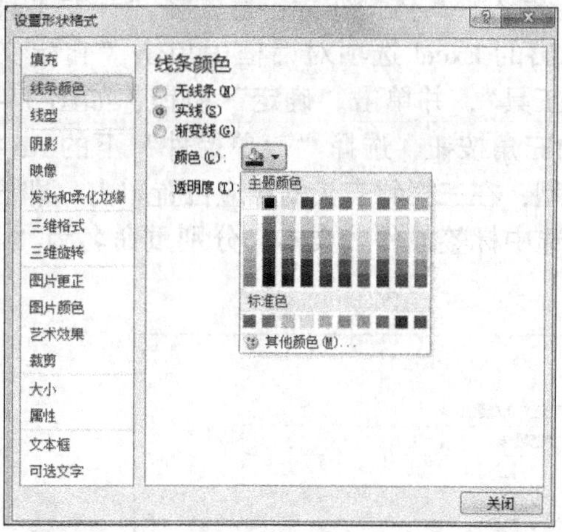

图3－1－4 设置线条颜色

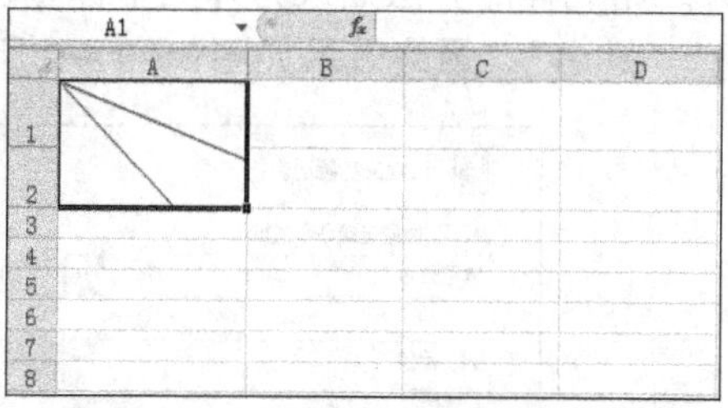

图3－1－5 三栏斜表头

在A1单元格上方插入一行，作为值班表的标题。选定行号1，然后单击鼠标右键，在弹出的快捷菜单中选择“插入”命令（或选择“开始”选项卡，在“单元格”功能区中单击“插入”命令），即可增加一个空行。最后选中插入的行（A1：AE1区域），单击“对齐方式”面板中的“合并后居中”，进行单元格的合并和居中，并适当调整行高。

任务2 设置表格内容

在表头制作完毕后，输入内容，主要包含表格标题，三栏斜表头中的日期、星期、姓名，以及对应月份的日期和星期，每个员工的姓名，值班情况等信息。这里用“√”表示员工值班。

活动1 标题及三栏斜表头文本的输入

在表格的第一行内输入表格标题。双击A1：AE1区域，输入“××公司4月份员工值班表”。输入完毕后用鼠标右键单击该单元格，在弹出的菜单中选择“设置单元格格式”，在弹出的对话框中的“字体”选项卡下分别将“字体”“字形”“字号”分别设置为“宋体(标题)”“加粗”“20”，最后单击“确定”按钮即可。

在三栏斜表头中，从右上到右下栏内依次输入日期、星期、姓名。有两种方法可以实现。

第一种方法是用文本框进行输入，具体操作为：在“插入”选项卡的“文本”面板中单击“文本框”下的三角按钮，在弹出的菜单中单击“横排文本框”，如图3－1－6所示，此时在三栏斜表头的相应位置输入日期，用同样的方法依次在其他两栏内分别输入星期和姓名即可。

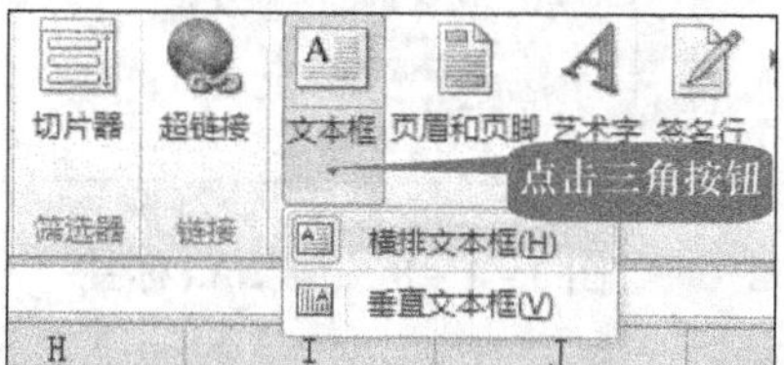

图3－1－6 插入文本框

第二种方法是通过开发工具中的 Aa 标签进行输入，具体操作为：首先将“开发工具”选项卡调出来，单击“文件”中的“选项”，在弹出的 Excel 选项对话框中单击“自定义功能区”，在右侧的“主选项卡”菜单中勾选“开发工具”，并单击“确定”按钮，如图 3-1-7 所示。单击“开发工具”选项卡中“插入”下的三角按钮，选择“表单控件”下的 Aa 标签，如图 3-1-8 所示，此时鼠标变成细“十”字线型，在三栏斜表头的相应位置单击，即出现标签控件。用同样的方法插入另外两个标签控件，选中标签控件的文本，分别重命名为“日期”“星期”“姓名”。最终效果如图 3-1-9 所示。

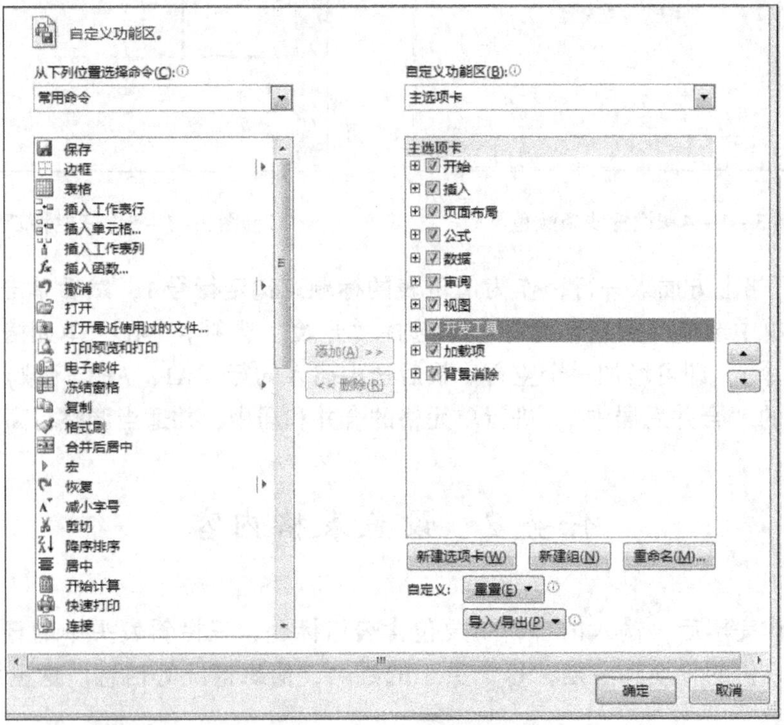

图 3-1-7　Excel 选项设置

图 3-1-8　插入 Aa 标签

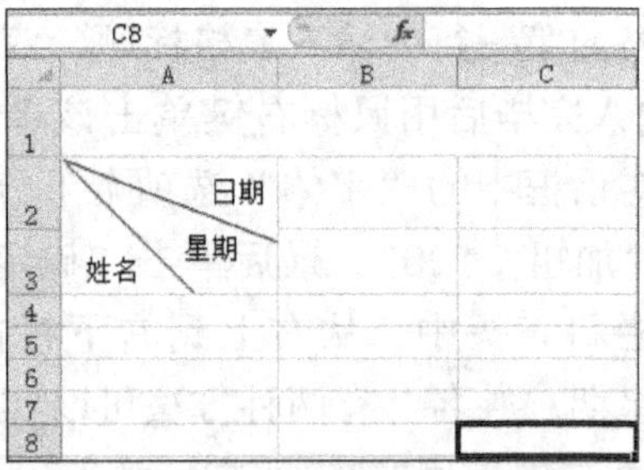

图 3-1-9　三栏斜表头文本输入效果

活动 2　值班表日期和星期的创建

在单元格中输入 Excel 可识别的日期或时间数据时，单元格的格式自动转换为相应的

"日期"或"时间"格式，而不需要去设定该单元格为"日期"或"时间"格式，输入的日期和时间在单元格内默认为右对齐方式。在值班表中，双击 B2 单元格，在其中输入"2016 年 4 月 1 日"，将鼠标指针指向 B2 单元格的边框上右下角位置，当指针变成黑"十"字形状，即填充柄时，按住鼠标左键拖动鼠标到 AE2 单元格，即可完成日期的自动填充，如图 3－1－10 所示。

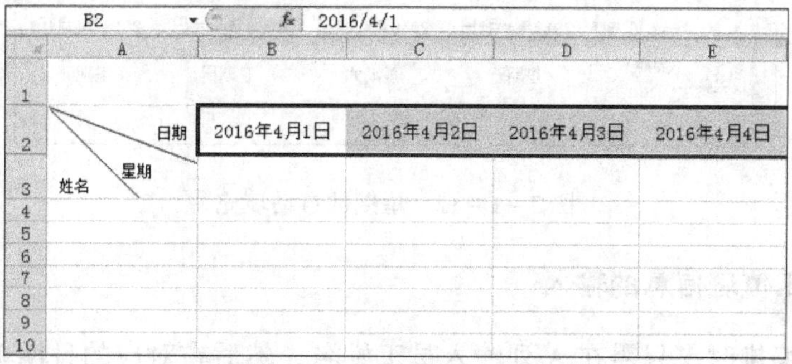

图 3－1－10　日期的自动填充

当日期设置完毕后，此时在值班表的第 3 行填写和时间对应的日期。人们一般可能会想到查找日历，然后将对应的星期依次填入单元格内，但是这种方法烦琐且效率低。在 Excel 中，可以用转换数据类型、自动填充的方式快捷地完成上述操作，具体方法为：首先选中 B2 单元格（2016 年 4 月 1 日）并单击鼠标右键，在弹出的菜单中单击"复制"，或者直接按键盘中的"Ctrl + C"组合键，再选中 B3 单元格并单击鼠标右键，在弹出的菜单中单击"粘贴"选项下左边第一项按钮（粘贴文本）或者直接按键盘中的"Ctrl + V"组合键，完成日期的复制。再次用鼠标右键单击 B3 单元格，在弹出的菜单中选择"设置单元格格式"，在"设置单元格格式"对话框中"数字"选项卡下的"分类"中选择"日期"，在右侧的"类型"中找到星期格式，可以根据要求选择不同的星期格式，这里选择"星期三"这种格式，如图 3－1－11 所示，最后单击"确定"按钮。

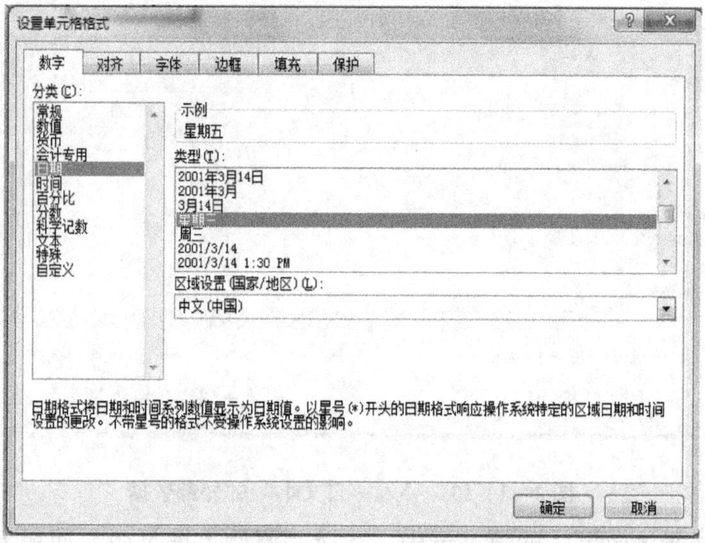

图 3－1－11　数据类型的转换

这时，B3 单元格内的日期就变成了和“2016 年 4 月 1 日”所对应的星期了。再次选中 B3 单元格，将鼠标移至单元格边框线右下角位置，当指针变成黑“十”字形状时按住鼠标左键拖至 E3 单元格，即完成了对应星期的自动填充，如图 3－1－12 所示。

	A	B	C	D	E
1					
2	日期	2016年4月1日	2016年4月2日	2016年4月3日	2016年4月4日
3	星期 姓名	星期五	星期六	星期日	星期一
4					
5					

图 3－1－12　星期的自动填充

活动 3　员工值班信息的输入

在进行值班编排时，只需在 A 列输入员工姓名，然后在对应的日期单元格中打“√”即可。一般情况下，可以在值班表中依次输入员工姓名，然后进行值班编排。如果已经有了员工花名册的文本文档，就可以利用 Excel 中的导入外部数据功能，将员工姓名导入表中。假设已有员工花名册的文本文档，用 Excel 中的导入外部数据功能的具体操作方法如下：

（1）选中值班表中的 A4 单元格，单击“数据”选项卡“获取外部数据”面板中的“自文本”选项，在弹出的对话框中选择要导入的文本文档，并单击“导入”按钮，如图 3－1－13 所示。

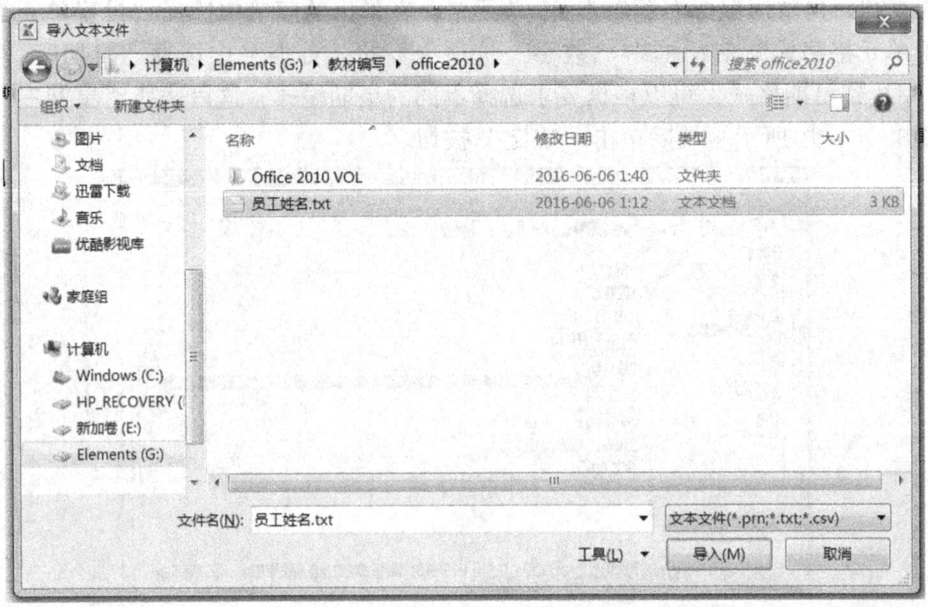

图 3－1－13　导入“自文本”的外部数据

（2）在“文本导入向导”的第 1 步中，选择“原始数据类型”面板下的“固定宽度”，并在“导入起始行”中选择“2”，因为导入的是数据，并不需要列名这一行，如图 3－1－14 所示，然后单击“下一步”按钮。

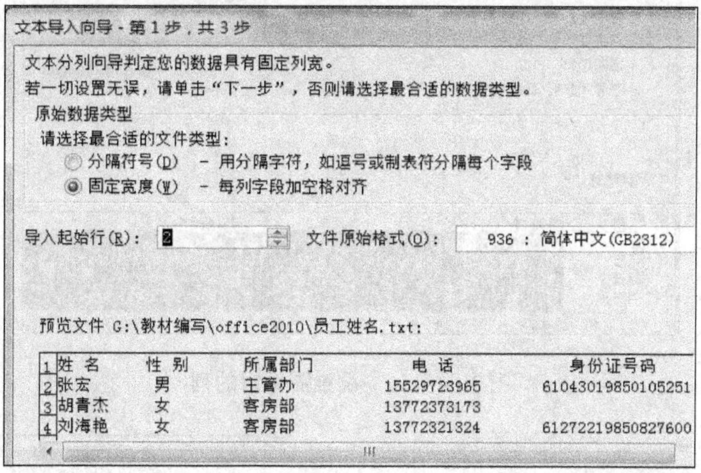

图 3－1－14 设置固定宽度及起始行

（3）在“文本导入向导”的第 2 步中，选中“姓名”这一列的分列线，鼠标单击不放并向右拖曳，适当调整列宽，如图 3－1－15 所示，调整完毕后单击“下一步”按钮。

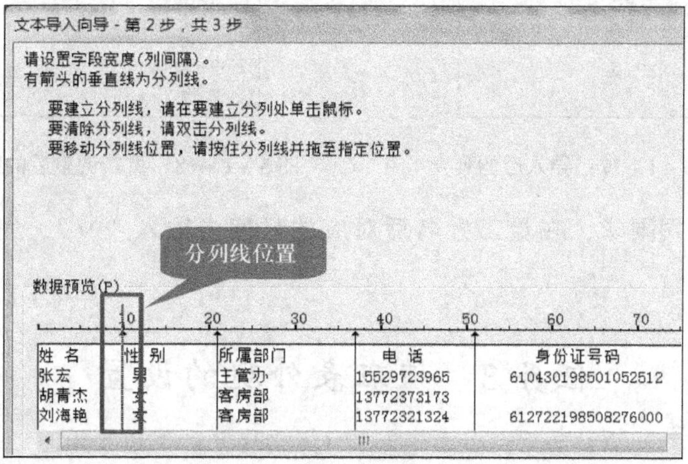

图 3－1－15 拖曳分列线调整列宽

（4）在“文本导入向导”的第 3 步中，只需要保留“姓名”这一列，可按键盘中的“Shift”键，同时选中“性别”“所属部门”“电话”“身份证号码”“家庭住址”这几列，并在“列数据格式”面板中选中“不导入此列（跳过）”，可在“数据预览”中查看当前设置的状态，如图 3－1－16 所示，最后单击“完成”按钮。

（5）此时在值班表中已经可以看到员工的姓名这一列了，虽然在文本导入的第 2 步中适当调宽了“姓名”列的列宽，但和原 A2 单元格相比还是窄了，如图 3－1－17 所示，所以再次选中 A2 单元格，将列宽设置为原来的 20，最终效果如图 3－1－18 所示。

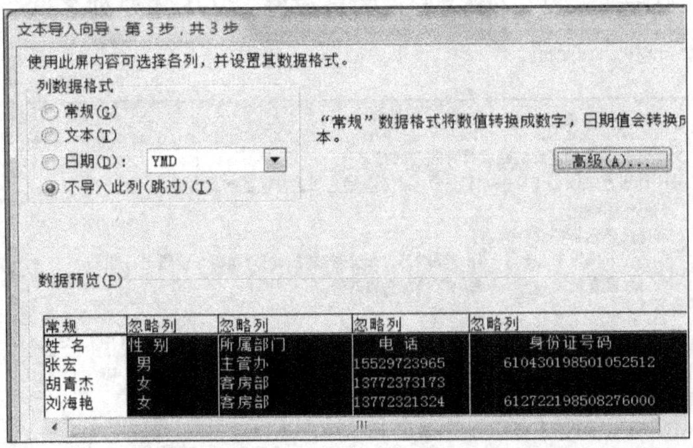

图 3－1－16　设置需保留的列

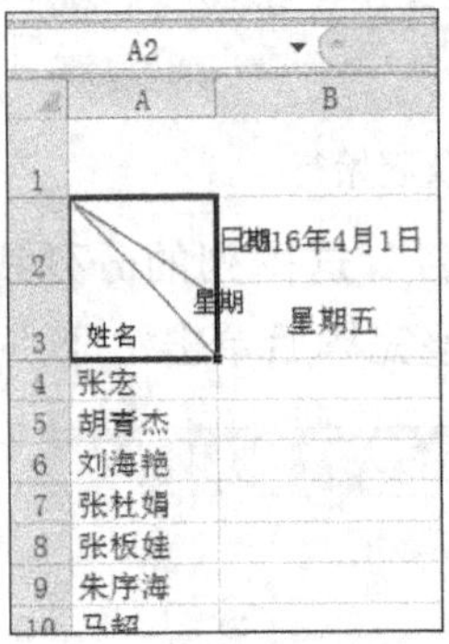

图 3－1－17　导入后的列宽

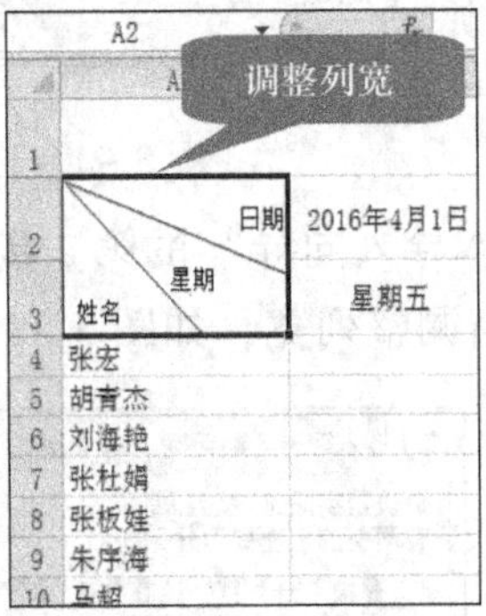

图 3－1－18　重新调整后的列宽

最后，根据公司要求，在员工姓名后对应的日期内输入"√"，完成值班表内容的输入。

任务 3　值班表外观的设置

漂亮明朗的表格会让人们有兴趣去审阅表格。可以通过单元格样式的设置来美化值班表；另外，由于值班表涉及的区域较大、数据信息较多，审阅时容易出现错误，可以通过使用条件格式以及拆分和冻结窗口来解决这一问题。

活动 1　单元格样式的设置

样式是单元格字体、字号、对齐方式、边框和图案等一个或多个设置特性的组合，包括内置样式和自定义样式。内置样式为 Excel 内部定义的样式，在"样式"功能区中的"单元格样式"，用户可以直接使用，如图 3－1－19 所示。自定义样式是用户根据需要自定义的组合设置，需定义样式名。可单击"单元格样式"里的"新建单元格样式"命令，在弹出的"样式"对话框中进行设置，如图 3－1－20 所示。

图 3 – 1 – 19　单元格内置样式

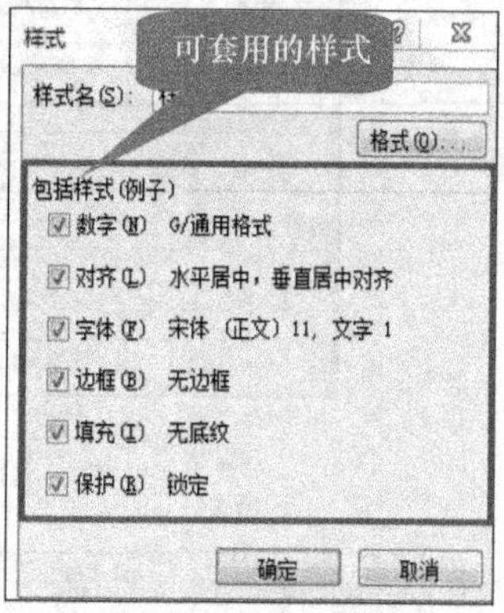

图 3 – 1 – 20　设置自定义样式

例如，对值班表的 A 列及标题行进行单元格样式设置，分别将样式设置成“强调颜色文字 4”和“20% – 强调文字颜色 4”，具体操作方法为：选中 A 列除去标题外的相关单元格，即 A2 至最后员工姓名的单元格，在“单元格样式”中单击“强调颜色文字 4”；选中标题栏 A1 单元格，在“单元格样式”中单击“20% – 强调文字颜色 4”即可，如图 3 – 1 – 21所示。

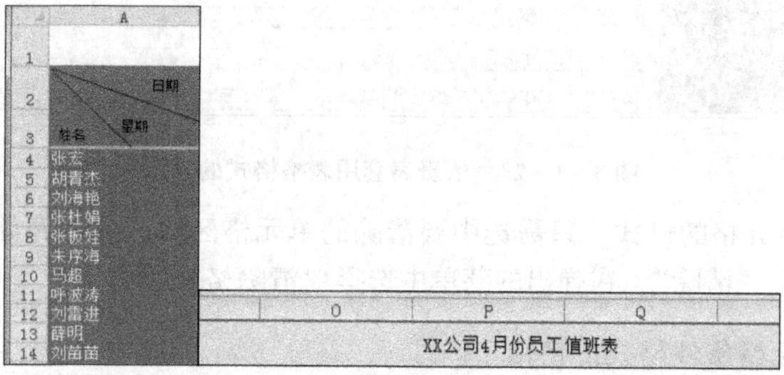

图 3 – 1 – 21　套用内置单元格样式

活动 2 套用表格格式

套用表格格式是把 Excel 提供的显示格式自动套用到用户指定的单元格区域，这可以使表格更加美观、易于浏览，有“浅色”“中等深浅”“深浅”3 种类别供选择。例如，将值班表中值班编排内容套用单元格样式，设置为“表样式浅色 19”，具体操作为：选中值班表编排的单元格区域，单击“套用表格格式”下的小三角按钮，在展开的菜单中单击“表样式浅色 19”，在弹出的对话框中勾选“表包含标题”，再单击“确定”按钮，此时，在“日期”行中出现筛选箭头，如图 3 – 1 – 22 所示。

筛选箭头影响了值班表的美观，如要去掉，在“数据”选项卡的“排序和筛选”面板下单击“筛选”按钮即可。值班表套用表格格式的最终效果如图 3 – 1 – 23 所示。

2016年4月4日	2016年4月5日	2016年4月6日	2016年4月7日	2016年4月8日
星期一	星期二	星期三	星期四	星期五
	√	√		
√			√	
		√		
	√			
				√
			√	
				√

图 3-1-22　套用表格格式

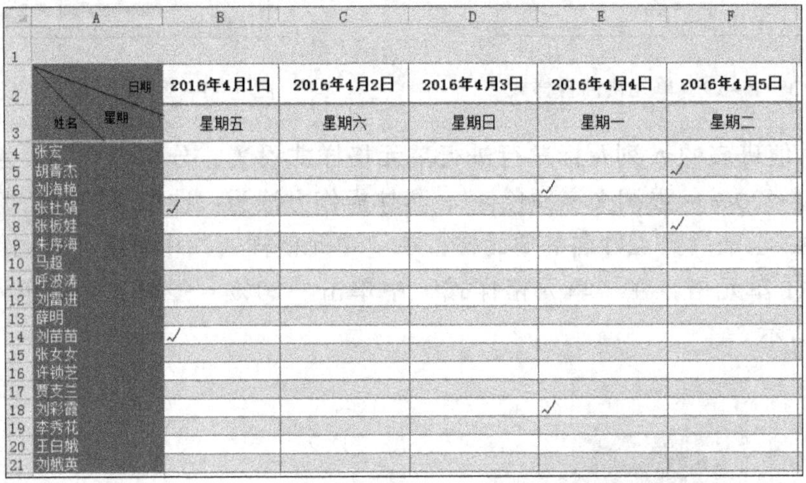

	A	B	C	D	E	F
1						
2	日期 / 星期 / 姓名	2016年4月1日	2016年4月2日	2016年4月3日	2016年4月4日	2016年4月5日
3		星期五	星期六	星期日	星期一	星期二
4	张宏					
5	胡青杰					√
6	刘海艳				√	
7	张杜娟	√				
8	张板娃					√
9	朱序海					
10	马超					
11	呼波涛					
12	刘雷进					
13	薛明					
14	刘苗苗	√				
15	张女女					
16	许锁芝					
17	贾支兰					
18	刘彩霞				√	
19	李秀花					
20	王白娥					
21	刘娥英					

图 3-1-23　值班表套用表格格式的效果

如果想清除单元格的样式，只需选中要清除的单元格区域，在“开始”选项卡的“编辑”面板下，单击“清除”，在弹出的菜单中选择“清除格式”即可。

活动 3　单元格条件格式的使用

由于值班表内容较多，且分布零散，当人们在查看时不免会出现错误。这里希望值班表中代表员工值班的“√”符号能重点突出，从而避免错误。在 Excel 中，这可以使用单元格条件格式来实现。条件格式可以对含有数值或其他内容的单元格，或者含有公式的单元格应用某种条件来决定数值的显示格式。条件格式是利用“开始”选项卡中“样式”功能区里的“条件格式”来设置的。例如：将值班表中员工值班的“√”标记设置为红色，并加粗，具体操作步骤如下：

（1）选中员工值班编排的单元格区域，单击“开始”选项卡中“样式”面板下的“条件格式”按钮。

（2）在弹出的菜单中选择“突出显示单元格规则”中的“等于”命令，如图 3-1-24 所示。

（3）在弹出的“等于”对话框中左侧文本栏内输入“√”，在右侧“设置为”下拉菜单中选择“自定义格式”，如图 3-1-25 所示。

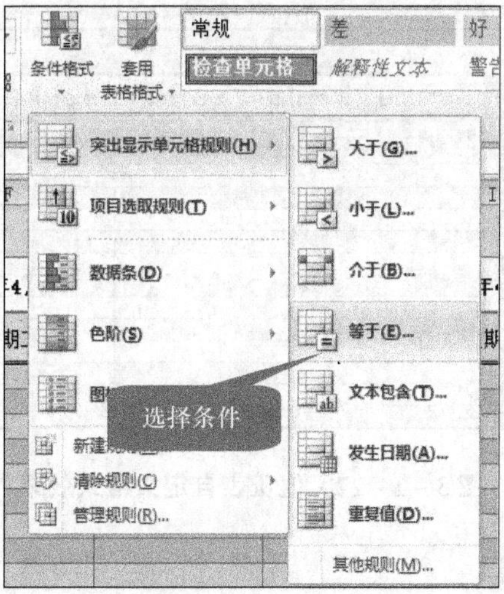

图 3－1－24　条件格式菜单

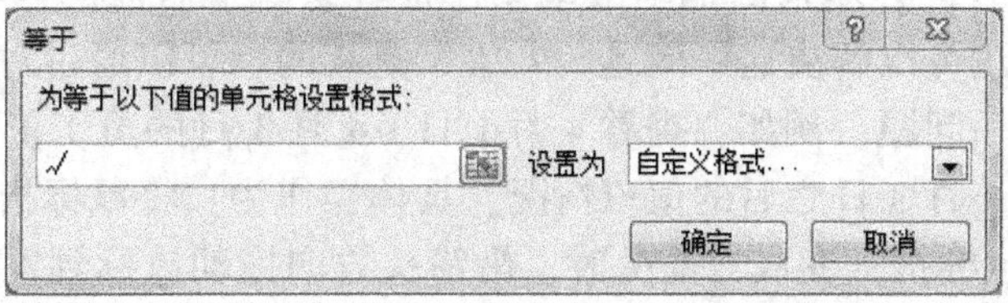

图 3－1－25　设置自定义格式

(4) 此时弹出“设置单元格格式”对话框，在对话框中将字体颜色设置为“红色”，将字形设置为“加粗”，如图 3－1－26 所示。单击“确定”按钮，回到“等于”对话框，再次单击“确定”按钮即可完成设置。值班表的最终效果如图 3－1－27 所示。

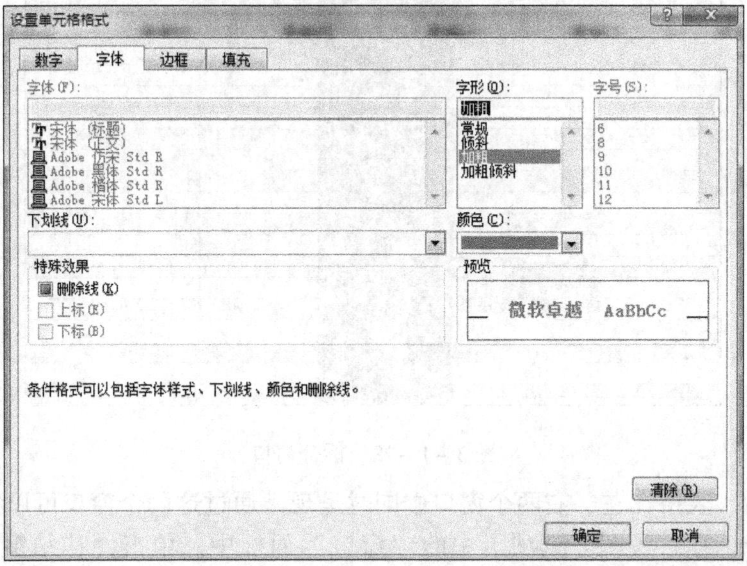

图 3－1－26　设置字体颜色和字形

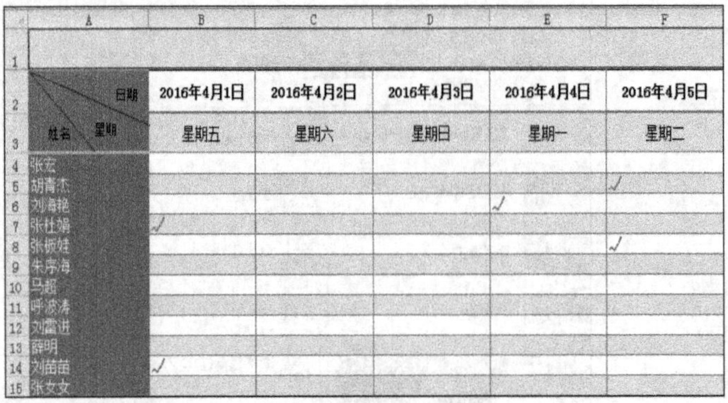

图 3－1－27　值班表自定义格式效果

活动 4　拆分和冻结窗口

由于值班表记录了一个月中员工值班的情况，日期为横向排列，因此表格中列数较多。当查看员工值班情况时，必须来回拖动滚动条，很容易看了后面的内容，又忘了前面的内容。那么，有什么方法可以解决这一问题吗？答案是有的，可以通过对表格进行拆分和冻结窗口的操作来解决这一问题。例如：查看 4 月 1 日 ~4 月 3 日的员工值班情况，将其冻结在窗口中，同时能查看 4 月 3 日之后的值班情况，具体操作为：将鼠标指针指向水平滚动条右侧的“拆分条”，当鼠标指针变成双箭头时，沿箭头方向拖动鼠标到 4 月 3 日的位置，放开鼠标即可。拖动分隔条，可以调整分隔后窗格的大小，如图 3－1－28 所示。

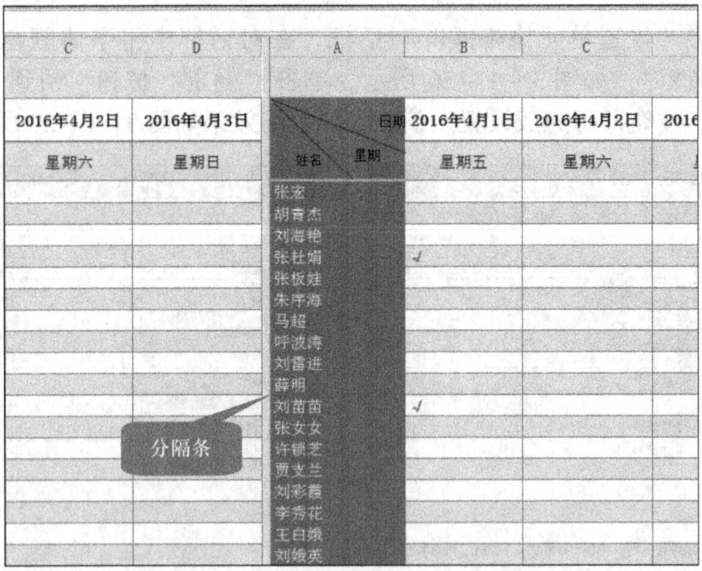

图 3－1－28　拆分窗口

拆分窗口后，表格在左、右两个窗口中同时呈现，通过这两个窗口可以独立浏览员工值班表的不同部分。在“视图”选项卡中的“窗口”面板中，单击“冻结窗口”，在下拉列表中选择“冻结拆分窗格”命令即可，如图 3－1－29 所示。如果要取消拆分或冻结，只需再次单击“窗口”面板中的“拆分”命令或“冻结窗口”下的“取消冻结窗口”命令。

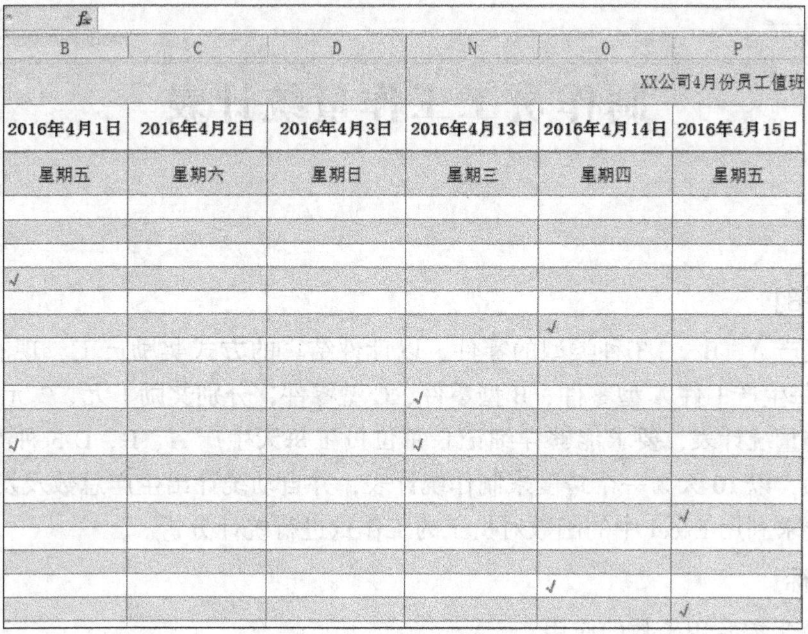

图 3-1-29　冻结窗口

练一练

1. 当 Excel 进行自动填充时，鼠标的形状变为______。

A. 空心“十”字形　　B. 向左上方箭头

C. 向右上方箭头　　D. 黑“十”字形

2. 利用“文本导入向导”进行数据导入时，如果只想导入数据的前两列，可以______。

A. 在第 1 步时，设置“导入起始行”为“2”

B. 在第 2 步时，为数据的前两列建立分列线

C. 在第 3 步时，除数据的前两列外，其余列均设置为“不导入此列（跳过）”

D. 以上都不正确

3. 通过“窗口分割”（窗口拆分）操作，可以在一个文档窗口中同时看到______。

A. 不同工作簿的内容　　B. 同一工作簿中不同工作表的内容

C. 同一工作表的不同部分　　D. 以上 3 个选项都对

项目二

制作员工工作量统计表

【项目介绍】

某公司生产 A、B、C 3 种类型的零件，以计件结算的方式奖励员工，现有负责生产的员工 10 名，每生产 1 件 A 型零件、B 型零件、C 型零件，分别奖励 1 元、2 元、3 元。设计一张员工工作量统计表，要求能够详细记录每位员工每天生产 A、B、C 3 种类型零件的数量及发放金额，以 10 天为一个跨度来制作统计表，并自动统计出生产总数及发放金额总数。在必要时，要求利用 Excel 中的函数对员工的工作量进行统计分析。

【学习目标】

（1）熟练掌握常用函数的应用；

（2）掌握公式的用法；

（3）了解单元格地址的概念。

任务 1　创建员工工作量统计表

打开 Microsoft Excel 2010，首先将默认的工作表 Sheet1 重命名为“工作量统计表”，根据要求，可以将表格的横向单元格设置为时间，将纵向单元格设置为员工姓名及对应的生产零件的件数和发放金额，最后在每行或每列的末尾进行总数的合计。

活动 1　工作表的设计

员工工作量统计表的具体设计如下：选中 A1：N1 区域，在“开始”选项卡的“对齐方式”面板中，单击“合并后居中”，并输入“员工工作量统计表”，适当调整字体和字号，并加粗，将 A1：N1 区域作为标题行；选中 B2 单元格，单击鼠标右键并在菜单中选择“设置单元格格式”，在“设置单元格格式”对话框的“边框”选项卡的“边框”栏下，单击“斜线”按钮，如图 3－2－1 所示，再单击“确定”按钮，将 B2 单元格制作为斜线表头。

因为每个员工涉及 3 种零件的生产及金额的发放 4 个信息，每个员工的信息在表格中占 4 行，因此选中 A3：A6 区域，对其进行合并单元格操作，然后选中合并后的单元格（A3 单元格），在“开始”选项卡下的“剪贴板”面板中，单击“格式刷”按钮，再选中 A7：A42 区域，放开鼠标即可让该区域同时合并单元格，将该区域作为员工姓名的序号。用同样的方法，对 B3：B42 区域也进行合并单元格操作，该区域用来输入员工姓名。选中 A43：B46 区域，在“开始”选项卡的“对齐方式”面板中单击“合并后居中”进行合并单元格，该区域作为“合计”。最后，选中 A1：N46 区域，单击鼠标右键选择“设置单元格格式”，在对话框的“边框”选项卡中选择“预置”下的“外边框”和“内部”，如图 3－2－2 所示，最后单击“确定”按钮，并适当调节单元格的行高和列宽。员工工作量统计表的设计效果如图 3－2－3 所示。

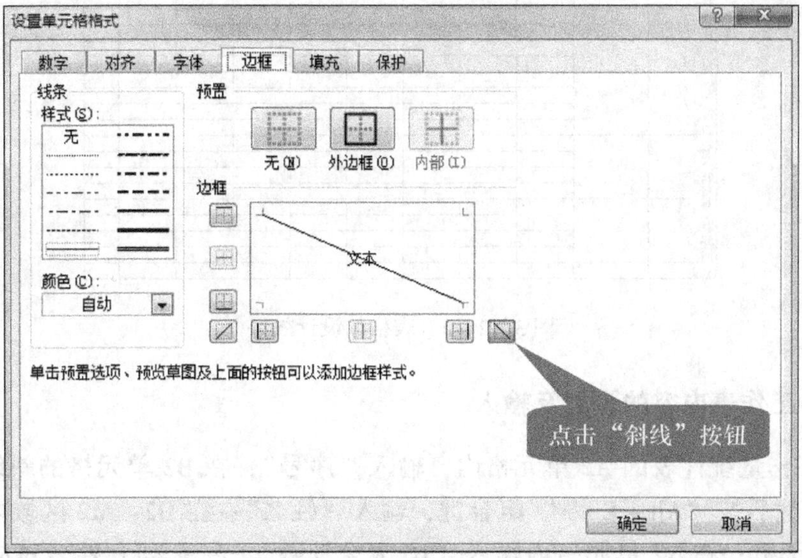

图 3－2－1　制作斜线表头

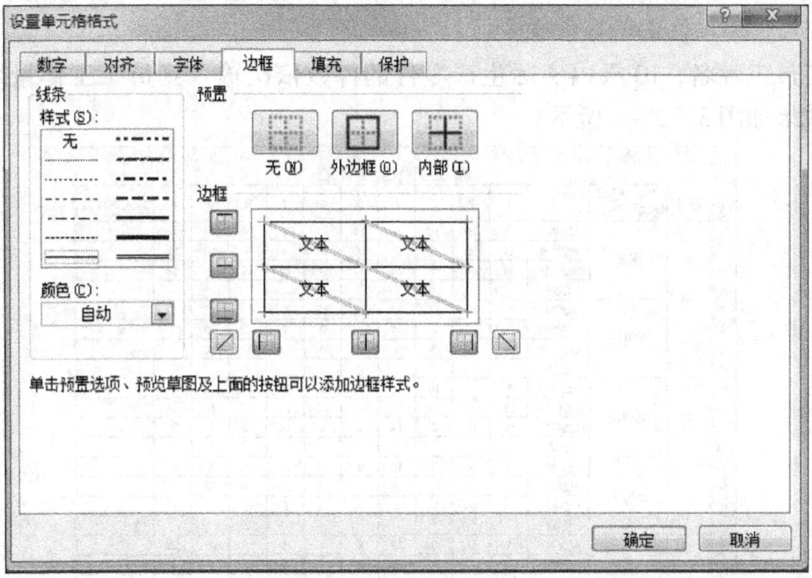

图 3－2－2　设置表格边框

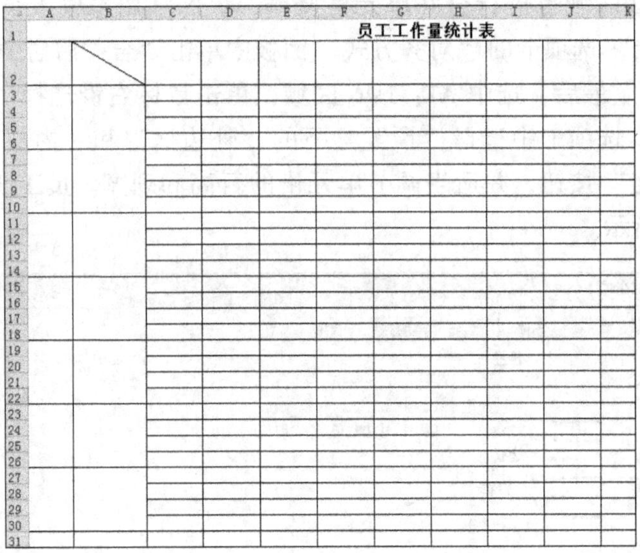

图 3-2-3　表格的设计效果

活动 2　工作表内容的设置及输入

在员工工作量统计表的 A2 单元格内，输入“序号”；在 B2 单元格的斜线表头内，输入“日期”，然后按“Alt + Enter”组合键，输入“姓名”；在 D2：M2 区域内，依次输入 1 ~ 10，作为天数；在 N2 单元格内输入“10 天合计数”；在 C 列和姓名对应区域的单元格内分别输入“A 型件数”“B 型件数”“C 型件数”“金额”；在 A43 单元格内输入“合计”，在 C43：C46 单元格内输入“A 型总件数”“B 型总件数”“C 型总件数”“总金额”。

最后，将员工姓名、10 天内实际生产零件的件数依次输入到员工工作量统计表内，输入完毕后的效果如图 3-2-4 所示。

员工工作量统计表													
序号	日期 姓名		1	2	3	4	5	6	7	8	9	10	10天合计数
1	张宏	A型件数	17	16	16	9	13	20	5	14	7	18	
		B型件数	11	4	6	9	10	13	8	7	16	12	
		C型件数	18	13	8	18	10	9	13	14	1	18	
		金额											
2	胡青杰	A型件数	5	15	15	10	17	12	2	2	11	1	
		B型件数	19	3	18	11	1	0	2	13	10	8	
		C型件数	14	8	3	6	8	9	11	5	0	3	
		金额											
3	刘海艳	A型件数	7	4	10	5	1	6	12	5	17	7	
		B型件数	19	1	13	17	7	10	10	18	6	16	
		C型件数	10	13	6	14	3	4	14	19	7	7	
		金额											
4	张杜娟	A型件数	4	14	5	18	9	15	2	5	5	11	
		B型件数	13	12	11	19	12	16	19	16	18	13	
		C型件数	18	16	3	1	13	9	8	3	10	5	
		金额											
5	张板娃	A型件数	7	11	5	19	2	3	5	13	18	13	
		B型件数	4	20	11	15	3	3	12	10	7	2	
		C型件数	2	19	2	2	6	20	8	0	8	9	
		金额											

图 3-2-4　员工工作量数据输入

任务2　员工的工作量情况统计分析

员工奖金的发放是依据不同零件的生产数量来计算的。员工是否出色也是依据每个员工在一定时间内生产的零件数量来判定的。所以，对员工生产零件的数量（即工作量）进行统计分析非常有必要。在对工作量进行统计分析时，可以利用 Excel 中的函数或公式计算每个员工生产零件的总数、不同零件总生产量、应发金额等。

活动1　利用自动计算求员工的总工作量

在工作量统计表中，每个员工 10 天中生产零件的总数如何计算？人们可能会想到将每天生产的数量相加得出。其实不必这么麻烦，在 Excel 中，可以利用自动计算中的自动求和功能来实现。例如，计算员工张宏 10 天中生产 A 型零件的总量，具体操作为：选中 N3 单元格，在“开始”选项卡下的“编辑”面板中，单击“自动求和”按钮，此时，工作表中会出现求和函数及所选区域，如图 3 -2 -5 所示，按下键盘中的“Enter”键即可计算出总和。

图 3 -2 -5　利用自动求和功能计算总工作量

对于 B、C 型零件总量的计算，可以直接复制 N3 单元格中的函数来实现，具体操作为：选中 N3 单元格，将鼠标指针指向 N3 单元格的边框上右下角位置，当指针变成黑“十”字形状，即填充柄时，按住鼠标左键拖动鼠标到 N4：N5 区域，即可计算出 B、C 型零件总量。利用同样的方法，依次计算出其他员工在 10 天中生产零件的总量，如图 3 -2 -6 所示。除了自动求和，在“编辑”面板中，单击“自动求和”右侧的三角按钮，在下拉菜单中还可以实现自动求平均值、自动计数等功能。

活动2　常用函数 SUM、AVERAGE、MAX、MIN 的使用

计算出了每个员工 10 天内的工作总量，可以利用 Excel 中的函数对员工工作量作进一步分析。在“合计”一栏中，如何计算每种型号零件每天的生产总量呢？如果利用自动求和功能，函数中的所选区域是连续的单元格，但是自动求和函数也属于 SUM 函数，因此，可以利用 SUM 函数，选择要计算的区域即可。比如计算第 1 天 A 型零件的生产总数，具体操作为：选中 D43 单元格，单击“公式”选项卡下的“插入函数”，在“插入函数”对话框中选择 SUM 函数，如图 3 -2 -7 所示，单击“确定”按钮。

此时弹出“函数参数”对话框，在“Number1”文本框内将默认的单元格区域删除，按“Ctrl”键依次选中每个员工第一天生产的 A 型零件的件数，即 D3、D7、D11、……、D39，再次单击“确定”按钮，此时就算出了第 1 天 A 型零件生产的总数。复制函数就可以算出

10 天中 A 型零件每天的生产总数，用同样的方法也可以计算 B、C 型零件每天的生产总数，如图 3－2－8 所示。

1	员工工作量统计表													
2	序号	日期 姓名		1	2	3	4	5	6	7	8	9	10	10天合计数
3	1	张宏	A型件数	17	16	16	9	13	20	5	14	7	18	135
4			B型件数	11	4	6	9	10	13	8	7	16	12	96
5			C型件数	18	13	8	18	10	9	13	14	1	18	122
6			金额											
7	2	胡青杰	A型件数	5	15	15	10	17	12	2	2	11	1	90
8			B型件数	19	3	18	11	1	0	2	13	10	8	85
9			C型件数	14	8	3	6	8	9	11	5	0	3	67
10			金额											
11	3	刘海艳	A型件数	7	4	10	5	1	6	12	5	17	7	74
12			B型件数	19	1	13	17	7	10	10	18	6	16	117
13			C型件数	10	13	6	14	3	4	14	19	7	7	97
14			金额											
15	4	张杜娟	A型件数	4	14	5	18	9	15	2	5	5	11	88
16			B型件数	13	12	11	19	12	16	19	16	18	13	149
17			C型件数	18	16	3	1	13	9	8	3	10	5	86
18			金额											
19	5	张栃娃	A型件数	7	11	5	19	2	3	5	13	18	13	96
20			B型件数	4	20	11	15	3	3	12	10	7	2	87
21			C型件数	2	19	2	2	6	20	8	0	8	9	76
22			金额											

图 3－2－6　员工生产总量的计算

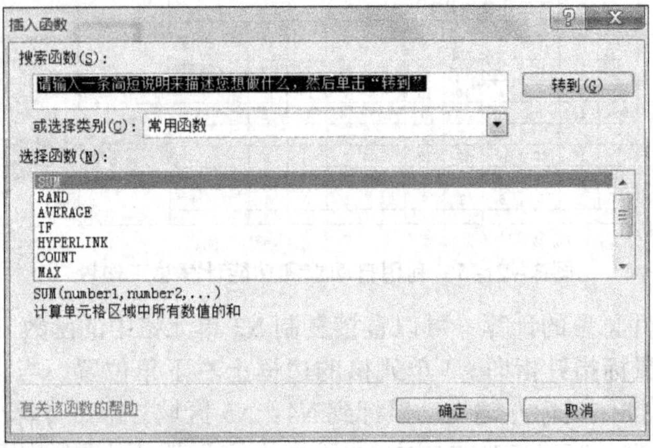

图 3－2－7　插入 SUM 函数

函数库

D43　=SUM(D3, D7, D11, D15, D19, D23, D27, D31, D35, D39)

B	C	D	E	F	G	H	I	J	K	L	M	N
	金额											
刘雷进	A型件数	10	8	16	7	4	2	2	19	5	3	76
	B型件数	16	3	11	19	13	6	7	5	4	18	102
	C型件数	0	5	2	18	11	2	7	0	14	13	72
	金额											
薛明	A型件数	7	14	6	0	16	12	8	17	4	8	92
	B型件数	8	19	19	11	11	12	5	10	18	2	115
	C型件数	12	15	19	7	17	17	7	13	19	8	134
	金额											
合计	A型总件数	88	114	84	98	85	100	59	104	123	107	962
	B型总件数	126	103	122	117	82	93	112	107	118	79	1059
	C型总件数	80	124	63	85	106	109	100	68	91	77	903
	总金额											

图 3－2－8　利用 SUM 函数计算零件生产总数

除了求和，还可以利用 Excel 中的常用函数对工作量进行求平均值、求最大值、求最小值等操作，从而进一步对员工工作量进行细化分析。现在员工工作量统计表的“10 天合计数”下右侧添加“平均生产数”“最大生产数”“最小生产数”3 列，并用格式刷工具使单元格格式和表格一致。首先对员工张宏进行计算，具体操作步骤为：选中 O3 单元格，单击“公式”选项卡下的“插入函数”，在“插入函数”对话框中选择 AVERAGE 函数，单击“确定”按钮，和 SUM 函数一样，在对话框中选择要计算平均值的区域，员工张宏对应的 A 型零件的生产区域为 D3：M3，如图 3－2－9 所示，单击“确定”按钮即可。

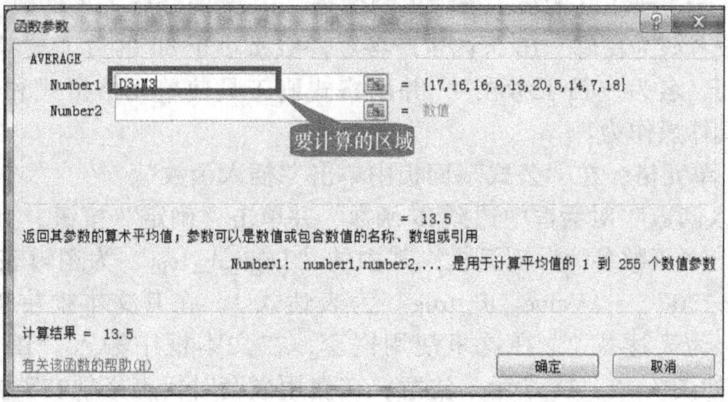

图 3－2－9　求平均生产数

对于最大生产数、最小生产数的计算，其操作方法和求平均生产数相似，只需在“插入函数”对话框中选择“MAX（最大值）”或“MIN（最小值）”，如果找不到，可以在类别中选择“全部”或“统计”，然后选择员工张宏所对应的生产区域（D3：M3），单击“确定”按钮即可。计算完毕后复制函数应用于其他员工，如图 3－2－10 所示。

10天合计数	平均生产数	最大生产数	最小生产数
135	13.5	20	5
96	9.6	16	4
122	12.2	18	1
90	9	17	1
85	8.5	19	0
67	6.7	14	0
74	7.4	17	1
117	11.7	19	1
97	9.7	19	3
88	8.8	18	2
149	14.9	19	11
86	8.6	18	1
96	9.6	19	2
87	8.7	20	2
76	7.6	20	0
91	9.1	20	0
122	12.2	20	2
86	8.6	20	0
115	11.5	20	4

图 3－2－10　最大、最小生产数的计算

活动 3　利用条件函数 IF 进行工作量考核

Excel 中 IF 函数的功能是对指定的单元格进行逻辑判断，并返回相应的值，其语法格式为“IF（逻辑表达式，表达式 1，表达式 2）”，若“逻辑表达式”值为真，函数值为“表达式 1”的值，否则为“表达式 2”的值。IF 函数最多可以嵌套 7 层，用“表达式 1”及“表达式 2”参数可以构造复杂的判断条件。

公司对员工的评价往往体现在员工的工作量中，即生产零件的数量。现假设 10 天内生产各零件的数量大于等于 120 的员工被考核为优秀，10 天内生产各零件数量大于等于 80 且小于 120 的员工被考核为良好，10 天内生产各零件数量小于 80 的员工被考核为一般，在工作表右侧添加一列，名为“员工考核”，并用格式刷工具使单元格格式和表格一致。用 IF 函数进行判断，具体操作为：

（1）选中 R3 单元格，在“公式”面板中单击“插入函数”。

（2）在“插入函数”对话框中选择 IF 函数，并单击“确定”按钮。

（3）此时弹出“函数参数”对话框，其中的“Logical_test”为逻辑表达式，在其文本框中输入“N3 >= 120”，“Value_if_true”为表达式 1，在其文本框中输入“"优秀"”，“Value_if_false”为表达式 2，在这里使用嵌套，在文本框中输入“IF（N3 >= 80,"良好","一般"）”，如图 3－2－11 所示。注意，在使用嵌套时标点必须在英文输入法下输入。最后单击“确定”按钮。

（4）选中 R3 单元格，按“Ctrl + V”组合键进行函数复制，再按“Ctrl”键，依次选中员工张宏对应的 B、C 型零件的生产总量以及其他员工的生产总量，再按“Ctrl + V”组合键进行粘贴，所有员工的考核情况即可判断出来，如图 3－2－12 所示。

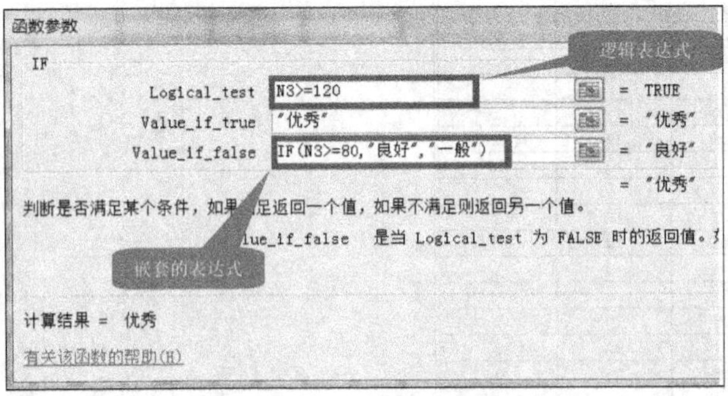

图 3－2－11　设置 IF 函数参数

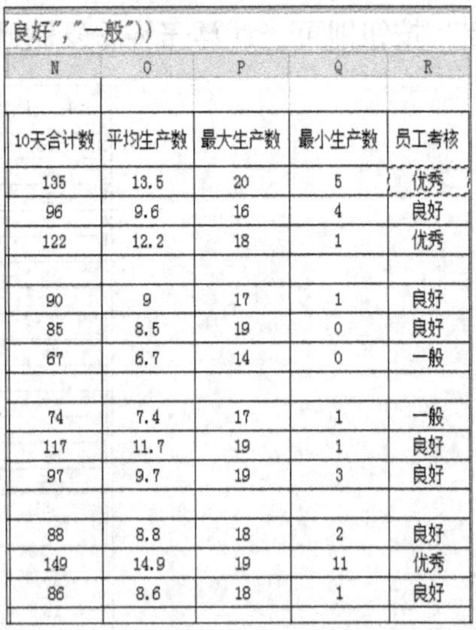

"良好","一般"))

N	O	P	Q	R
10天合计数	平均生产数	最大生产数	最小生产数	员工考核
135	13.5	20	5	优秀
96	9.6	16	4	良好
122	12.2	18	1	优秀
90	9	17	1	良好
85	8.5	19	0	良好
67	6.7	14	0	一般
74	7.4	17	1	一般
117	11.7	19	1	良好
97	9.7	19	3	良好
88	8.8	18	2	良好
149	14.9	19	11	优秀
86	8.6	18	1	良好

图 3－2－12　用 IF 函数判断员工的考核情况

活动 4　OFFSET、COUNTIF、COUNTIFS 函数的使用

在员工考核统计完成后，利用函数对员工考核奖金的发放进行统计。在工作表 Sheet2

中建立一张“员工考核奖金发放”表，表中包含员工姓名、性别、10 天内生产零件总量、各个员工的考核金额、考核金额总额、考核等第、考核排名等信息，如图 3－2－13 所示。假设生产总量在 300 以上的员工为优秀、260～300 的为良好、260 以下的为一般，现作以下统计：①计算每个员工的生产总量；②统计优秀员工的数量；③统计优秀男员工和优秀女员工的数量。

A1 f_x 员工考核奖金发放

	A	B	C	D	E	F	G
1	员工考核奖金发放						
2	序号	姓名	性别	生产总量	考核等第	考核金额	排名
3	1	张宏	男				
4	2	胡青杰	男				
5	3	刘海艳	女				
6	4	张杜娟	女				
7	5	张板娃	女				
8	6	朱席海	男				
9	7	马超	男				
10	8	呼波涛	女				
11	9	刘雷进	男				
12	10	薛明	女				
13	男员工考核金额总额						
14	女员工考核金额总额						
15	考核金额总额						

图 3－2－13 建立员工考核奖金发放表

在表中可以看到，要统计以上列出的数据，首先要计算出生产总量。生产总量即每个员工 10 天内生产的 A、B、C 3 种零件的总和，这些数据都在员工工作量统计表中，要在员工考核奖金发放表中进行计算，该如何实现呢？对于这个问题，在 Excel 中可以采用跨工作表的计算方式来实现。

单元格地址的一般形式为“［工作簿文件名］工作表名！单元格地址”。在引用当前工作簿的各工作表单元格地址时，当前“［工作簿文件名］”可以省略，引用当前工作表单元格的地址时“工作表名！”可以省略。所以，在员工考核奖金发放表中计算员工的生产总量，必须引用跨工作表单元格的方式进行。在对员工张宏的生产总量进行计算时，具体操作方法为：选中 D3 单元格，单击“公式”面板中的“插入函数”，在对话框中选择求和函数 SUM，单击“确定”按钮。切换到员工工作量统计表中，选择 N3：N5 单元格，此时参数中会自动显示“工作量统计表！N3：N5”，即引用跨工作表的单元格，单击“确定”按钮，计算出员工张宏 10 天的生产总量。但是，当进行函数复制时，其他员工 10 天的生产总量就会出现错误，这是因为在进行复制时引用的是单元格的相对地址，区域 N3：N5 会随着目标单元格位置的变化而变化，单元格地址的引用将在任务 3 中具体阐述。如何跨工作表进行 3 组数据的计算，并将结果放在连续的单元格里呢？这里使用将 OFFSET 函数嵌套在 SUM 函数中的方法来实现。

OFFSET 函数以指定的引用为参照系，通过给定偏移量得到新的引用。返回的引用可以为一个单元格或单元格区域，并可以指定返回的行数或列数。

OFFSET 函数的语法格式是“OFFSET（Reference，Rows，Cols，Height，Width）”，中文翻译即“OFFSET（引用区域，行数，列数，［高度］，［宽度］）”。其参数说明如下：

Reference：作为偏移量参照的单元格区域，该区域必须为单元格或连续单元格区域，否则返回错误。

Rows：行偏移量，如果是正数则在参照单元格的下方，如果是负数则在参照单元格的上方。

Cols：列偏移量，如果是正数则在参照单元格的右侧，如果是负数则在参照单元格的左侧。

Height 和 Width：分别表示返回引用区域的行数和列数。

如果在函数中省略参数，则省略的部分与参照区域相同，比如省略 Rows，表示没有行偏移，即引用区域和参照区域在同一行，若省略高度或宽度，表示引用区域高度、宽度和参照区域相同。

从出错原因分析可知：因为引用的是相对地址，复制 SUM 函数到下一个单元格时，员工工作量统计表中的求和区域由原来 N3：N5 变为 N4：N6，而下一组数据正确的单元格地址为 N7：N9，所以应该再向下偏移 3 行，因此，修改员工考核奖金发放表中的 SUM 函数，将 OFFSET 函数嵌套在其中。修改方法为：选中表中的 D3 单元格，在函数编辑栏中输入“=SUM(OFFSET(工作量统计表!N3，(ROW()-3)*3,，3))”，如图 3-2-14 所示，按键盘中的“Enter”键，然后复制函数到其他单元格中。

在嵌套函数中，OFFSET 以工作量统计表中的 N3 为参照单元格，ROW() 表示返回当前单元格 N3 的行数，这样，计算第 1 名员工的函数为：SUM(OFFSET(工作量统计表! N3，0,，3))，它表示计算区域不偏移，取 3 行单元格进行计算；计算第 2 名员工的函数为：SUM(OFFSET(工作量统计表! N4，3,，3))，表示向下偏移 3 行，取 3 行单元格进行计算，即 N7：N9，依此类推。

根据假设，利用 IF 函数先将员工的考核情况判断出来，如图 3-2-15 所示，而后利用 COUNTIF 函数统计考核优秀的员工数量。

图 3-2-14 SUM 函数嵌套 OFFSET 函数

图 3-2-15 用 IF 函数判断考核等第

COUNTIF 函数的格式为：(条件数据区，“条件”)，统计“条件数据区”中满足给定“条件”的单元格的个数。COUNTIF 函数只能对给定的数据区域中满足一定条件的单元格统计个数。

统计考核优秀员工的数量只要统计“优秀”单元格的数量即可，现在表格下插入一行

“考核优秀员工数量”，统计的具体操作为：选中 B16 单元格，单击“插入函数”并在对话框中选择“COUNTIF”，单击“确定”按钮，在“函数参数”对话框中的“Range”中选择“E3：E12”，在“Criteria”中输入“优秀”并单击“确定”按钮，如图 3 – 2 – 16 所示，即可计算出优秀员工的数量。计算结果如图 3 – 2 – 17 所示。

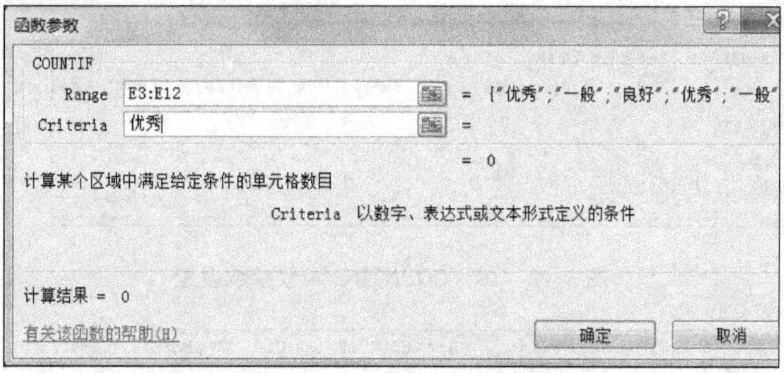

图 3 – 2 – 16 COUNTIF 函数参数设置

	A	B	C	D	E	F	G
1	员工考核奖金发放						
2	序号	姓名	性别	生产总量	考核等第	考核金额	排名
3	1	张宏	男	353	优秀		
4	2	胡青杰	男	242	一般		
5	3	刘海艳	女	288	良好		
6	4	张杜娟	女	323	优秀		
7	5	张板娃	女	259	一般		
8	6	朱序海	男	299	良好		
9	7	马超	男	269	良好		
10	8	呼波涛	女	300	优秀		
11	9	刘雷进	男	250	一般		
12	10	薛明	女	341	优秀		
13	男员工考核金额总额						
14	女员工考核金额总额						
15	考核金额总额						
16	考核优秀员工数量	4					

图 3 – 2 – 17 COUNTIF 函数统计结果

统计考核优秀的男员工和女员工的数量，就要利用 COUNTIFS 函数来实现。其与 COUNTIF 函数相比，区别在于 COUNTIFS 函数能够统计多个不同区域中满足一定条件的单元格数量。COUNTIFS 函数的格式为：(条件数据区 1，“条件 1”，条件数据区 2，“条件 2”，……)。统计优秀的男员工和女员工的数量的具体操作为：选中目标单元格，单击“插入函数”并在对话框中选择“COUNTIFS”，单击“确定”按钮，在“函数参数”对话框中的“Criteria_ range1”中选择“C3：C12”，在“Criteria1”中输入“"男"”，在“Criteria_ range2”中选择“E3：E12”，在“Criteria2”中输入“优秀”，如图 3 – 2 – 18 所示，单击“确定”按钮即可。同理可计算出优秀的女员工的数量。最终结果如图 3 – 2 – 19所示。

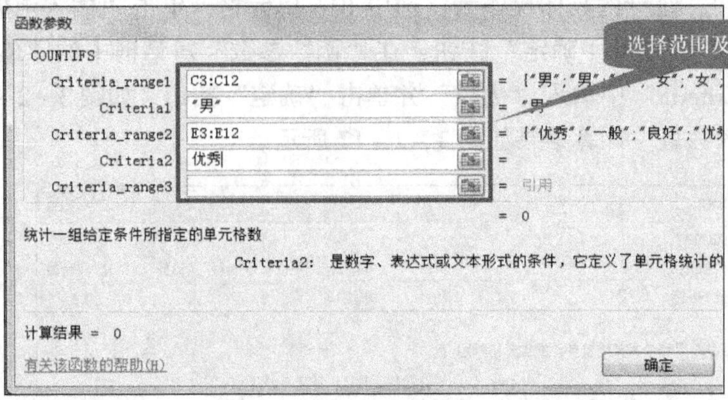

图 3-2-18　COUNTIFS 函数参数设置

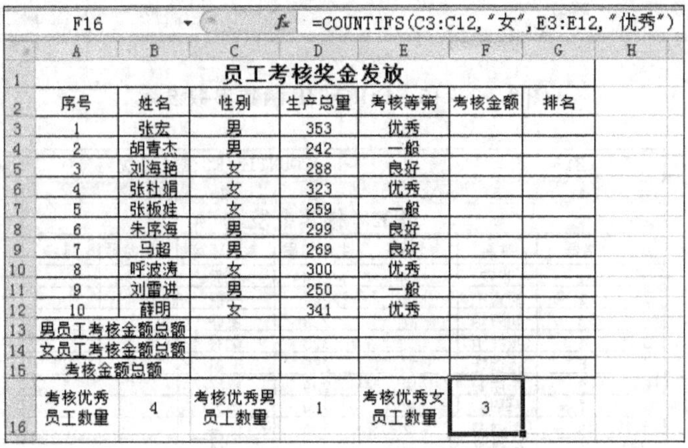
F16　=COUNTIFS(C3:C12,"女",E3:E12,"优秀")

	A	B	C	D	E	F	G
1	员工考核奖金发放						
2	序号	姓名	性别	生产总量	考核等第	考核金额	排名
3	1	张宏	男	353	优秀		
4	2	胡青杰	男	242	一般		
5	3	刘海艳	女	288	良好		
6	4	张杜娟	女	323	优秀		
7	5	张板娃	女	259	一般		
8	6	朱序海	男	299	良好		
9	7	马超	男	269	良好		
10	8	呼波涛	女	300	优秀		
11	9	刘雷进	男	250	一般		
12	10	薛明	女	341	优秀		
13	男员工考核金额总额						
14	女员工考核金额总额						
15	考核金额总额						
16	考核优秀员工数量	4	考核优秀男员工数量	1	考核优秀女员工数量	3	

图 3-2-19　COUNTIFS 函数统计结果

活动 5　多条件判断、SUMIF、SUMIFS 函数的使用

假设考核优秀的男员工奖励 1 000 元，考核优秀的女员工奖励 1 200 元，考核良好的男员工奖励 700 元，考核良好的女员工奖励 800 元，考核一般的员工奖励 500 元。现作以下计算：①计算每位员工的考核金额；②计算考核发放的总金额；③分别计算男员工和女员工的考核总金额。

根据假设，考核金额的计算从员工性别和考核等第两个方面进行考虑，因此采用多条件判断来计算。多条件判断利用 IF 条件判断函数嵌套 AND 函数来实现，AND 函数的作用为多条件判断，返回值是 true 或者 false，函数格式为：AND（条件 1，条件 2，……）。具体操作方法为：选中 F3 单元格，单击“插入函数”并在对话框中选择 IF 函数，在“函数参数”对话框中进行 AND 函数的嵌套使用，输入内容如图 3-2-20 所示，单击“确定”按钮。此时函数编辑栏中对应显示的函数为：= IF(AND(E3 = "优秀", C3 = "男"), 1 000, IF(AND(E3 = "优秀", C3 = "女"), 1 200, IF(AND(E3 = "良好", C3 = "男"), 700, IF(AND(E3 = "良好", C3 = "女"), 800, 500))))。

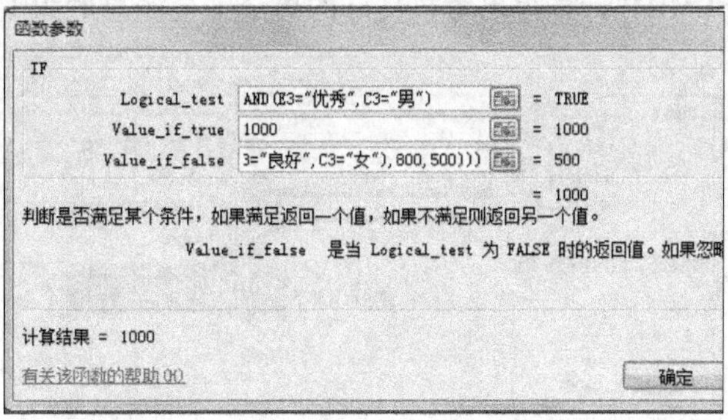

图 3－2－20 多条件判断参数设置

现在已经可以看到员工张宏的考核金额为 1 000，选中 F3 单元格，将函数复制并应用于其他员工考核金额的计算，如图 3－2－21 所示。

	A	B	C	D	E	F	G
1	员工考核奖金发放						
2	序号	姓名	性别	生产总量	考核等第	考核金额	排名
3	1	张宏	男	353	优秀	1000	
4	2	胡青杰	男	242	一般	500	
5	3	刘海艳	女	288	良好	800	
6	4	张杜娟	女	323	优秀	1200	
7	5	张栃娃	女	259	一般	500	
8	6	朱序海	男	299	良好	700	
9	7	马超	男	269	良好	700	
10	8	呼波涛	女	300	优秀	1200	
11	9	刘雷进	男	250	一般	500	
12	10	薛明	女	341	优秀	1200	
13	男员工考核金额总额						
14	女员工考核金额总额						
15	考核金额总额						
16	考核优秀员工数量	4	考核优秀男员工数量	1	考核优秀女员工数量	3	

图 3－2－21 员工考核金额计算结果

员工考核总金额的计算较为简单，只需用求和函数 SUM 即可完成，而对于男、女员工考核总金额的计算，需用条件求和函数 SUMIF 来完成。条件求和函数 SUMIF 的格式为：(条件数据区，条件，求和数据区)。SUMIF 函数的原理是在“条件数据区”中查找满足条件的单元格，计算满足条件的单元格对应“求和数据区”中数据的累加和。现利用 SUMIF 函数计算的具体操作为：选中目标单元格，在“插入函数”中选择 SUMIF 函数，在“函数参数”对话框中设置“Range”为“C3：C12”，设置“Criteria”为“"男"”，设置“Sum_range”为“F3：F12”，如图 3－2－22 所示，单击“确定”按钮。

同理，女员工考核金额的计算也利用 SUMIF 函数来完成，计算结果如图 3－2－23 所示。

如果进一步细化，根据考核等第分别计算男、女员工考核金额总额，可用 SUMIFS 函数来完成。和 COUNTIFS 函数类似，SUMIFS 函数为多条件求和函数，其函数格式为：(求和数据区，条件数据区 1，条件 1，条件数据区 2，条件 2……)。例如，计算考核良好的男员工金额总额，具体操作为：选中目标单元格，单击“插入函数”并在对话框中选择 SUMIFS 函数，在“函数参数”对话框中选择“Sum_range”为“F3：F12”，选择“Criteria_range1”为“C3：C12”，在“Criteria1”中输入“"男"”，在“Criteria_range2”中选择“E3：E12”，在“Criteria2”中输入“"良好"”，单击“确定”按钮，如图 3－2－24 所示。

通过多条件求和函数 SUMIFS 计算得出考核良好的男员工金额总额为 1 400 元。

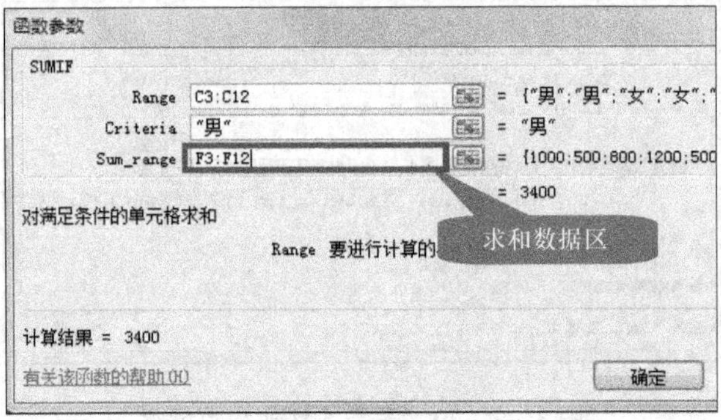

图 3-2-22　SUMIF 函数参数设置

	A	B	C	D	E	F	G
1			员工考核奖金发放				
2	序号	姓名	性别	生产总量	考核等第	考核金额	排名
3	1	张宏	男	353	优秀	1000	
4	2	胡青杰	男	242	一般	500	
5	3	刘海艳	女	288	良好	800	
6	4	张杜娟	女	323	优秀	1200	
7	5	张板娃	女	259	一般	500	
8	6	朱序海	男	299	良好	700	
9	7	马超	男	269	良好	700	
10	8	呼波涛	女	300	优秀	1200	
11	9	刘雷进	男	250	一般	500	
12	10	薛明	女	341	优秀	1200	
13	男员工考核金额总额		3400				
14	女员工考核金额总额		4900				
15	考核金额总额		8300				
16	考核优秀员工数量	4	考核优秀男员工数量	1	考核优秀女员工数量	3	

图 3-2-23　考核金额计算结果

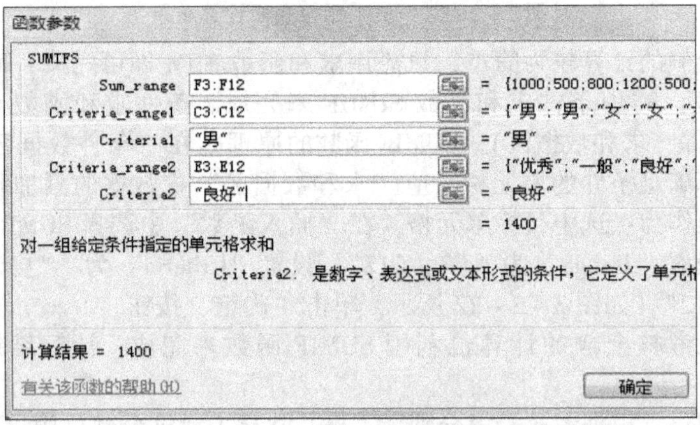

图 3-2-24　SUMIFS 函数参数设置

活动 6　AVERAGEIF、AVERAGEIFS、RANK 函数的使用

基于以上数据，现进一步细化分析，计算男、女员工的平均生产总量，考核优秀男、女员工的平均生产总量，根据生产总量对员工进行排名。在表格下方单元格内分别输入"男员工平均生产总量""女员工平均生产总量""优秀男员工平均生产总量""优秀女员工平

均生产总量”。

男、女员工的平均生产总量的计算是从性别和生产总量两个方面考虑的，其中性别作为计算条件，而后求平均生产总量，和 SUMIF 函数类似，这里用 AVERAGEIF 函数来计算。AVERAGEIF 函数返回某个区域内满足给定条件的所有单元格的平均值（算术平均值）。函数的语法格式为：(计算平均值区域，条件，实际计算平均值区域)。要注意的是，参数中的实际计算平均值区域（Average_range）可忽略，此时采用平均值区域（Range）。计算男、女员工平均生产总量的具体操作步骤为：选中目标单元格，单击“插入函数”并在对话框中选择 AVERAGEIF 函数，在“函数参数”对话框中的“Range”选择“C3：C12”，在“Criteria”中输入“"男"”，在“Average_range”中选择“D3：D12”，如图 3－2－25 所示，单击“确定”按钮，即可算出男员工的平均生产总量。

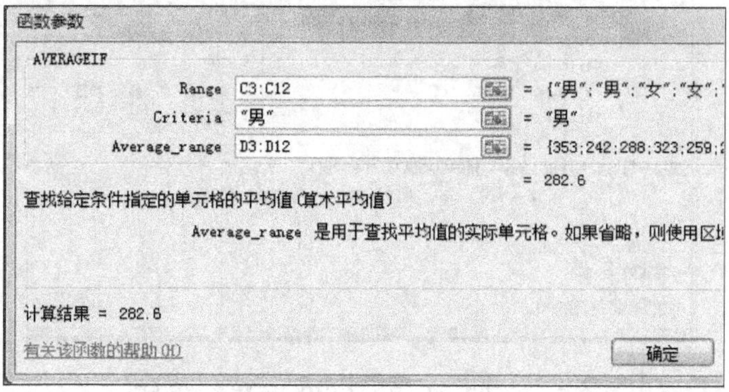

图 3－2－25　AVERAGEIF 函数参数设置

女员工的平均生产总量的计算方法和上述相同，只需在函数参数设置中将条件“Criteria”改为“"女"”即可，计算结果如图 3－2－26 所示。

D18　=AVERAGEIF(C3:C12,"女",D3:D12)

	A	B	C	D	E	F	G
1	员工考核奖金发放						
2	序号	姓名	性别	生产总量	考核等第	考核金额	排名
3	1	张宏	男	353	优秀	1000	
4	2	胡青杰	男	242	一般	500	
5	3	刘海艳	女	288	良好	800	
6	4	张杜娟	女	323	优秀	1200	
7	5	张板娃	女	259	一般	500	
8	6	朱序海	男	299	良好	700	
9	7	马超	男	269	良好	700	
10	8	呼波涛	女	300	优秀	1200	
11	9	刘雷进	男	250	一般	500	
12	10	薛明	女	341	优秀	1200	
13	男员工考核金额总额		3400				
14	女员工考核金额总额		4900				
15	考核金额总额		8300				
16	考核优秀员工数量	4	考核优秀男员工数量	1	考核优秀女员工数量	3	
17	考核良好男员工金额总额	1400	男员工平均生产总量	282.6	优秀男员工平均生产总量		
18			女员工平均生产总量	302.2	优秀女员工平均生产总量		

图 3－2－26　男、女员工平均生产总量计算结果

对于优秀男、女员工平均生产总量的计算，要用 AVERAGEIFS 函数来实现。AVERAGEIFS 函数和前面的 SUMIFS 函数类似，属于多条件求平均函数，函数的格式为：(所求平均值区域，区域1，条件1，区域2，条件2……)。求优秀男、女员工平均生产总量的具体操作步骤为：选中目标单元格，单击“插入函数”并在对话框中选择 AVERAGEIFS 函数，在函数参数中设置“Average_range”为“D3：D12”，在“Criteria_range1”中选择“C3：C12”，在“Criteria1”中输入“"男"”，在“Criteria_range2”中选择“E3：E12”，在“Criteria2”中输入“"优秀"”，如图 3-2-27 所示，单击“确定”按钮，即可算出男员工的平均生产总量。

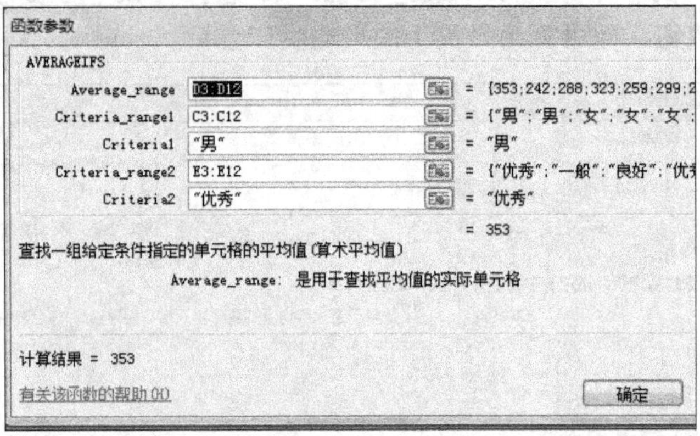

图 3-2-27　AVERAGEIFS 函数参数设置

优秀女员工的平均生产总量的计算方法和上述相同，只需在函数参数设置中将条件“Criteria1”改为“"女"”即可，计算结果如图 3-2-28 所示。

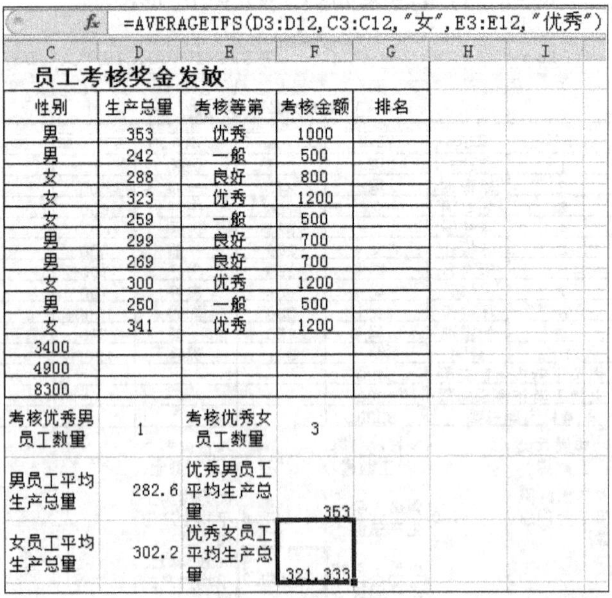

=AVERAGEIFS(D3:D12,C3:C12,"女",E3:E12,"优秀")

C	D	E	F	G	H	I
员工考核奖金发放						
性别	生产总量	考核等第	考核金额	排名		
男	353	优秀	1000			
男	242	一般	500			
女	288	良好	800			
女	323	优秀	1200			
女	259	一般	500			
男	299	良好	700			
男	269	良好	700			
女	300	优秀	1200			
男	250	一般	500			
女	341	优秀	1200			
3400						
4900						
8300						
考核优秀男员工数量	1	考核优秀女员工数量	3			
男员工平均生产总量	282.6	优秀男员工平均生产总量	353			
女员工平均生产总量	302.2	优秀女员工平均生产总量	321.333			

图 3-2-28　优秀男、女员工平均生产总量计算结果

对于排名的计算，是根据生产总量计算出各个员工的名次，在 Excel 中可以用 Rank 函数来实现。Rank 函数属于排名函数，用来求某一数值在某一单元格区域内的排名。函数的语法格式为：(排位数字，排位区域，排列方式)。排列方式参数 Order 为 0 或省略按照降序排列，不为 0 按照升序排列。求员工排名的具体操作步骤为：选中 G3 单元格，单击“插入函数”并在对话框中选择 Rank 函数，在“函数参数”对话框中设置排位数字“Number”为“D3”，设置排位区域“Ref”为“D $ 3：D $ 12”，因为考虑到复制，排位区域中的行地址为绝对地址，如图 3 – 2 – 29 所示，单击“确定”按钮即可计算出员工的排名情况，如图 3 – 2 – 30所示。

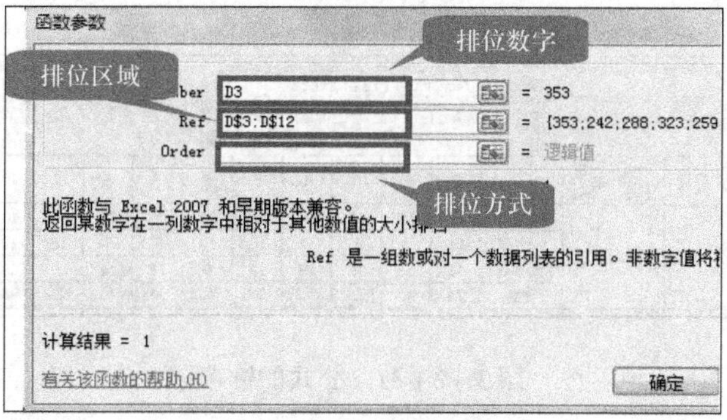

图 3 – 2 – 29　Rank 函数参数设置

G3　=RANK(D3,D$3:D$12)

	A	B	C	D	E	F	G
1	员工考核奖金发放						
2	序号	姓名	性别	生产总量	考核等第	考核金额	排名
3	1	张宏	男	353	优秀	1000	1
4	2	胡青杰	男	242	一般	500	10
5	3	刘海艳	女	288	良好	800	6
6	4	张杜娟	女	323	优秀	1200	3
7	5	张板娃	女	259	一般	500	8
8	6	朱序海	男	299	良好	700	5
9	7	马超	男	269	良好	700	7
10	8	呼波涛	女	300	优秀	1200	4
11	9	刘雷进	男	250	一般	500	9
12	10	薛明	女	341	优秀	1200	2
13	男员工考核金额总额		3400				
14	女员工考核金额总额		4900				
15	考核金额总额		8300				

图 3 – 2 – 30　员工排名计算结果

任务 3　根据工作量计算每个员工的应发金额

在员工工作量统计表中，员工金额的计算是依据生产 A、B、C 3 种零件的数量来进行的。根据项目说明，员工每生产 1 件 A、B、C 型产品分别奖励 1 元、2 元、3 元，员工金额的计算是将各型号产品的数量乘以单件奖励金额，最后相加得出。对于这样的计算，可以采用 Excel 中的公式来完成。

活动 1　公式的输入

Excel 可以使用公式对工作表中的数据进行各种计算，如算术运算、关系运算和字符串运算等。公式的形式为“=< 表达式 >”，表达式可以是算术表达式、关系表达式和字符串表达式，表达式可由运算符、常量、单元格地址、函数及括号等组成。公式中的“< 表达式 >”前面必须有“=”号。例如，在员工工作量统计表中，对员工张宏的金额计算方法为：选中 D6 单元格，在函数编辑栏中输入公式“=D3*1+D4*2+D5*3”，按键盘中的“Enter”键，再利用填充柄将公式复制到剩余天数的金额单元格内，如图 3-2-31所示。

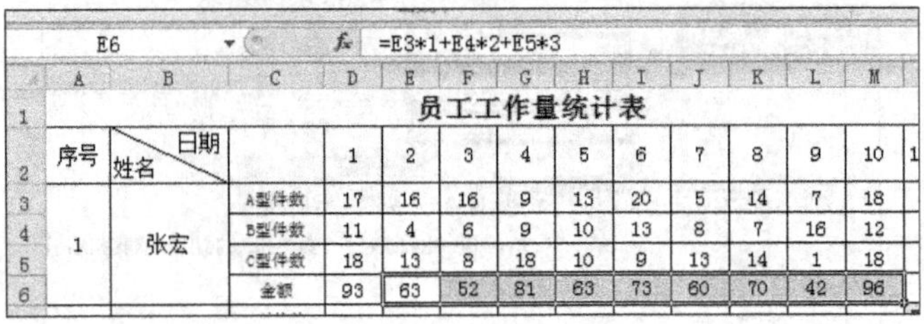

E6　=E3*1+E4*2+E5*3

	A	B	C	D	E	F	G	H	I	J	K	L	M
1	员工工作量统计表												
2	序号	日期 / 姓名		1	2	3	4	5	6	7	8	9	10
3	1	张宏	A型件数	17	16	16	9	13	20	5	14	7	18
4			B型件数	11	4	6	9	10	13	8	7	16	12
5			C型件数	18	13	8	18	10	9	13	14	1	18
6			金额	93	63	52	81	63	73	60	70	42	96

图 3-2-31　公式的输入

同理，利用公式可计算出其他员工的金额。员工工作量统计表中的总金额，是每位员工金额之和，用公式同样可以计算。例如，计算第一天的总金额，具体操作方法为：选中 D46 单元格，在函数编辑栏中输入公式“=D6+D10+D14+D18+D22+D26+D30+D34+D38+D42”，按键盘中的“Enter”键，再利用填充柄将公式复制到剩余天数的总金额单元格内，如图 3-2-32所示。

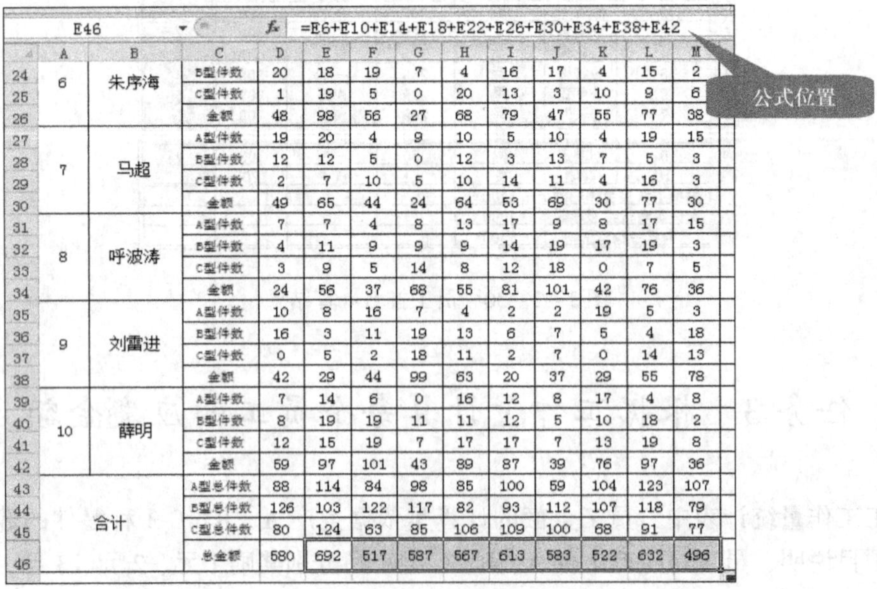

E46　=E6+E10+E14+E18+E22+E26+E30+E34+E38+E42

	A	B	C	D	E	F	G	H	I	J	K	L	M
24	6	朱序海	B型件数	20	18	19	7	4	16	17	4	15	2
25			C型件数	1	19	5	0	20	13	3	10	9	6
26			金额	48	98	56	27	68	79	47	55	77	38
27	7	马超	A型件数	19	20	4	9	10	5	10	4	19	15
28			B型件数	12	12	5	0	12	3	13	7	5	3
29			C型件数	2	7	10	5	10	14	11	4	16	3
30			金额	49	65	44	24	64	53	69	30	77	30
31	8	呼波涛	A型件数	7	7	4	8	13	17	9	8	17	15
32			B型件数	4	11	9	9	9	14	19	17	19	3
33			C型件数	3	9	5	14	8	12	18	0	7	5
34			金额	24	56	37	68	55	81	101	42	76	36
35	9	刘雷进	A型件数	10	8	16	7	4	2	2	19	5	3
36			B型件数	16	3	11	19	13	6	7	5	4	18
37			C型件数	0	5	2	18	11	2	7	0	14	13
38			金额	42	29	44	99	63	20	37	29	55	78
39	10	薛明	A型件数	7	14	6	0	16	12	8	17	4	8
40			B型件数	8	19	19	11	11	12	5	10	18	2
41			C型件数	12	15	19	7	17	17	7	13	19	8
42			金额	59	97	101	43	89	87	39	76	97	36
43	合计		A型总件数	88	114	84	98	85	100	59	104	123	107
44			B型总件数	126	103	122	117	82	93	112	107	118	79
45			C型总件数	80	124	63	85	106	109	100	68	91	77
46			总金额	580	692	517	587	567	613	583	522	632	496

图 3-2-32　总金额的计算

活动2 单元格地址的引用

在进行函数或公式复制时，单元格地址的正确使用十分重要。Excel 中单元格的地址分相对地址、绝对地址、混合地址 3 种。根据计算的要求，在公式或函数中会出现绝对地址、相对地址和混合地址以及它们的混合使用。

相对地址的形式为 A1、A2 等，表示单元格中含有该地址的公式被复制到目标单元格时，公式不是照搬原来单元格的内容，而是根据公式原来位置和复制到的目标位置推算出公式中单元格地址相对原位置的变化，使用变化后的单元格地址的内容进行计算。在上述员工金额的计算中，员工张宏的金额的单元格地址为 D6，计算公式为“=D3*1+D4*2+D5*3”，将公式复制给员工胡青杰，目标单元格为 D10，因此行数加 4，所以公式中单元格的行地址也分别加 4，变为“=D7*1+D8*2+D9*3”，如图 3-2-33 所示。

D10 fx =D7*1+D8*2+D9*3

	A	B	C	D	E	F	G
4	1	张宏	B型件数	11	4	6	9
5			C型件数	18	13	8	18
6			金额	93	63	52	81
7	2	胡青杰	A型件数	5	15	15	10
8			B型件数	19	3	18	11
9			C型件数	14	8	3	6
10			金额	85	45	60	50

图 3-2-33 复制相对地址的公式

绝对地址的形式为“$D$3”“$A$8”等，表示在单元格中含有该地址的公式无论被复制哪个单元格，公式永远是照搬原来单元格的内容。例如，将 D1 单元格中的公式“=($A$1+$B$1+$C$1)/3”复制到 E3 单元格，公式仍然为“=($A$1+$B$1+$C$1)/3”，公式中单元格引用地址也不变。

混合地址的形式为“D$3”“$A8”等，表示在单元格中含有该地址的公式被复制到目标单元格，相对部分会根据公式原来的位置和复制到的目标位置推算出公式中单元格地址相对原位置的变化，而绝对地址部分永远不变，之后，使用变化后的单元格地址的内容进行计算。例如，将 D1 单元格中的公式“=($A1+B$1+C1)/3”复制到 E3 单元格，公式为“=($A3+C$1+D3)/3”。

活动3 错误信息的处理

在单元格中输入或编辑公式后，有时会出现诸如“####!”或“#VALUE!”的错误信息，错误值一般以“#”开头。出现错误值有以下几种原因：

（1）若单元格中出现“####!”错误信息，可能的原因是：单元格中的计算结果太长，该单元格宽度小，可以通过调整单元格的宽度来消除该错误；或者，日期或时间格式的单元格中出现负值。

（2）若单元格中出现“#DIV/0!”错误信息，可能的原因是：该单元格的公式中出现被零除的问题，即输入的公式中包含除数“0”，也可能是公式中的除数引用了零值单元格，或空白单元格（空白单元的值将解释为零值）。解决办法是修改公式中的除数，或零值单元格，或空白单元格引用，或者在用除数的单元格中输入不为零的值。

（3）若单元格中出现“#N/A”错误信息，表示在函数或公式中没有可用数值。

（4）若在公式中使用了 Excel 所不能识别的文本时将产生错误信息“#NAME?”。可以从以下几个方面进行检查：①使用了不存在的名称。应检查使用的名称是否存在，方法是：选择“公式”选项卡，在“定义的名称”功能组中单击“定义名称”，在“新建名称”对话框中的“引用位置”可以看到当前单元格的名称。②公式中的名称或函数名拼写错误，修改拼写错误即可。③公式中区域引用不正确，如某单元格中有公式“=SUM(GZG3)”。在公式中输入文本时没有使用双引号。

（5）在公式或函数中某个数值有问题时产生“#NUM!”错误信息。例如，对负数进行求平方根计算，A1 = -4，如用公式“=SQRT（A1）”即会出现上述错误。

（6）“#NULL!”错误信息表示在公式中指定的区域并不相交。例如，公式“=SUM(A1：B3 C1：D5)”中的区域不相交，因此该公式将返回一个“#NULL!”错误。使用了不正确的区域运算符或不正确的单元格引用等也会产生此错误信息。

（7）“#REF!”错误信息表示该单元格引用无效的结果。设单元格 A9 中有数值“5”，单元格 A10 中有公式“=A9+1”，单元格 A10 的显示结果为6。若删除单元格 A9，则单元格 A10 中的公式“=A9+1”对单元格 A9 的引用无效，就会出现该错误信息。

（8）当公式中使用不正确的参数时，将产生“#VALUE!”错误信息。这时应确认公式或函数所需的参数类型是否正确、公式引用的单元格中是否包含有效的数值。如果需要数字或逻辑值时却输入了文本，就会出现这样的错误信息。

练一练

1. 假设在 A3 单元格存在一个公式“SUM(B$2：C$4)”，将其复制到 B48 后，公式变为______。

A. SUM(B$50：B$52)　　B. SUM(C$2：D$4)

C. SUM(B$2：C$4)　　D. SUM(D$2：E$4)

2. 在 Excel 中，若单元格引用随公式所在单元格位置的变化而改变，则称之为______。

A. 引用　　B. 混合引用　　C. 绝对引用　　D. 相对引用

3. 以下关于 OFFSET 函数的说法正确的是______。

A. Reference 为偏移量参照的单元格区域，该区域必须为单元格或连续单元格区域，否则返回错误。

B. Rows 为行偏移量，正数在参照单元格的上方，负数在参照单元格的下方。

C. Cols 为列偏移量，正数在参照单元格的左侧，负数在参照单元格的右侧。

D. 以上都正确。

4. 在 C3 单元格中输入数值“24”，在 C5 单元格中输入字符“computer”，那么在 C8 单元格中输入公式“=C5+C3”将显示______。

A. computer　　B. computer24　　C. 24　　D. #VALUE!

项目三

学生成绩表数据的分析及处理

【项目介绍】

某中学要对学生的一次期末考试成绩作分析。现有学生成绩表一张，包含学生的学号、姓名、各科考试成绩、总成绩，其中姓名列为空；另有一张学生档案表，包括学生的学号、姓名、性别、班级、身份证号码等信息。根据学校的要求，对学生成绩表进行按学号进行姓名填充，并对成绩进行详细分析，包括对总成绩的排序，各科成绩的筛选、分类汇总及创建数据透视表等操作。

【学习目标】

（1）掌握 VLOOKUP 函数的用法；

（2）掌握数据的排序和筛选；

（3）掌握数据的分类汇总；

（4）熟悉数据透视表的创建方法。

任务1　对学生成绩表按学号进行姓名填充

由于学生姓名在学生档案表中，而成绩表中只有学生的学号，要将姓名对应于学号填入学生成绩表中，如果按传统方式去逐一比对再填写就很麻烦，而且容易出错。那么有没有一种简单快速的方法去完成姓名的填充呢？本任务介绍利用 Excel 中的函数来实现快速姓名填充的方法。

活动　VLOOKUP 函数的使用

VLOOKUP 是一个查找函数，给定一个查找的目标，它就能从指定的查找区域中返回想要查找的值。VLOOKUP 函数的基本语法格式为：（查找目标，查找范围，返回值的列数，精确或者模糊查找）。函数的各个参数说明如下：

（1）查找目标：表示要查找的值，它必须位于自定义查找区域的最左列，可以为数值、引用或字符串。

（2）查找范围：用于查找数据的区域，查找值必须位于这个区域的最左列。可以使用对区域或区域名称的引用。

（3）返回值的列数：返回查找数据的列序号。当值为 1 时，返回查找范围第 1 列的数值，当值为 2 时，返回查找范围第 2 列的数值，以此类推。如果值小于 1 或者大于查找区域列数时，将返回错误。

（4）精确或者模糊查找：表示查找时采用的匹配方式。如果值为 FALSE 或 0，则返回精确匹配值。如果值为 TRUE 或 1，函数 VLOOKUP 将查找近似匹配值，如果省略值，则按照默认的近似匹配方式查找。

例如，在学生档案表中按学号查找学生姓名，并将学生姓名填入对应学号的学生成绩表中的姓名列，利用 VLOOKUP 函数实现的具体操作步骤为：选中目标单元格（姓名列 B3 单元格），单击“插入函数”并在对话框中选择 VLOOKUP 函数，在“函数参数”对话框中选择查找目标“Lookup_ value”为“A3”，即学号列。在查找范围“Table_ array”中选择跨工作表的“初三学生档案！$ A $ 2：$ B $ 56”，即学号和姓名列，考虑到函数的复制，采用绝对地址。将返回值列数“Col_ index_ num”设置为“2”，返回查找范围的第 2 列，即学生姓名。将查询精度“Range_ lookup”设置为“0”，表示精确查找，如图 3 – 3 – 1 所示，单击“确定”按钮即可得到学号所对应的学生姓名。

同理，对于其他学生的姓名查找，只需将 B3 单元格的 VLOOKUP 函数填充复制到其他单元格即可，如图 3 – 3 – 2 所示。

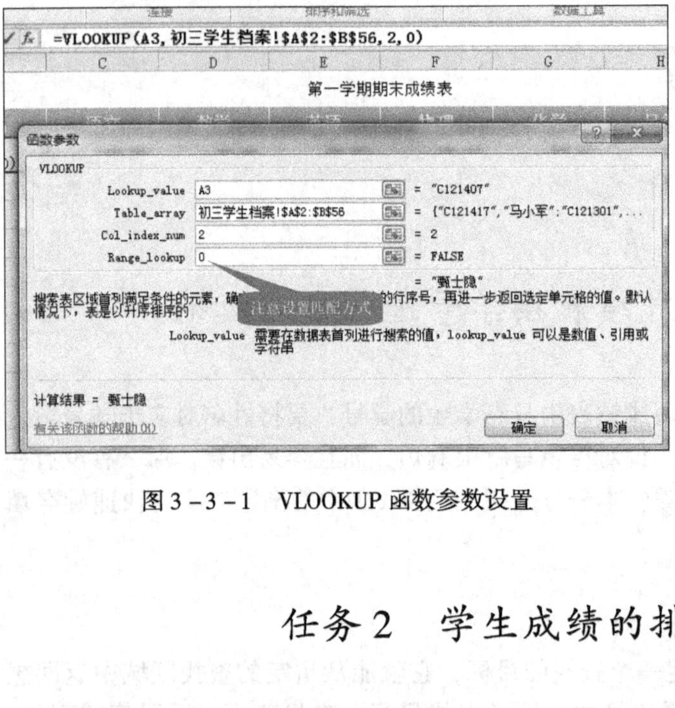

图 3 – 3 – 1 VLOOKUP 函数参数设置

图 3 – 3 – 2 学生姓名的查找填充

任务 2 学生成绩的排序与筛选

根据学生成绩，对学生表进行排序和筛选，以便查看学生的得分情况（高分和低分）、排名以及各科目不同分数段的得分详情。

活动 1 数据排序

数据排序就是按照一定的规则对数据进行重新排列，以便于浏览或为进一步处理做准备（如分类汇总）。可以根据需要按行或列、按升序或降序排列。当按行进行排序时，数据列表中的列将被重新排列，行不变；如果按列进行排序，行将被重新排列而列保持不变。例如，在学生期末成绩表中按“语文”成绩降序排列，具体操作步骤为：选中前两行标题外的所有单元格区域，单击“开始”选项卡中“编辑”功能区中的“排序和筛选”→“降序”，或“数据”选项卡中的“排序和筛选”命令，如图 3－3－3 所示，在“排序”对话框的“主要关键字”中选择“列 C”，在“排序依据”中选择“数值”，在“次序”中选择降序，并把“数据包含标题”前面的钩去掉，如图 3－3－4 所示，单击“确定”按钮即可。

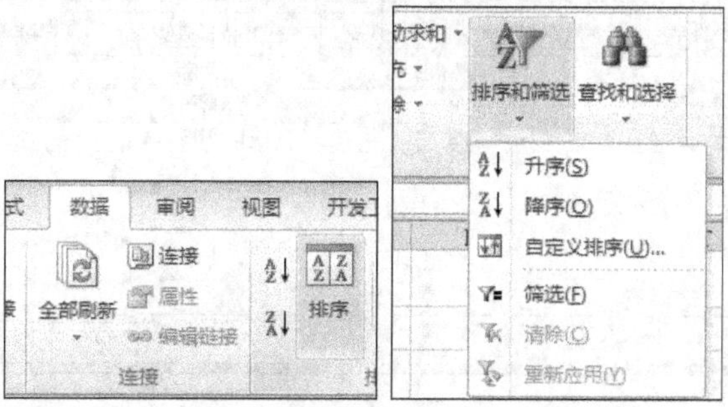

图 3－3－3　Excel 中的排序命令

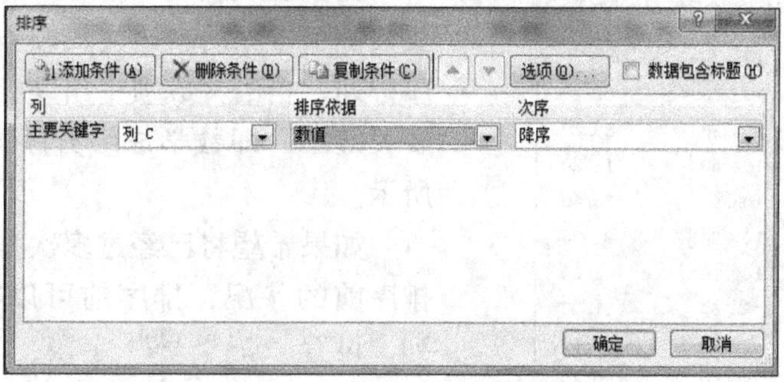

图 3－3－4　设置排序参数

在上述降序排序过程中，去掉前两行标题的原因是，如果直接选择语文成绩中的某一单元格进行排序，排序时会默认让两行标题也参与排序，即使去掉“数据包含标题”前面的钩，也只能排除第一行标题，而第二行标题，如学号、姓名、语文等还是会参与排序，所以在选择排序单元格区域时必须去掉前两行，排序结果如图 3－3－5 所示。

	A	B	C
1			
2	学号	姓名	语文
3	C121407	甄士隐	107.90
4	C121409	杜春兰	105.70
5	C121416	宋子文	105.20
6	C121428	陈万地	104.50
7	C121436	闫朝霞	103.40
8	C121422	姚南	101.30
9	C121441	郎润	100.10
10	C121431	张鹏举	99.60
11	C121419	刘小红	99.30
12	C121426	齐飞扬	99.00
13	C121405	齐小娟	98.70
14	C121413	莫一明	98.70
15	C121401	宋子丹	98.70
16	C121402	郑菁华	98.30

图 3－3－5　语文成绩降序排序结果

除了对数据表以某个字段为主要关键词进行排序外，还可以以多个字段为关键词进行排序，在 Excel 2010 中，最多可以支持 64 个排序关键词。例如，在学生成绩表中，对“语文”成绩进行降序排列，对“数学”成绩进行升序排列，具体操作步骤为：选中前两行标题外的所有单元格区域，单击“开始”选项卡中“编辑”功能区中的“排序和筛选”→“自定义排序”或“数据”选项卡中的“排序和筛选”命令，在“排序”对话框的“主要关键字”中选择“列 C”，在“排序依据”中选择“数值”，在“次序”中选择“降序”，单击“添加条件”，在“次要关键字”中选择“列 D”，在“排序依据”中选择“数值”，在“次序”中选择“升序”，并把“数据包含标题”前面的钩去掉，如图 3-3-6 所示，单击“确定”按钮即可。

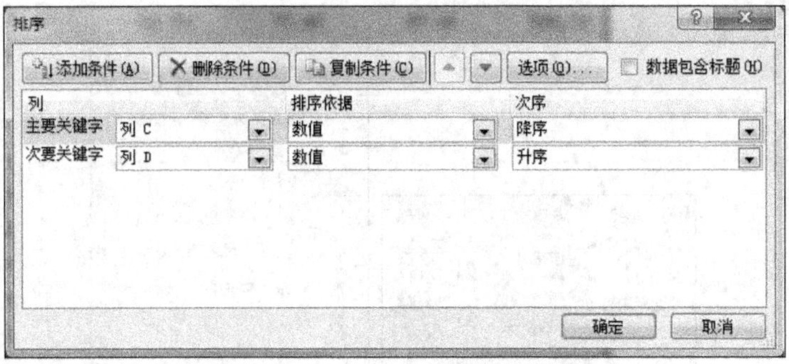

图 3-3-6　多关键字排序设置

姓名	语文	数学
甄士隐	107.90	95.90
杜春兰	105.70	81.20
宋子文	105.20	89.70
陈万地	104.50	114.20
闫朝霞	103.40	78.40
姚南	101.30	91.20
郎润	100.10	86.60
张鹏举	99.60	91.80
刘小红	99.30	108.90
齐飞扬	99.00	109.40
宋子丹	98.70	87.90
莫一明	98.70	91.90
齐小娟	98.70	108.80
郑菁华	98.30	112.20
郑秀丽	96.20	95.90
李春娜	95.90	105.70
孙令煊	95.60	100.50

图 3-3-7　多条件排序效果

在学生成绩表中，可以看到设置了主要和次要关键字排序后，语文成绩作为主关键字，为降序排列。当语文成绩中出现相同分数时，按照次要关键字，即数学成绩升序排列，如图 3-3-7 所示。

如果希望将已经过多次排序的工作表恢复到排序前的状况，排序前可以在工作表中增加一列，设置“记录号”字段，内容为顺序数字 1、2、3、4、……。排序时可将该列隐藏，当要恢复时，显示该列，再按“记录号”字段升序排列即可恢复为排序前的工作表。

活动 2　数据的自动筛选

查看学生考试科目中不同分数段的得分情况时，可以利用 Excel 中的筛选功能来实现。数据筛选是在工作表中将不符合特定条件的行隐藏起来，只显示具有特定条件的记录，筛选后能更方便地对数据进行查看。自动筛选适用于简单的筛选条件，具体操作为：单击数据列表中的任意一个单元格，在“开始”选项卡的“编辑”功能区中单击“排序和筛选”按钮，在下拉菜单中选择“筛选”命令，或者在“数据”选项卡中的“排序和筛选”功能区中选择“筛选”。此时在学生成绩表里的所有字段中都有一个向下的筛选箭头，如图 3-3-8 所示。

单击学生成绩表中的任何一列标题行的筛选箭头，设置希望显示的特定信息，Excel 将自动筛选出包含特定信息的全部数据，此外，如果单元格填充了颜色，还可以按照颜色进行筛选，如图 3-3-9 所示。

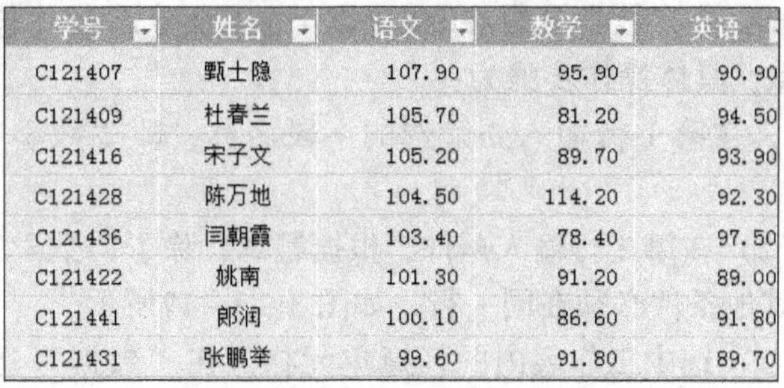

学号	姓名	语文	数学	英语
C121407	甄士隐	107.90	95.90	90.90
C121409	杜春兰	105.70	81.20	94.50
C121416	宋子文	105.20	89.70	93.90
C121428	陈万地	104.50	114.20	92.30
C121436	闫朝霞	103.40	78.40	97.50
C121422	姚南	101.30	91.20	89.00
C121441	郎润	100.10	86.60	91.80
C121431	张鹏举	99.60	91.80	89.70

图 3－3－8　设置自动筛选后的效果

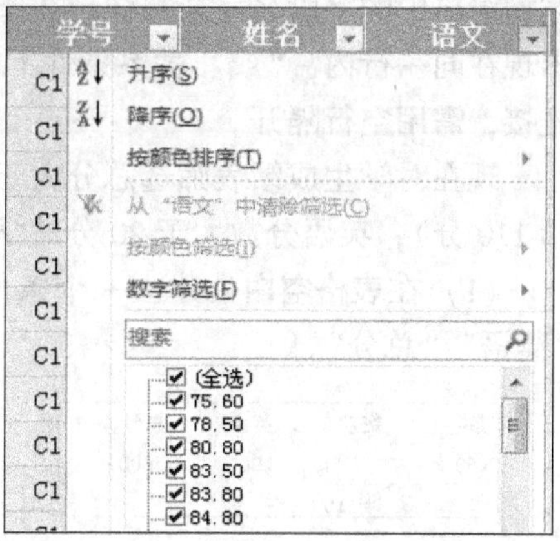

图 3－3－9　自动筛选选项

现对学生成绩表中的数学成绩进行筛选，要求显示数学分数在 90 分以下、110 分以上(包括 110 分）的学生信息，具体操作步骤为：单击“数学”字段右侧的筛选箭头，在弹出的下拉菜单中选择“数字筛选”，并单击右侧菜单中的“介于”命令，此时弹出“自定义自动筛选方式”对话框。根据要求，在对话框中将“数学”下的“大于或等于”后面的文本框中输入数值“110”，将“小于或等于”改为“小于”，在后面的文本框中输入数值“90”，中间的“逻辑关系”选择“或”，如图 3－3－10 所示，最后单击“确定”按钮，完成后的效果如图 3－3－11 所示。

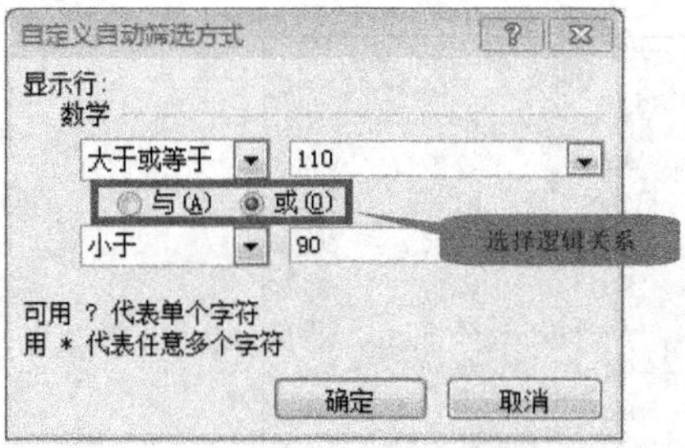

图 3－3－10　设置自定义自动筛选

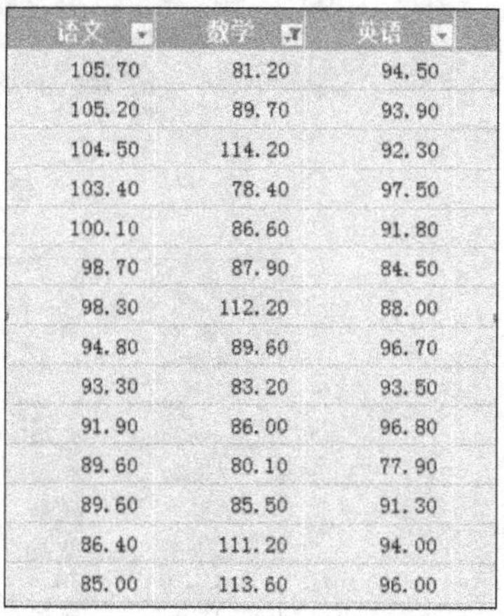

语文	数学	英语
105.70	81.20	94.50
105.20	89.70	93.90
104.50	114.20	92.30
103.40	78.40	97.50
100.10	86.60	91.80
98.70	87.90	84.50
98.30	112.20	88.00
94.80	89.60	96.70
93.30	83.20	93.50
91.90	86.00	96.80
89.60	80.10	77.90
89.60	85.50	91.30
86.40	111.20	94.00
85.00	113.60	96.00

图 3－3－11　自定义自动筛选结果

活动 3　数据的高级筛选

如果对学生成绩表进一步细化筛选，比如筛选多个科目不同分数段的学生信息，就要用到 Excel 中的高级筛选功能。高级筛选适用于复杂的筛选条件，可以对一个特定的列指定 3 个以上的条件，还可以指定计算条件。使用高级筛选必须先建立一个条件区域，用来编辑筛选条件。条件区域应至少为 2 行，第 1 行是所有作为筛选条件的字段名，这些字段名必须与数据清单中的字段名完全一样。在条件区域的其他行输入筛选条件，“与”关系的条件必须出现在同一行内，“或”关系条件不能出现同一行内。条件区域与工作表中的数据区域不能连接，需用空行隔开。

现在对学生成绩表筛选总分大于等于600分，数学分数在90分以下、110分以上（包括110分），英语分数大于90分的学生信息，具体操作步骤为：

（1）在表格空白处建立一个条件区域，在第1行输入要筛选的字段名称，即“数学”“英语”“总分”。

数学	数学	英语	总分
<90		>90	>600
	>=110		

图3－3－12　设置条件区域

（2）在第2行输入条件，根据题意，除了“数学”外，其他条件必须在同一行，如图3－3－12所示。

（3）选中工作表内的任意单元格，在“数据”选项卡中的“排序和筛选”面板中单击“高级筛选”按钮，弹出“高级筛选”对话框。

（4）在“高级筛选”对话框中，系统已经自动选好了筛选区域，此时只需单击“条件区域”右侧的文本框，拾取刚才设置的条件区域，单击“确定”按钮即可，如图3－3－13所示。完成后的效果如图3－3－14所示。

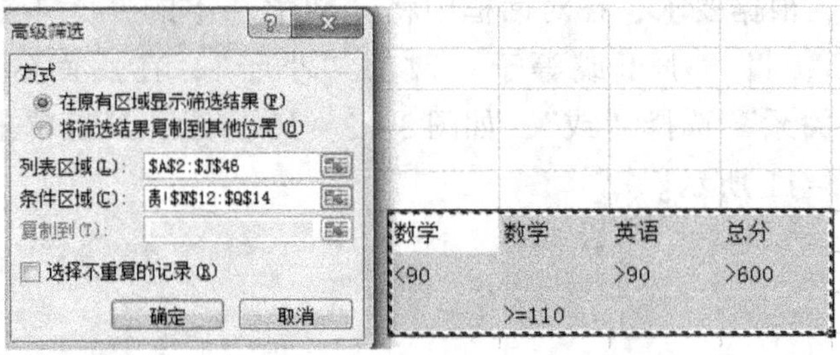

图3－3－13　高级筛选设置

数学	英语	物理	化学	品德	历史	总分
89.70	93.90	84.00	62.20	93.00	89.30	617.30
114.20	92.30	92.60	74.50	95.00	90.90	664.00
78.40	97.50	93.30	63.30	92.50	83.60	612.00
86.60	91.80	95.80	72.80	75.70	86.50	609.30
112.20	88.00	96.60	78.60	90.00	93.20	656.90
86.00	96.80	93.10	63.30	96.20	88.00	615.30
85.50	91.30	90.70	66.40	96.50	80.20	600.20
111.20	94.00	92.70	61.60	82.10	89.70	617.70
113.60	96.00	74.70	83.30	81.80	68.60	603.00
111.40	96.30	78.60	81.60	90.90	64.20	601.50

图3－3－14　高级筛选结果

活动4　利用 Microsoft Query 实现数据的高级筛选

除了上述方法以外，还可以利用 Excel 中自带的 Microsoft Query 实现数据的高级筛选。Microsoft Query 在 Excel“获取外部数据”面板的“自其他来源”菜单下，主要功能是连接外部数据源，并通过 ODBC 驱动程序将需要的数据导入到工作表中。在进行数据导入时，支持利用 SQL 语句进行数据的查询和检索。

例如，在学生档案表中，要筛选 1 班、2 班中性别为男的信息，具体操作如下：

（1）在“数据”选项卡下的“获取外部数据”面板中单击“自其他来源”，在弹出的菜单中单击“来自 Microsoft Query”。

（2）在“选择数据源”对话框中选择“Excel Files *”，并单击“确定”按钮，如图 3－3－15所示，此时弹出“选择工作簿”对话框。

图 3－3－15　“选择数据源”对话框

（3）在“选择工作簿”对话框中，选择“学生档案”所在的工作表文件，并单击“确定”按钮，如图 3－3－16 所示，此时弹出“查询向导－选择列”对话框。

（4）在“查询向导－选择列”对话框中，在左侧“可用的表和列”列表框中，选择“学生档案”，并单击“+”展开，依次选中“学号”“姓名”“性别”“班级”，并单击对话框中间的“>”按钮，将选中的列名移动到右侧的“查询结果中的列”列表框中，如图 3－3－17所示，单击“下一步”按钮，弹出“查询向导－筛选数据”对话框。

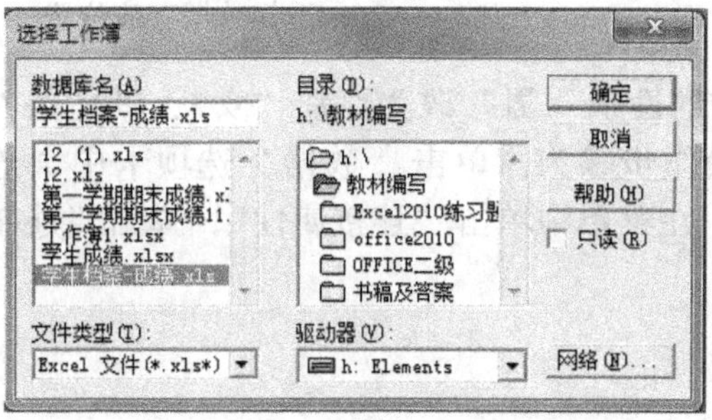

图 3－3－16　“选择工作簿”对话框

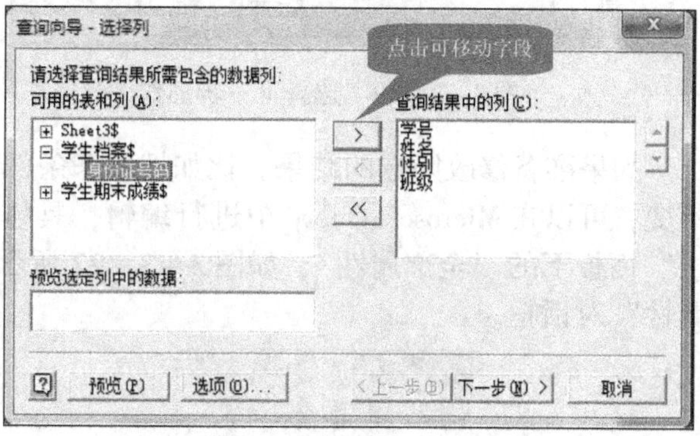

图 3－3－17　选择工作表中的列

（5）在“查询向导－筛选数据”对话框中，选中“性别”列，在右侧的条件设置面板中分别选择“等于”和“男”，同理，将“班级”列分别设置为“1 班”和“2 班”，如图 3－3－18所示，单击“下一步”按钮，此时弹出“排序面板”。

（6）在“排序面板”中如果需要排序，可以根据“主要关键字”“次要关键字”等进行升序或降序排序，单击“下一步”按钮，如果无须排序，则直接单击“下一步”按钮，弹出“查询向导－完成”对话框。

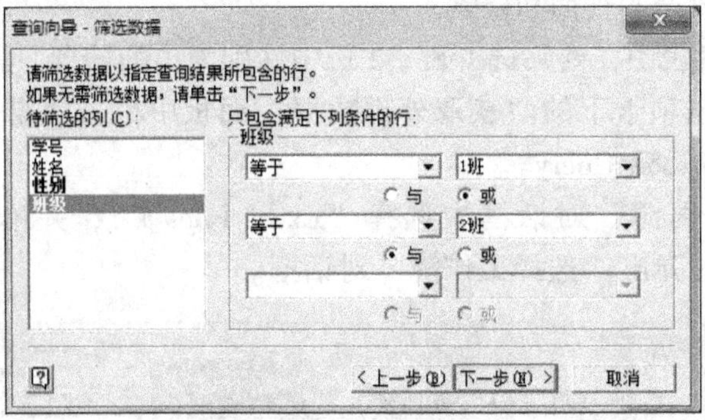

图 3 - 3 - 18　设置条件

（7）在"查询向导 - 完成"对话框中，如果想查看或编辑数据，则选择"在 Microsoft Query 中查看数据或编辑查询"，否则选择"将数据返回 Microsoft Excel"，如图 3 - 3 - 19 所示，最后单击"完成"按钮，此时在工作表中弹出"导入数据"对话框。

（8）在"导入数据"对话框中，可以设置数据存放的位置，可以是新工作表，也可以是现有工作表，如图 3 - 3 - 20 所示。最后单击"确定"按钮，完成后的效果如图 3 - 3 - 21 所示。

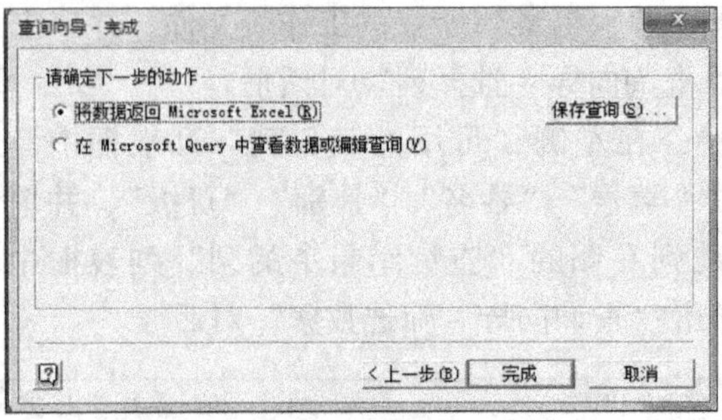

图 3 - 3 - 19　选择下一步动作

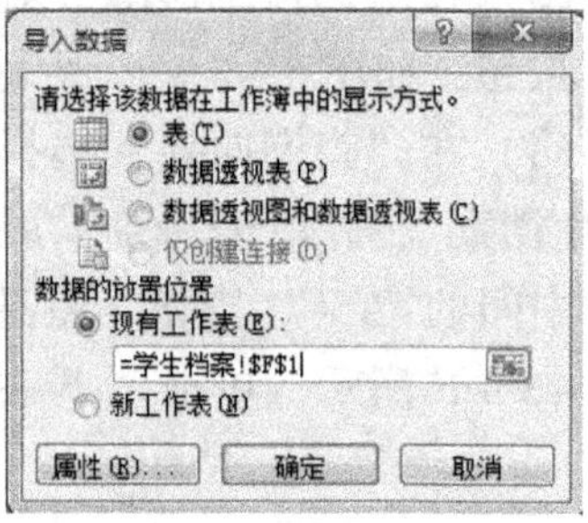

图 3 - 3 - 20　选择数据存放位置

如果准备修改筛选的结果，比如把原来条件中的性别"男"改为性别"女"，其他条件不变，可以在 Microsoft Query 中进行编辑，具体操作步骤为：单击"数据"选项卡中"连接"面板下的"全部属性"，如图 3 - 3 - 22 所示，在菜单中单击"连接属性"，弹出"连接属性"对话框。

学号	姓名	性别	班级
C121417	马小军	男	1班
C121301	曾令铨	男	2班
C121424	孙令煊	男	1班
C121404	江晓勇	男	2班
C121001	吴小飞	男	1班
C121401	宋子丹	男	1班
C120802	符坚	男	2班
C121440	方天宇	男	1班
C121423	徐霞客	男	1班
C121437	康秋林	男	2班
C121420	陈家洛	男	2班
C121410	苏国强	男	2班
C121407	甄士隐	男	2班
C121415	侯登科	男	2班
C121442	习志敏	男	1班
C121435	倪冬声	男	1班
C121438	钱飞虎	男	2班
C121303	侯小文	男	2班
C121416	宋子文	男	2班
C121431	张鹏举	男	1班
C121421	张国强	男	2班

图 3 - 3 - 21　数据筛选结果

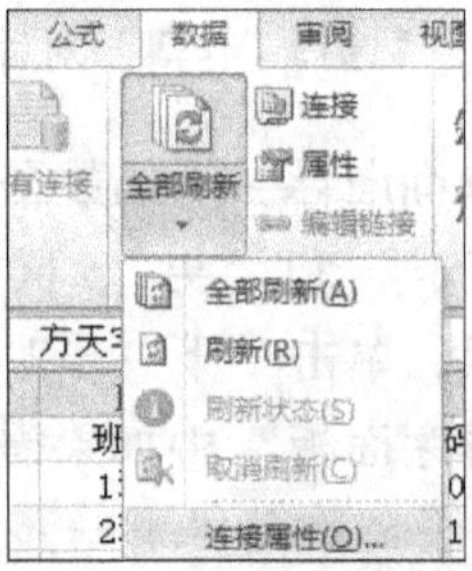

图 3 - 3 - 22　选择连接属性

在“连接属性”对话框中单击“定义”面板，在该面板下单击“编辑查询”，如图 3－3－23 所示，此时弹出“Microsoft Query”编辑界面。

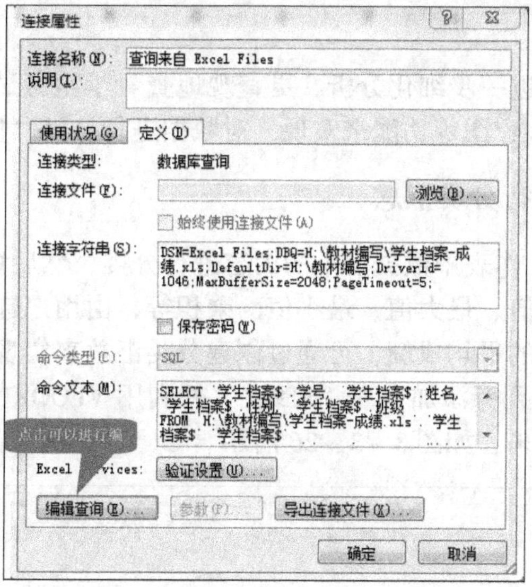

图 3－3－23　编辑现有查询

单击该界面工具栏中的“SQL”按钮，弹出“SQL”编辑对话框。在对话框内，修改 SQL 语句，将原“WHERE”条件后的两个“性别＝男”改为“性别＝女”，如图 3－3－24 所示，单击“确定”按钮。

最后关闭“Microsoft Query”，回到 Excel 工作表中，单击“连接属性”对话框的“确定”按钮，即可完成修改，修改后的效果如图 3－3－25 所示。

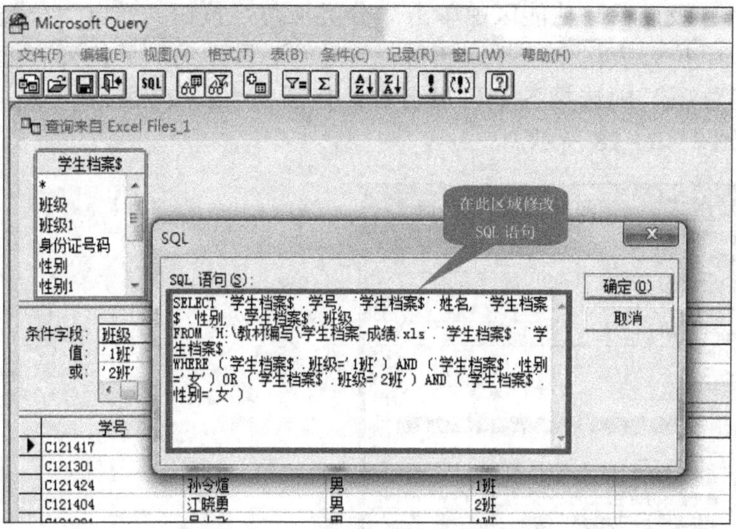

图 3－3－24　修改 SQL 语句

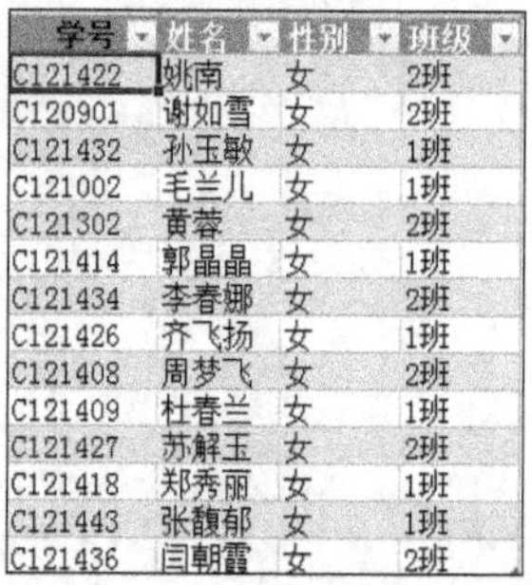

学号	姓名	性别	班级
C121422	姚南	女	2班
C120901	谢如雪	女	2班
C121432	孙玉敏	女	1班
C121002	毛兰儿	女	1班
C121302	黄蓉	女	2班
C121414	郭晶晶	女	1班
C121434	李春娜	女	2班
C121426	齐飞扬	女	1班
C121408	周梦飞	女	2班
C121409	杜春兰	女	1班
C121427	苏解玉	女	2班
C121418	郑秀丽	女	1班
C121443	张馥郁	女	1班
C121436	闫朝霞	女	2班

图 3－3－25　修改后的筛选结果

任务 3　对学生成绩进行整理与分析

为了对本次考试成绩进一步细化分析，更直观地查看学生考试情况，可以利用 Excel 中的分类汇总以及数据透视表/图等功能来实现，对数据进行分类，使其直观化、图形化。

活动 1　对成绩表进行分类汇总

Excel 分类汇总是对工作表中数据清单的内容进行分类，然后统计同类记录的相关信息，包括求和，计数，求平均值、最大值、最小值、乘积等，由用户选择。例如，在学生成绩表中，如果要查看各个科目的平均成绩，可通过创建分类汇总来实现。具体操作步骤为：首先在学生成绩表的“姓名”列旁添加一列“班级”，并利用 VLOOKUP 函数将学生档案表中和学号所对应的班级导入进来，如图 3－3－26 所示。

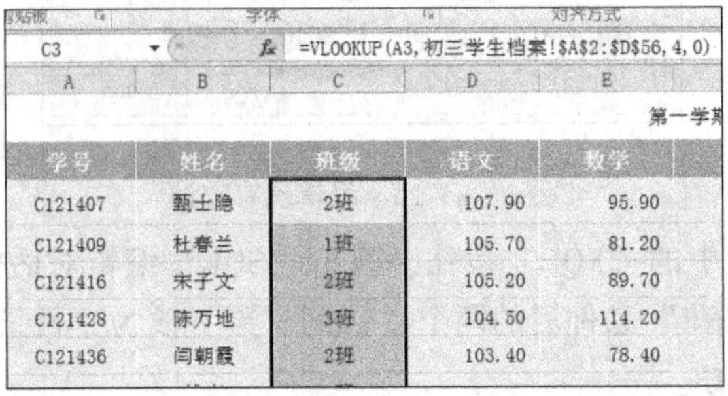

图 3－3－26　利用 VLOOKUP 函数导入班级

将学生成绩表按“班级”升序或降序排列，这里进行降序排列。选中成绩表内的任意单元格，在“数据”选项卡的“分级显示”功能区中单击“分类汇总”按钮，弹出“分类汇总”对话框。在“分类字段”下拉列表框中选择“班级”，在“汇总方式”下拉列表框中选择“平均值”，在“选定汇总项”中选择各个科目名称，如图 3－3－27 所示。单击“确定”按钮，分类汇总效果如图 3－3－28 所示。

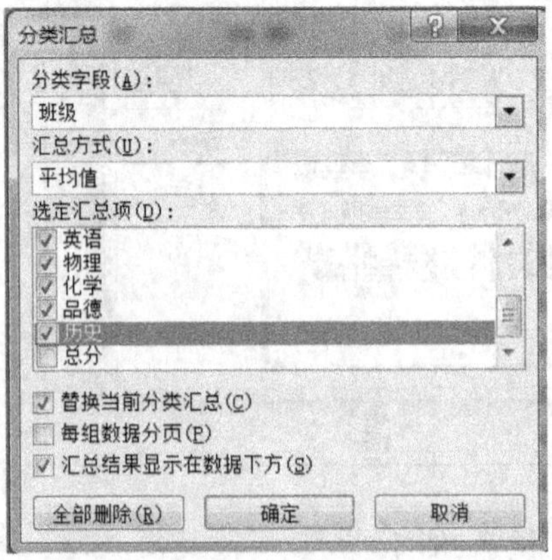

图 3－3－27　分类汇总设置

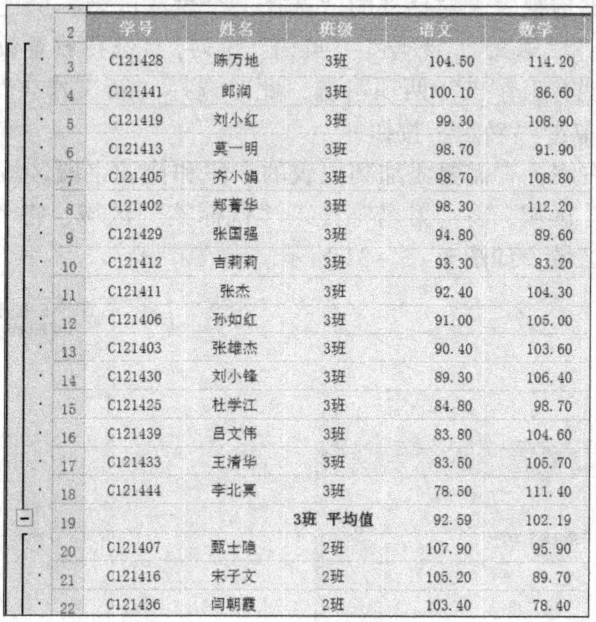

	学号	姓名	班级	语文	数学
3	C121428	陈万地	3班	104.50	114.20
4	C121441	郎润	3班	100.10	86.60
5	C121419	刘小红	3班	99.30	108.90
6	C121413	莫一明	3班	98.70	91.90
7	C121405	齐小娟	3班	98.70	108.80
8	C121402	郑菁华	3班	98.30	112.20
9	C121429	张国强	3班	94.80	89.60
10	C121412	吉莉莉	3班	93.30	83.20
11	C121411	张杰	3班	92.40	104.30
12	C121406	孙如红	3班	91.00	105.00
13	C121403	张雄杰	3班	90.40	103.60
14	C121430	刘小锋	3班	89.30	106.40
15	C121425	杜学江	3班	84.80	98.70
16	C121439	吕文伟	3班	83.80	104.60
17	C121433	王清华	3班	83.50	105.70
18	C121444	李北冥	3班	78.50	111.40
19			3班 平均值	92.59	102.19
20	C121407	甄士隐	2班	107.90	95.90
21	C121416	宋子文	2班	105.20	89.70
22	C121436	闫朝霞	2班	103.40	78.40

图 3 – 3 – 28　分类汇总的效果

如果要删除已经创建的分类汇总，可在“分类汇总”对话框中单击“全部删除”按钮。为方便查看数据，可以将分类汇总后暂时不需要的数据隐藏起来，当需要查看时再显示出来。如隐藏 1 班的信息，可单击工作表左边列表树的“ – ”号隐藏该班级的数据记录，只留下该班级的汇总信息，如图 3 – 3 – 29 所示。此时，“ – ”号变为“ + ”号，再次单击即可将隐藏的数据记录显示出来。

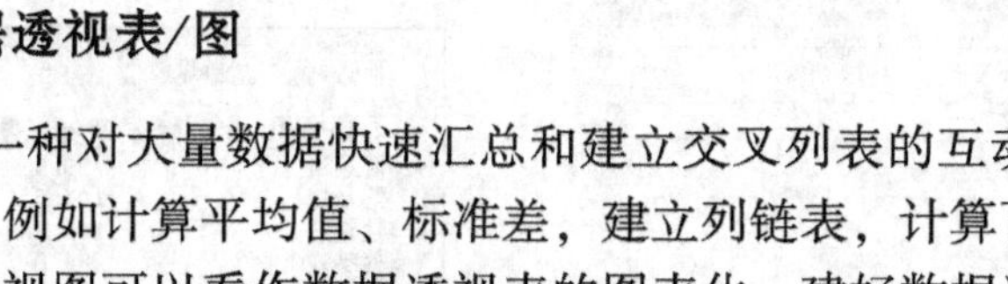

32	C121437	康秋林	2班	84.80
33	C121408	周梦飞	2班	80.80
34			2班 平均值	92.84
49			1班 平均值	93.14
50			总计平均值	92.85

图 3 – 3 – 29　分类汇总的隐藏

活动 2　建立数据透视表/图

数据透视表/图是一种对大量数据快速汇总和建立交叉列表的互动式动态表格，能帮助用户分析、组织数据，例如计算平均值、标准差，建立列链表，计算百分比，建立新的数据子集等。其中，数据透视图可以看作数据透视表的图表化。建好数据透视表后，可以对数据透视表重新安排，以便从不同的角度查看数据。数据透视表可以从大量看似无关的数据中寻找联系，从而将纷繁的数据转化为有价值的信息，以供研究和决策所用。

在学生成绩表中，要分别查看各个班级语文、数学、英语成绩的平均分、最高分、总分，可利用数据透视表实现，具体操作步骤为：

（1）单击“插入”选项卡→“表格”功能区→“数据透视表”按钮或“数据透视表”下拉菜单中的“数据透视表”命令，弹出“创建数据透视表”对话框。

(2) 在“创建数据透视表”对话框的“选择一个表或区域”旁的文本框中选择数据区域，即“姓名”“班级”“语文”“数学”“英语”5 列，“选择放置数据透视表的位置”中有“新工作表”和“现有工作表”两项可选，此时选择“新工作表”并设定放置的区域，如图 3－3－30 所示，单击“确定”按钮。

(3) 在新工作表右侧，有需要添加到报表的字段和拖动字段区域。根据要求，将“班级”拖入“报表筛选”区域，将“姓名”拖入“行标签”区域，将“语文”“数学”“英语”拖入“∑数值”区域，如图 3－3－31 所示。

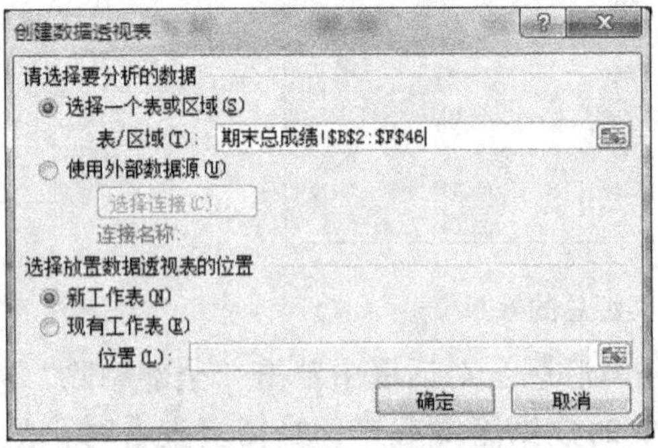

图 3－3－30　设置数据区域及存放位置

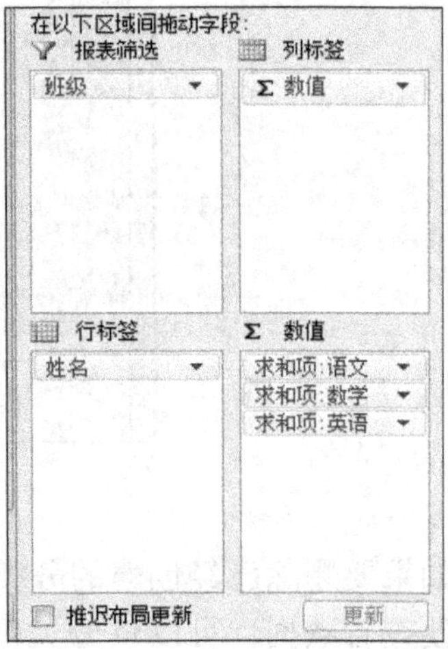

图 3－3－31　字段区域位置设置

(4) 此时在工作表中已经可以看到数据透视表，但各个科目全部为求和，不符合要求，所以，要对“∑数值”区域进行设置。单击“∑数值”区域下的“求和项：语文”，在弹出的菜单中单击“值字段设置”，弹出“值字段设置”对话框，在对话框中的“计算类型”下将“求和”改为“平均值”，如图 3－3－32 所示，并单击“确定”按钮。

(5) 同理，将“数学”的计算类型改为“最大值”，将“英语”的计算类型改为“计算总分”，计算类型用默认的“求和”即可，不需要修改。此时新工作表中的数据透视表如图 3－3－33 所示。

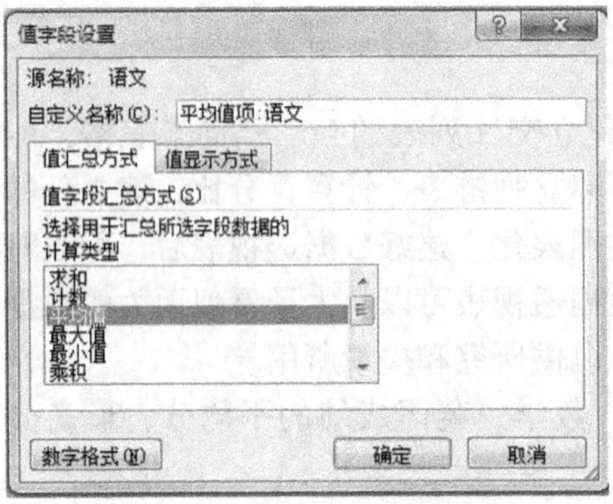

图 3－3－32　设置计算类型

	A	B	C	D
1	班级	(全部)		
2				
3	行标签	平均值项:语文	最大值项:数学	求和项:英语
4	陈家洛	89.6	85.5	91.3
5	陈万地	104.5	114.2	92.3
6	杜春兰	105.7	81.2	94.5
7	杜学江	84.8	98.7	82.1
8	方天宇	91.7	101.8	90.9
9	郭晶晶	86.4	111.2	94
10	侯登科	94.1	91.6	98.7
11	吉莉莉	93.3	83.2	93.5
12	江晓勇	86.4	94.8	94.7
13	康秋林	84.8	105.5	89
14	郎润	100.1	86.6	91.8
15	李北冥	78.5	111.4	96.3
16	李春娜	95.9	105.7	94.3
17	刘小锋	89.3	106.4	94.4
18	刘小红	99.3	108.9	91.4

图 3－3－33　数据透视表的效果

（6）从图 3－3－33 可以看出，默认的班级为全部显示，如果需要查看各个班级成绩汇总的情况，只需要对“班级”列进行筛选即可。例如查看 1 班的汇总情况，具体操作为：单击“班级”列右侧的下拉按钮，在下拉菜单中选择“1 班”，如图 3－3－34 所示，单击“确定”按钮。

此时数据透视表显示 1 班的成绩汇总情况，如图 3－3－35 所示。

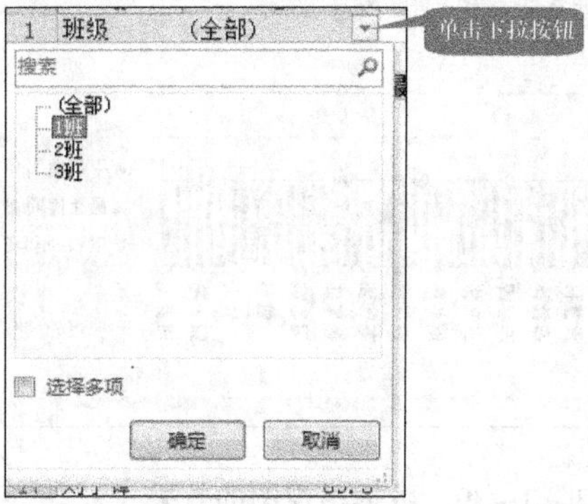

图 3－3－34　对“班级”进行筛选

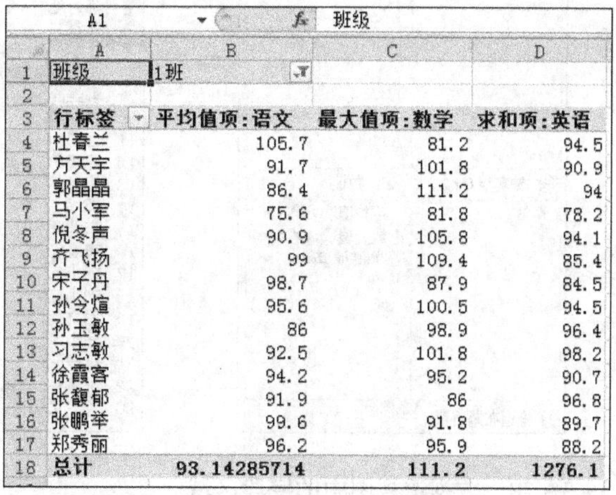

A1　班级

	A	B	C	D
1	班级	1班		
2				
3	行标签	平均值项:语文	最大值项:数学	求和项:英语
4	杜春兰	105.7	81.2	94.5
5	方天宇	91.7	101.8	90.9
6	郭晶晶	86.4	111.2	94
7	马小军	75.6	81.8	78.2
8	倪冬声	90.9	105.8	94.1
9	齐飞扬	99	109.4	85.4
10	宋子丹	98.7	87.9	84.5
11	孙令煊	95.6	100.5	94.5
12	孙玉敏	86	98.9	96.4
13	习志敏	92.5	101.8	98.2
14	徐霞客	94.2	95.2	90.7
15	张馥郁	91.9	86	96.8
16	张鹏举	99.6	91.8	89.7
17	郑秀丽	96.2	95.9	88.2
18	总计	93.14285714	111.2	1276.1

图 3－3－35　筛选后的数据透视表效果

如果要删除数据透视表，可以选中整张表，然后再按键盘中的“Delete”键删除。也可通过数据透视表工具进行整个表的选取，具体操作为：选中数据透视表中的任意单元格，在“数据透视表工具”→“选项”→“操作”中单击“选择”按钮，在弹出的菜单中选择“整个数据透视表”，如图 3－3－36 所示，然后按“Delete”键进行删除。

数据透视图的创建方式和数据透视表的几乎相同，在创建好数据透视图后，Excel 会基于相同的数据创建一个相关联的数据透视表。数据透视图和数据透视表的创建相比，主要有以下两点区别：①创建时选择“数据透视表”下拉菜单中的“数据透视图”，如图 3－3－37 所示。②字段区域中的名称和数据透视表所有不同，由“列标签”“行标签”变为“图例字段”“轴字段（分类）”，如图 3－3－38 所示。

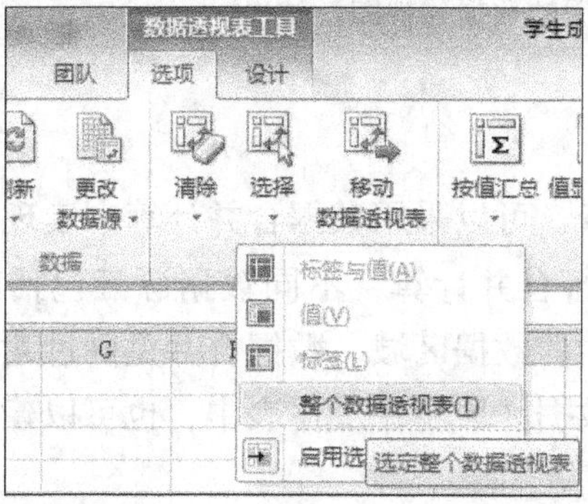

图 3－3－36　选取数据透视表

图 3－3－37　创建数据透视图

数据透视图创建好的效果如图 3－3－39 所示，可以看到 Excel 在此基础上自动创建了一个数据透视表。在进行“班级”筛选时，可以在数据透视图中进行筛选，也可以在数据透视图中的“班级”下筛选，效果相同。1 班的成绩汇总情况如图 3－3－40 所示。

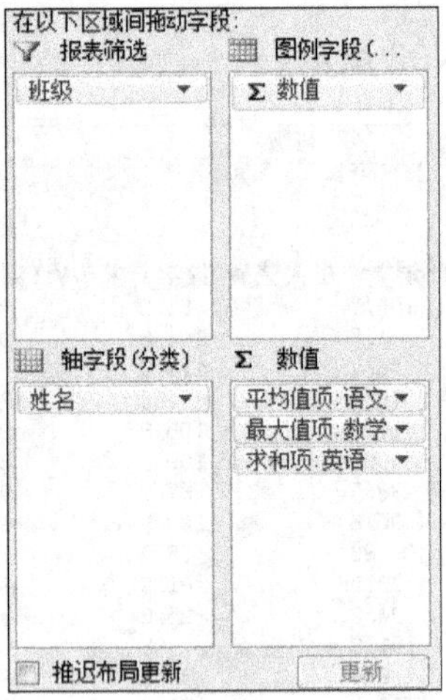

图 3－3－38　数据透视图中的字段区域

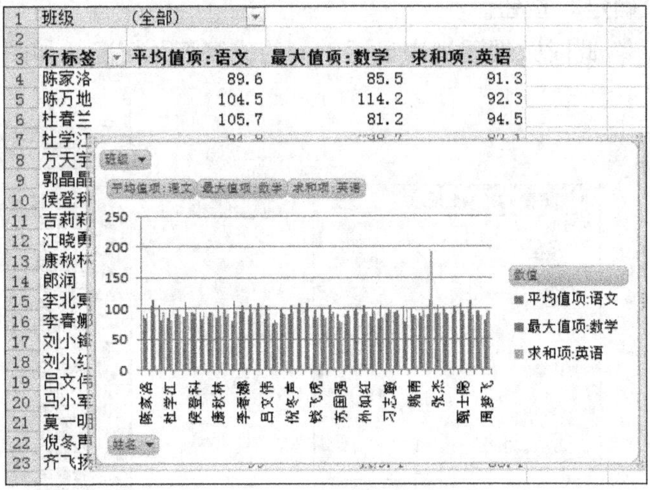

图 3－3－39　数据透视图的效果

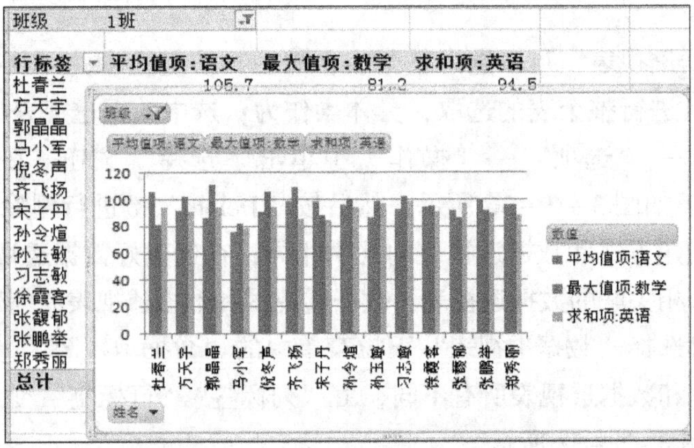

图 3－3－40　筛选后的数据透视图

活动 3　数据的合并计算

现在要对整个年级的各科目平均分进行计算，可以采用数据合并计算来实现。数据合并可以对来自不同源的数据区域进行汇总，并进行合并计算，不同数据源区包括同一工作表中、同一工作簿的不同工作表中、不同工作簿中的数据区域。数据合并是同过建立合并表的方法来进行的。其中，合并表可以建立在某源数据区域所在工作表中，也可以建立在同一工作簿或不同的工作簿中。

假设年级一共有 6 个班级，每个班的成绩表中均记录各个科目的平均成绩，利用合并计算求年级平均成绩的具体操作步骤为：新建一个工作表，将其命名为“年级平均成绩”，用于保存各科目的年级平均成绩。选定用于存放平均成绩的单元格区域，在“数据”选项卡中的“数据工具”功能区中单击“合并计算”，弹出“合并计算”对话框。在对话框的“函数”下拉列表中选择“平均值”，在“引用位置”下分别选取 1 班～6 班的各科目平均成绩区域，并单击“添加”按钮将其加入到对话框的“所有引用位置”列表项中，如图 3－3－41所示，最后单击“确定”按钮。

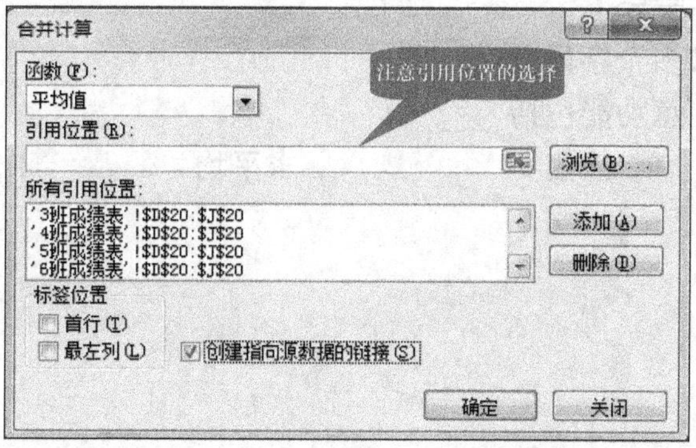

图 3－3－41　设置合并计算单元格区域

合并计算结果如图 3－3－42 所示，计算结果是以分类汇总的方式显示的，单击左侧的“＋”号，可以显示源数据信息。

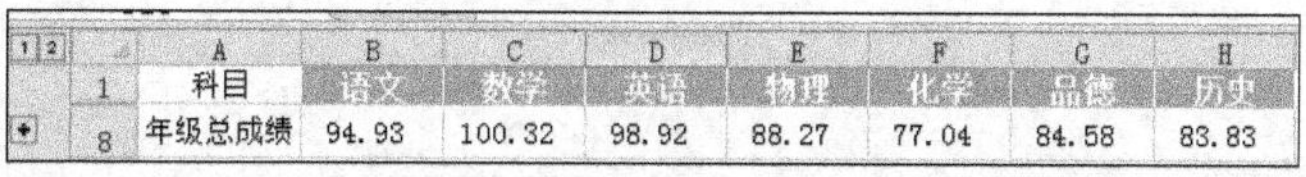

	A	B	C	D	E	F	G	H
1	科目	语文	数学	英语	物理	化学	品德	历史
8	年级总成绩	94.93	100.32	98.92	88.27	77.04	84.58	83.83

图 3－3－42　合并计算结果

练一练

1. 以下关于 VLOOKUP 函数的说法不正确的是______。

A. 查找目标必须位于自定义查找区域的最左列，可以为数值、引用或字符串。

B. 当返回查找数据的列号值为 1 时，返回查找范围第 1 列的数值，当值为 2 时，返回查找范围第 2 列的数值，如果值小于 1 或者大于查找区域列数时，将返回错误信息。

C. 查找时采用的匹配方式值为 FALSE 或 0，则返回近似匹配值。如果值为 TRUE 或 1，则返回精确匹配值。

D. 以上都不正确

2. 在某工作表中筛选出某项的正确操作方法是______。

A. 用鼠标单击数据表外的任一单元格，执行“数据”→“筛选”→“自动筛选”菜单命令，用鼠标单击想查找列的向下箭头，从下拉菜单中选择筛选项。

B. 用鼠标单击数据表中的任一单元格，执行“数据”→“筛选”→“自动筛选”菜单命令，用鼠标单击想查找列的向下箭头，从下拉菜单中选择筛选项。

C. 执行“编辑”→“查找”菜单命令，在“查找”对话框的“查找内容”框中输入要查找的项，单击“关闭”按钮。

D. 执行“编辑”→“查找”菜单命令，在“查找”对话框的“查找内容”框中输入要查找的项，单击“查找下一个”按钮。

3. 关于分类汇总，叙述正确的是______。

A. 分类汇总前首先应按分类字段值队记录排序

B. 汇总方式只能是求和

C. 只能对数值型字段分类

D. 分类汇总可以按多个字段分类

4. Excel 中的分类汇总功能包括______。

A. 求和　　B. 计数　　C. 求平均　　D. 以上都是

项目四

创建产品销售图表

【项目介绍】

小王是某产品制造公司的销售人员，并负责统计公司产品的销售情况。为了更直观地统计分析产品的销售情况，公司要求小王将现有的产品销售表制作成图表形式交给公司，并能根据需要对图表进行修改。让我们帮助小王完成图表的制作。

【学习目标】

（1）了解图表的类型和构成；

（2）掌握表和图的转换方法；

（3）掌握图表的数据编辑方法；

（4）掌握图表类型及外观的编辑方法。

任务1　产品销售表与图表的转换

在帮助小王完成图表制作前，需要学习 Excel 中图表的相关知识，包括图表的类型、图表的组成，以及创建图表的方法。

活动1　了解图表的类型及构成

Excel 2010 版本支持 11 种标准图表类型（Excel 2003 版本支持 14 种，Excel 2010 对某些图表类型进行了合并），每一种图表类型又分多个子类型，可以根据需要，选择不同的图表类型表现数据。常用的图表类型有柱形图、折线图、饼图、条形图、面积图、XY 散点图、股价图、曲面图、圆环图、气泡图和雷达图等（每种图表类型的功用请查看图表向导）。一个图表由以下几部分组成（如图 3－4－1 所示）：

（1）图表标题：描述图表的名称，默认在图表的顶端，可有可无。

（2）坐标轴与坐标轴标题：坐标轴包括 X 轴、Y 轴、Z 轴，带有刻度，用以显示图表中的数据；坐标轴标题是 X 轴、Y 轴或 Z 轴的名称，可有可无。其中饼图和圆环图没有坐标轴，雷达图只有数值轴，没有分类轴。

（3）图例：包含图表中相应的数据系列的名称和数据系列在图中的颜色。

（4）绘图区：以坐标轴为界的区域。

（5）数据系列：一个数据系列对应工作表中选定的一行或一列数据。

（6）网格线：从坐标轴刻度线延伸出来并贯穿整个绘图区的线条系列，可有可无。

（7）背景墙与基底：三维图表中会出现背景墙与基底，其是包围在许多三维图表周围的区域，用于显示图表的维度和边界。

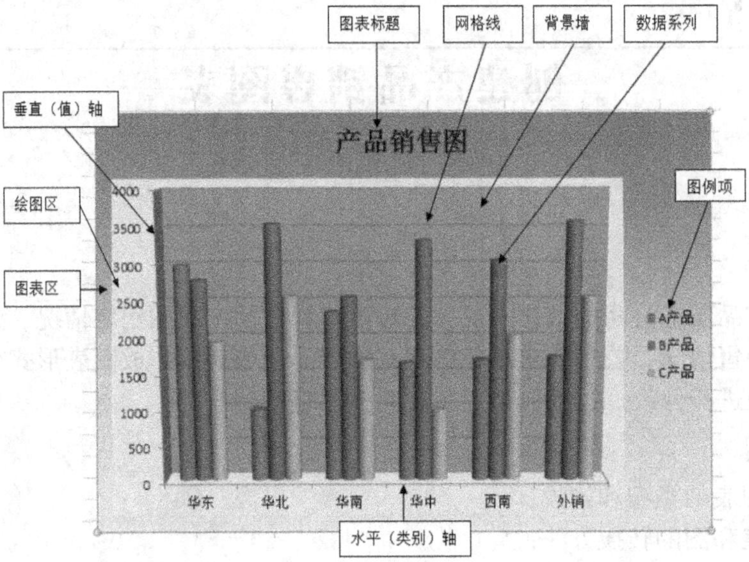

图 3－4－1　图表的构成

活动 2　将产品销售表转换成图表

图表有独立图表和嵌入式图表两种，其创建的方法不同。独立图表的创建方式为：选择数据，按功能键“F11”或将鼠标放置在当前工作表名上单击右键选择“插入”，在“插入”对话框中选择图表模板。图表工作表默认的表选项卡名分别为 Chart1、Chart2 等。嵌入式图表的创建方式为：选取需要用图表表示的数据区域，选择“插入”选项卡，在“图表”功能区中选择图表类型。图表创建完毕，Excel 会自动在功能区上方激活“图表工具”，“图表工具”包括“设计”选项卡、“布局”选项卡和“格式”选项卡，如图 3－4－2所示。

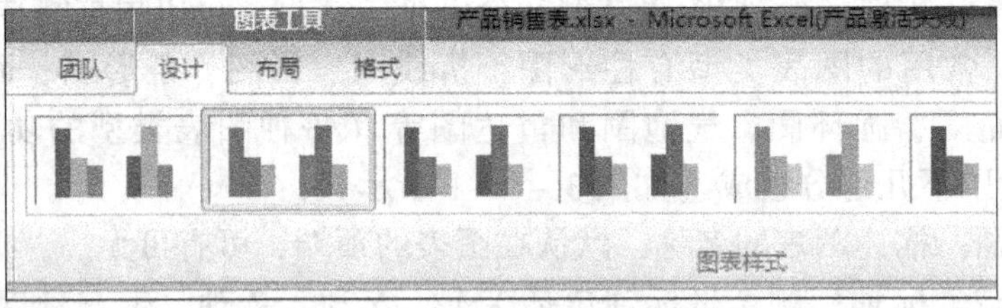

图 3－4－2　“图表工具”区域

“图表工具”区域中的主要选项卡的功能如下：

“设计”选项卡：主要用于对图表类型的更改、数据系列的行列转换、图表布局、图标样式的选择。

“布局”选项卡：对组成图表的各元素进行修改、编辑，比如图表的标题、图例、数据选项卡的编辑，坐标轴和背景的设置，此外还能插入图片、形状及文本框等对象。

“格式”选项卡：设置和编辑形状样式、艺术字、批、排列和大小。

现将产品销售表转换为图表，建立“三维簇状柱形图”，水平（分类）轴标签为地区名，图例项（系列）为产品名，图表标题为“产品销售图”，图例位置靠上，将图插入到该工作表的 A10：E24 单元格区域内，具体操作方法如下：

（1）选定产品销售表的 A2：D8 单元格区（即整张表），在“插入”选项卡中的“图表”功能区中单击“柱形图”命令，在下拉菜单中选择“三维柱形图”→“三维簇状柱形图”，如图 3－4－3 所示。

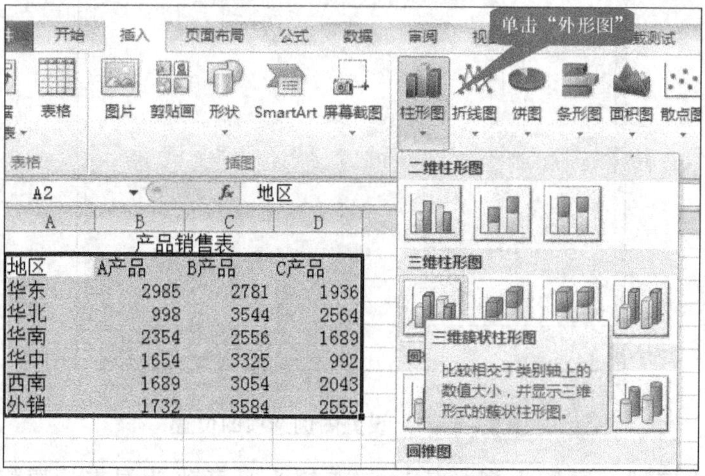

图 3－4－3　设置图表类型

（2）选择“图表工具”→“布局”选项卡，在“标签”功能区中单击“图标标题”命令，在弹出的下拉菜单中选择第 3 个，即“图标上方”命令，如图 3－4－4 所示。此时，在图表上方出现“图表标题”，用鼠标选中单击或用鼠标右键单击选择“编辑文字”对标题进行编辑，改成“产品销售图”。

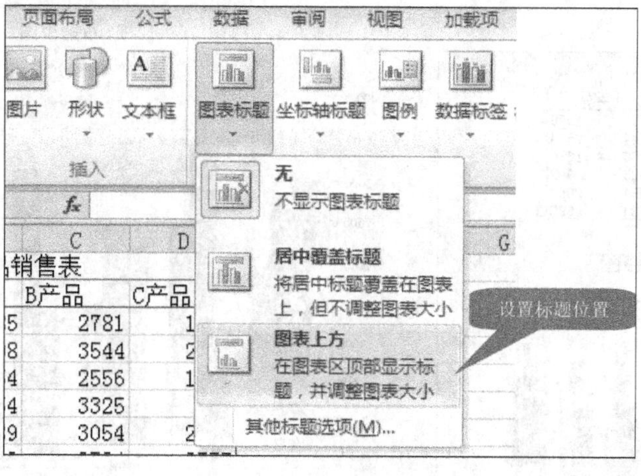

图 3－4－4　设置图表标题

（3）选中“图例项”，单击鼠标右键，在弹出的菜单中选择“设置图例格式”，在对话框中选择“图例选项”，将图例位置设置为“靠上”，如图 3－4－5 所示。

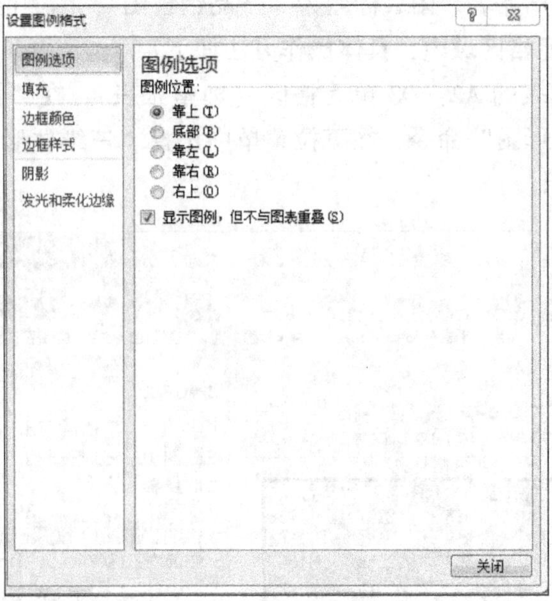

图 3－4－5　设置图例选项的位置

(4) 选中图表区域，鼠标出现“十”字双箭头时可移动图表，鼠标移动到图表右下角，出现双箭头时，可调整大小。将图表插入到 A10：E24 单元格区域内，如图 3－4－6 所示。

如果要创建独立的工作图表，选中产品销售表的 A2：D8 单元格区，按“F11”键，在“文件”选项卡中的“类型”功能区中单击“更改图表类型”命令，改为“三维簇状柱形图”，重复步骤 (2)、(3)，即可建立独立的图表，如图 3－4－7 所示。

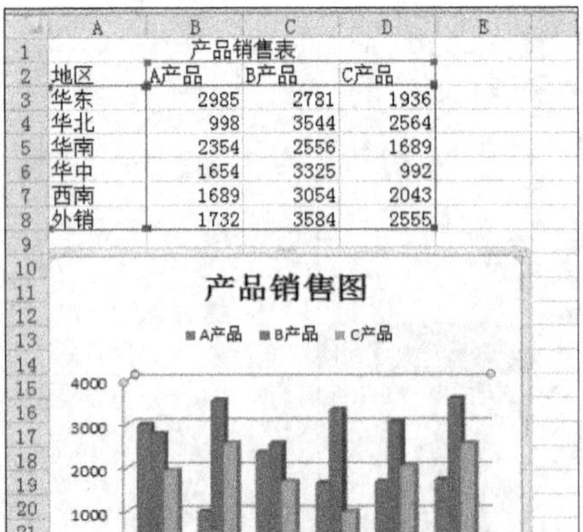

图 3－4－6　插入图表后的工作表

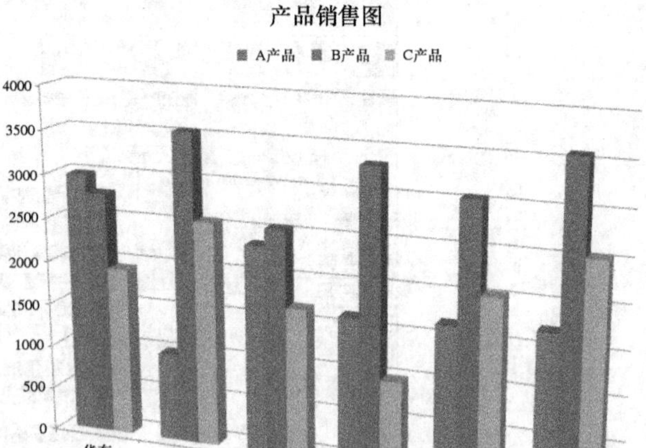

图 3－4－7　生成的独立图表

任务2 对图表进行编辑修改

根据实际需要，公司要求对销售图表添加一个D产品的销售情况，见表4－4－1。为了让图表更美观、数据的查看更直观，公司还要求适当修改图表的背景区颜色、背景墙颜色，将坐标轴Y的刻度设置为300，并在X轴方向适当旋转一定的角度，将图表类型改为“簇状圆柱图”，并扩大图表范围区域，放置在A10：J35单元格区域。同时，对图表作备份处理，将备份图表设置为独立图表，并将图表类型改为簇状柱形、D产品折线的混合形式。

表4－4－1 D产品的销售情况

地区	华东	华北	华南	华中	西南	外销
销售数量/件	1 999	2 123	1 078	1 782	3 122	2 392

活动1 图表数据的编辑修改

要对产品销售图添加D产品的销售情况，首先需要将D产品的销售数据添加到产品销售表中，而后对图表数据进行修改。这里，根据表4－4－1中的数据，直接将D产品的销售数量添加在E列，添加D产品的销售数量到产品销售图的具体操作为：选中图表单击鼠标右键，单击“选择数据”，或者在“设计”选项卡下的“数据”面板中单击“选择数据”，如图3－4－8所示。

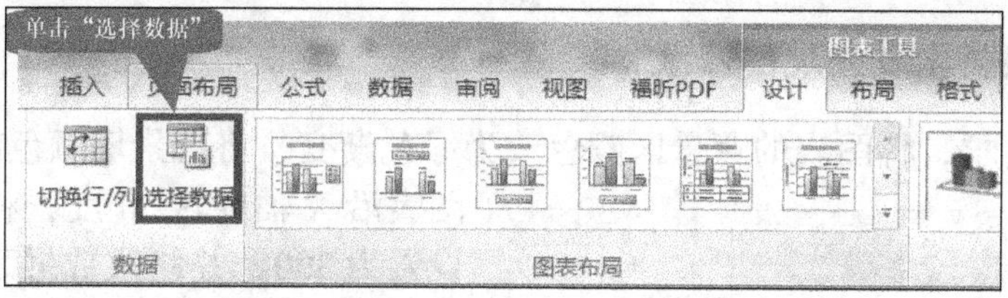

图3－4－8 “选择数据”在面板中的位置

在弹出的“选择数据源”对话框中，删除“图表数据区域”中原来的单元格区域，重新选择添加D产品后的单元格区域，即A2：E8，如图3－4－9所示，单击“确定”按钮。

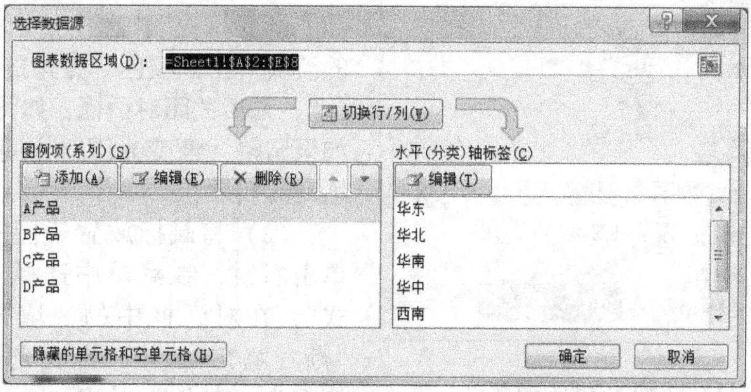

图3－4－9 设置图表数据区域

最后，选中图表，调整图表大小，将图表放置于 A10：J35 单元格区域，如图 3－4－10 所示。

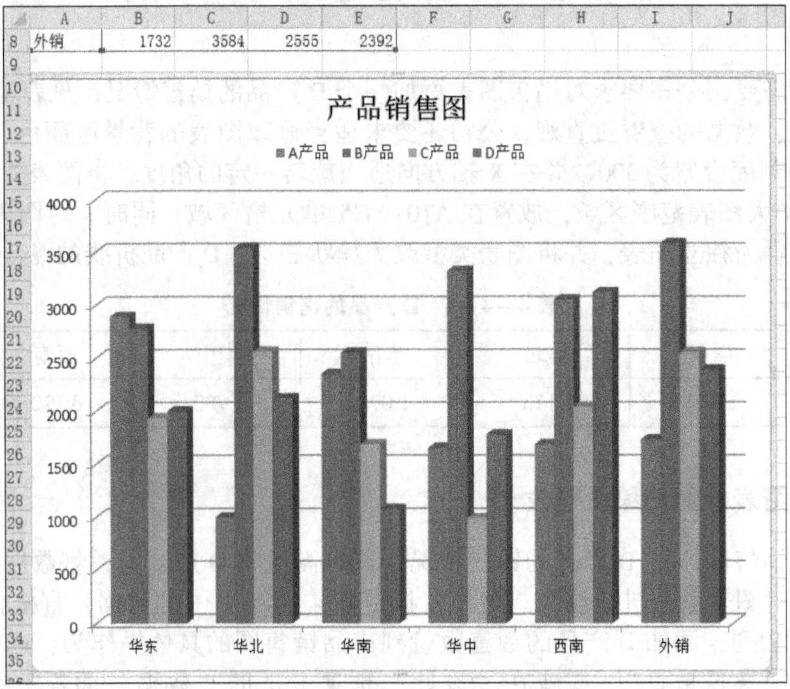

图 3－4－10　添加 D 产品后的图表

活动 2　图表类型及外观的修改

根据公司的要求，将图表的背景区颜色改为绿色渐变，将背景墙颜色改为黄色渐变，将图表沿 X 轴旋转 30 度，将坐标轴 Y 的刻度设置为 300，并修改数据系列为“簇状圆柱图”。修改的具体操作步骤如下：

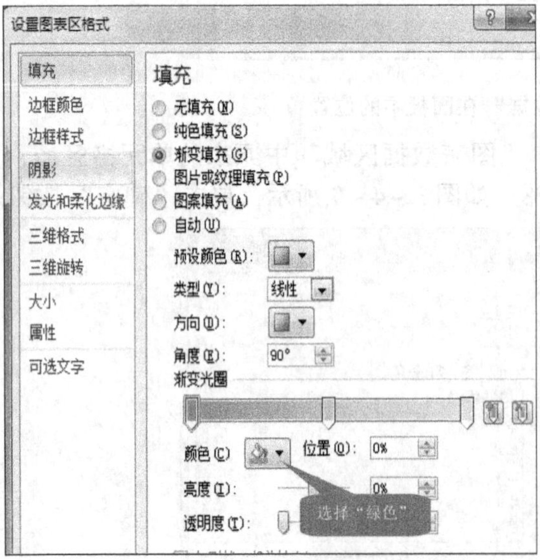

图 3－4－11　设置图表的背景颜色

（1）选中图表，单击鼠标右键，在弹出的菜单中选择“设置图表区格式”，在“设置图表区格式”对话框的“填充”菜单中选择“渐变填充”，选中“渐变光圈”最左边的滑块，在“颜色”旁边的按钮中选择“绿色”，最后关闭对话框，如图 3－4－11 所示。如果调整“渐变光圈”中间的滑块则能改变渐变的效果。

（2）将鼠标放置于图表中背景墙上并单击右键，在菜单中选择“设置背景墙格式”，在对话框中的“填充”菜单中选择“渐变填充”，将“渐变光圈”的滑块颜色调整为“黄色”，如图 3－4－12 所示，类似于步骤（1）的操作。

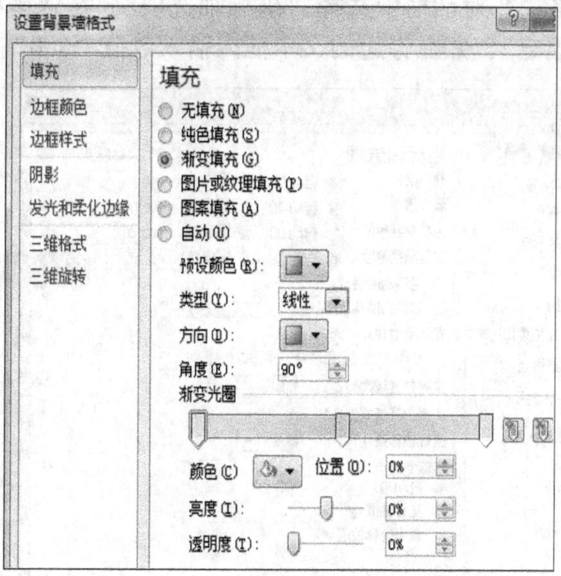

图 3-4-12　设置图表的背景墙颜色

（3）选中图表并单击鼠标右键，在弹出的菜单中选择“设置图表区域格式”，在“设置图表区格式”对话框的“三维旋转”菜单下设置“旋转”→“X（X）”为“30°”，并将“图表缩放”下的“直角坐标轴（X）”前面的钩去掉，如图 3-4-13 所示。

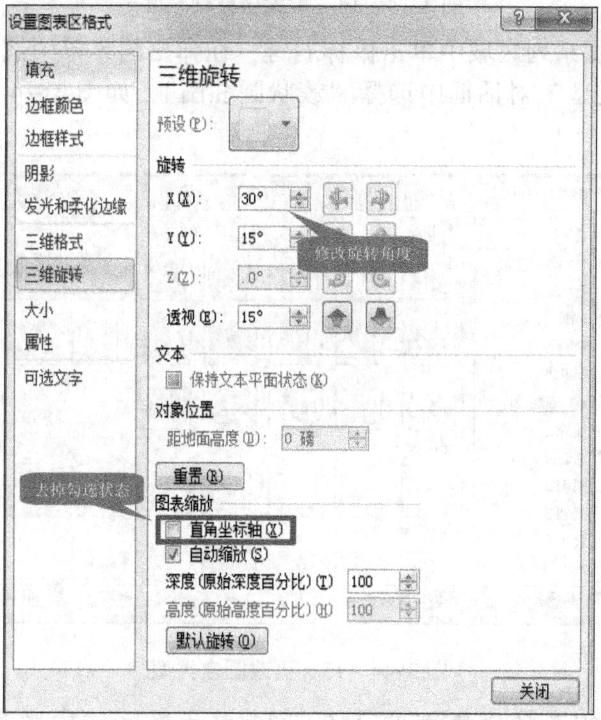

图 3-4-13　设置图表的三维旋转

（4）选中图表区域中的 Y 轴并单击鼠标右键，在弹出的菜单中选择“设置坐标轴格式”，在“设置坐标轴格式”对话框中选择“坐标轴选项”，在“坐标轴选项”面板下设置“主要刻度单位”为“固定”，并在旁边的文本框内输入数值“300”，如图 3－4－14 所示。

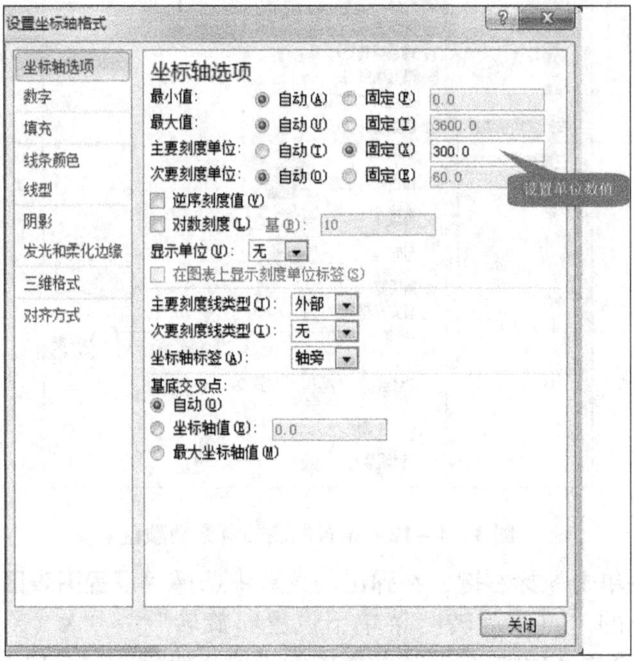

图 3－4－14　设置坐标轴刻度

（5）在图表的数据系列区域中单击鼠标右键，在弹出的菜单中选择“更改系列图表类型”，在“更改图表类型”对话框中选择“簇状圆柱图”，如图 3－4－15 所示，最后单击“确定”按钮。

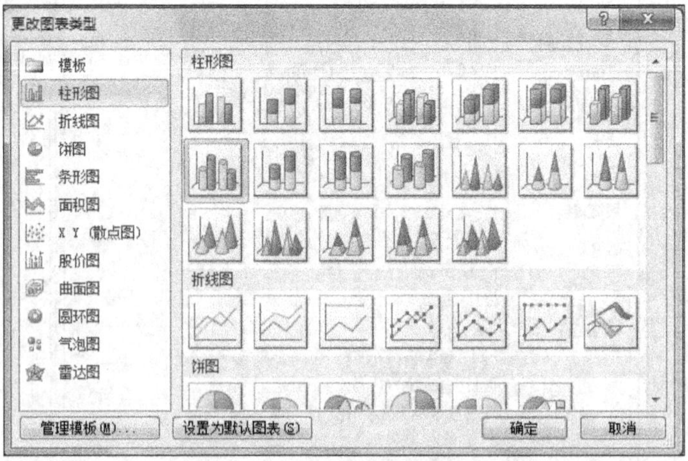

图 3－4－15　更改图表类型

最后，可以看到在产品销售表的 A10：J35 单元格区域内图表修改后的效果，如图 3－4－16所示。

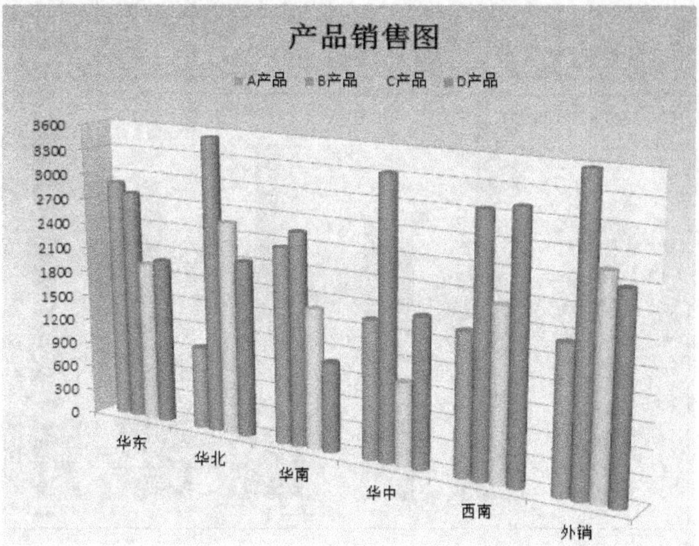

图 3-4-16 修改后的图表效果

活动 3 制作簇状柱形加折线图表

首先，将图表进行备份并生成独立图表，具体操作步骤为：选中整张图表，单击鼠标右键，在弹出的菜单中选择“复制”或者按键盘中的“Ctrl + C”组合键进行复制，选中当前工作表的任意单元格，单击鼠标右键，在弹出的菜单中选择“粘贴”，或者按“Ctrl + V”组合键进行粘贴。此时，完成产品销售图表的备份。选中备份的图表，单击鼠标右键，在弹出的菜单中单击“移动图表”，在弹出的“移动图表”对话框中选择图表的位置为“新工作表”，如图 3-4-17 所示，单击“确定”按钮。

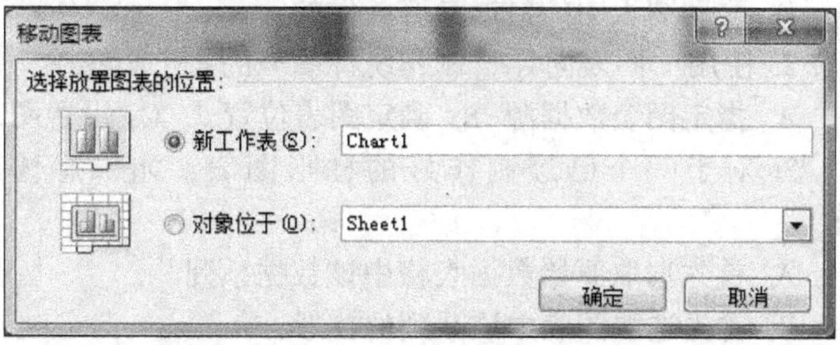

图 3-4-17 移动图表到新工作表

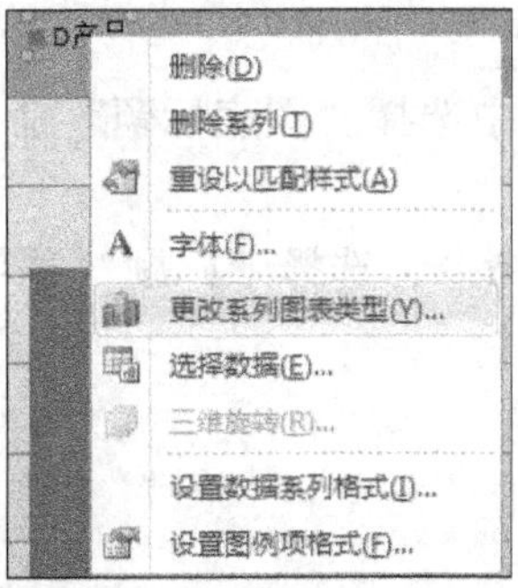

图 3-4-18 更改系列图表类型

现在图表移动到了 Chart1 中，即独立图表。选中当前的独立图表，单击鼠标右键，在弹出的菜单中单击“更改图表类型”，在“更改图表类型”对话框中选择“簇状柱形图”，并单击“确定”按钮。选中“D 产品”图例项，单击鼠标右键，在弹出的菜单中单击“更改系列图表类型”，如图 3-4-18 所示。在“更改图表类型”对话框中选择“折线图”，并单击“确定”按钮。修改后的独立图表如图 3-4-19 所示。

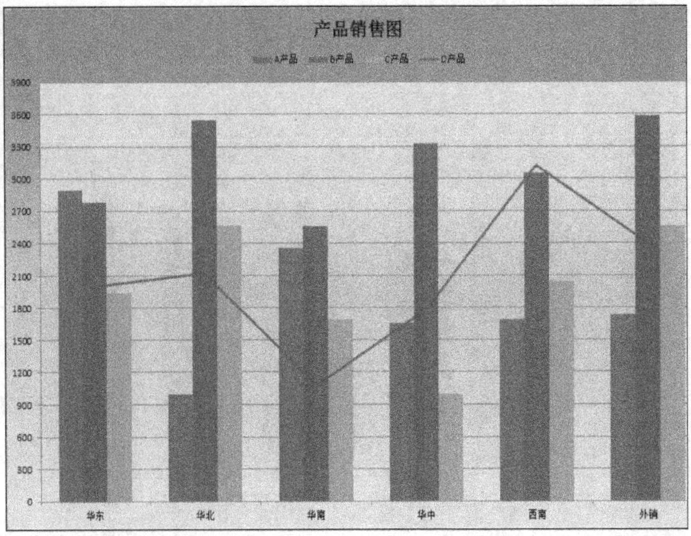

图 3－4－19　修改后的图表效果

练一练

1. 在 Excel 中，下面的表述正确的是______。

A. 要改动图表中的数据，必须重新建立图表

B. 图表中数据是可以改动的

C. 图表中的数据是不能改动的

D. 改动图表中的数据是有条件的

2. 使用“图表向导”制作统计图表的 4 个步骤中，第 1 步是______。

A. 指定图表数据源　B. 确定图表位置　　C. 设置图表选项　　D. 选择图表类型

3. 对于一个已经制作好的柱形图表，如果想修改其中某个系列的柱形颜色，应当______。

A. 首先选取原始数据表格中该数据系列

B. 首先选取图表中该系列的柱形

C. 首先单击“编辑”菜单

D. 首先单击“格式”菜单

4. 在图表中要增加标题，在激活图表的基础上，可以______。

A. 执行“插入”→“标题”菜单命令，在出现的对话框中选择“图表标题”命令

B. 执行“格式”→“自动套用格式化图表”命令

C. 单击鼠标右键，在快捷菜单中执行“图表标题”菜单命令，选择“标题”选项卡

D. 用鼠标定位，直接输入

项目五

学生调查问卷的制作

【项目介绍】

为了丰富学生的课余生活，某学校决定开设课外兴趣班。为了让兴趣班开设的课程更有针对性，开班前，学校要求对在校学生作一个问卷调查。通过调查问卷主要了解学生的基本信息，包括年龄、性别、所喜欢的学科、空余时间等内容，在学生填完调查问卷后能自动给出调查结果。

【学习目标】

（1）了解常用控件的功能及用法；

（2）掌握 Excel 中“宏”的概念及用法；

（3）掌握用 VBA 编辑器创建“宏”的方法。

任务 1　利用控件制作学生调查问卷

根据项目说明，要在 Excel 中实现调查问卷所需的功能，可以用控件来制作，例如选项按钮可以用来实现对性别的选择、复选框可以用来选择兴趣爱好等。

活动 1　Excel 中常用窗体控件的介绍

Excel 中的控件分为两种类型，分别是窗体控件和 ActiveX 控件。这里主要学习窗体控件。Excel 中的窗体控件是位于开发工具面板下的一些图形对象，可用来显示或输入数据、执行操作或使表单更易阅读。窗体控件主要包括文本框、列表框、复选框、选项按钮、命令按钮及其他一些对象。窗体控件提供给用户一些可供选择的选项，或某些按钮，单击后可运行宏命令。

在 Excel 中，如果要使用窗体控件，首先要在选项卡面板中调出开发工具，具体操作为：单击“文件”按钮，在弹出的菜单中单击“选项”命令，在“Excel 选项”对话框左侧选择“自定义功能区”，在右侧列表中勾选“开发工具”，如图 3 – 5 – 1 所示，最后单击“确定”按钮。回到 Excel 中的工作表，在选项卡面板中即出现“开发工具”选项。

在“开发工具”选项卡中的“控件”面板下，单击“插入”命令，在弹出的菜单中就可以看到控件，如图 3 – 5 – 2 所示。

下面给出 Excel 中常用控件的介绍：

（1）按钮。按钮可以实现用户和表格间的交互，通过单击按钮执行特定的功能，而且可以执行宏操作。

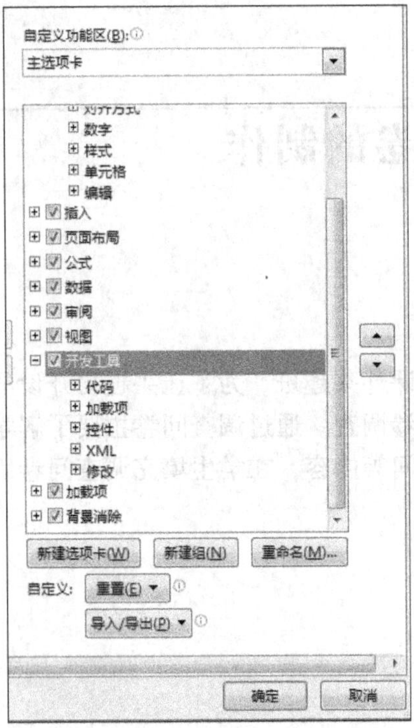

图 3－5－1　设置 Excel 选项

图 3－5－2　Excel 的控件

（2）组合框。组合框类似文本框与列表框的结合。组合框呈下拉列表形式，比列表框更加简洁，用户可以单击下箭头显示项目列表。

（3）复选框。复选框是一种允许用户在一个或多个控件上进行勾选或取消勾选的控件，常用于在线测试、问卷调查等文档。

（4）数值调节钮。该控件可以实现通过单击控件中上箭头或下箭头来调节单元格中数值的大小。

（5）列表框。列表框能够以列表的形式显示一组数据项，它和组合框的区别是：列表框不支持下拉，但可以实现复选。

（6）选项按钮。利用该控件可以实现单选。如果多个选项按钮放在一起，选择时按钮间会自动互斥，只能选中其一。选项按钮通过单击激活，此时按钮中心出现黑点。

（7）分组框。分组框能够实现控件的分组，比如利用选项按钮实现不同类别的单选时，可以用分组框将不同类别的选项按钮分在一起，实现分组单选的功能。

（8）标签。该控件可以用来显示一些说明性的文本，如标题、题注或简短说明。

活动 2　学生调查问卷界面设计

学生调查问卷由以下几部分组成：①学生的性别；②学生的年龄；③学生所学的专业；④学生家庭收入情况；⑤感兴趣的学科；⑥空余时间。设计思路：对于调查问卷中的问题利用标签控件显示；利用分组框控件将每个问题分组；利用选项按钮来制作学生的性别、年龄、所学专业；利用组合框控件制作学生家庭收入情况；利用复选框制作学生感兴趣的学科、空余时间。学生在做完调查问卷后能通过按钮控件进行提交，并能查看调查结果。具体制作步骤如下：

（1）选中 A1：G1 单元格，对其进行合并居中操作，输入标题“×××学校关于开展兴趣班的调查问卷”。单击“开发工具”→“控件”→“插入”，在菜单中的“表单控件”下单击“分组框控件（窗体控件）”，此时鼠标变为细黑“十”字形，在标题下方按住鼠标左键不放，拖拽成一个矩形区域。或选中分组框，单击鼠标右键选择“设置控件格式”，在“大小”面板下可精确设置宽高，如图 3-5-3 所示。

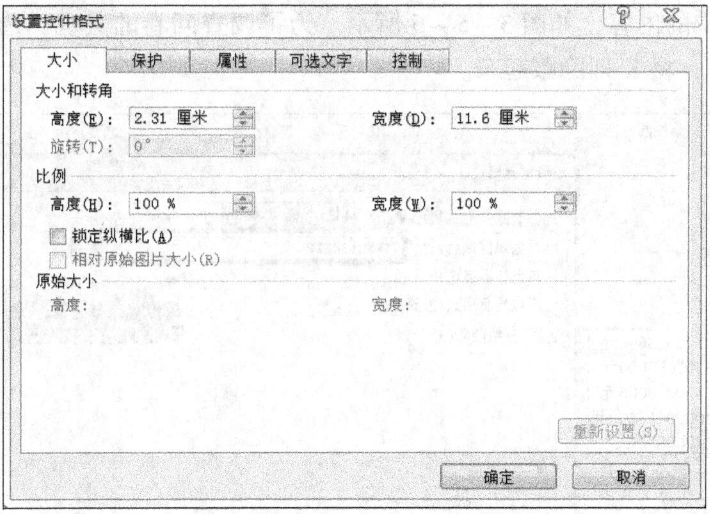

图 3-5-3　设置分组框控件格式

（2）选中分组框控件，单击鼠标右键在菜单中选择“编辑文字”，或者直接单击分组框控件中默认的文字部分，将文字改为“问题一”。在“表单控件”中单击“标签（窗体控件）”，同样，鼠标变为细黑“十”字形，按住鼠标左键不放拖拽成一个矩形区域，或者通过“设置控件格式”完成大小的设置，将标签控件中默认的文字编辑成“你的性别是:”，文字的编辑方法和分组框控件相同。

（3）在“表单控件”中单击“选项按钮（窗体控件）”，并置于“问题一”的分组框内，适当调整控件大小，将文字分别设置成“男”“女”，选项按钮控件大小及文字的设置方法与步骤（2）相同，完成后的效果如图 3-5-4 所示。

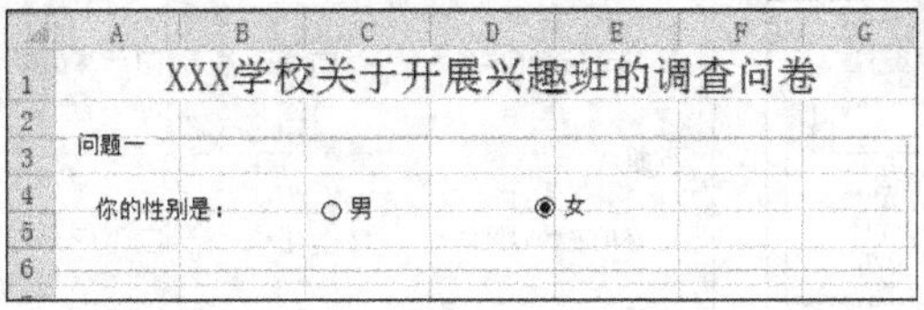

图 3-5-4　“问题一”的设置效果

（4）同理，学生年龄、所学专业的问题，其制作方法和问题一类似。例如，对于问题二中的学生年龄的制作，只需将标签控件设置成“你的年龄是:”，并在分组框内添加 3 个选项按钮控件，文字分别设置为“13~15 岁”“16~18 岁”“18 岁以上”即可。

（5）对于学生家庭收入问题，用组合框控件来制作。在“表单控件”中单击“组合框（窗体控件）”，置于问题四分组框内。如果此时单击组合框中的下三角箭头，下拉列表为空，所以必须设定列表项目。在工作表中除调查问卷外区域的任意一列单元格内输入家庭收入，这里在 K 列中输入 5 项，分别为“1 000～3 000 元”“3 000～5 000 元”“5 000～8 000 元”“8 000～15 000 元”“20 000 元以上”。选中组合框，单击鼠标右键，在菜单中单击“设置控件格式”，在对话框“控制”面板的“数据源区域”中选定刚才输入的单元格区域，如图 3－5－5 所示，单击“确定”按钮，此时再次单击组合框中的下三角箭头，即可出现 K 列单元格中的内容，如图 3－5－6 所示。为了调查问卷的美观，选中 K 列，用鼠标右键单击“隐藏”，将 K 列隐藏起来。

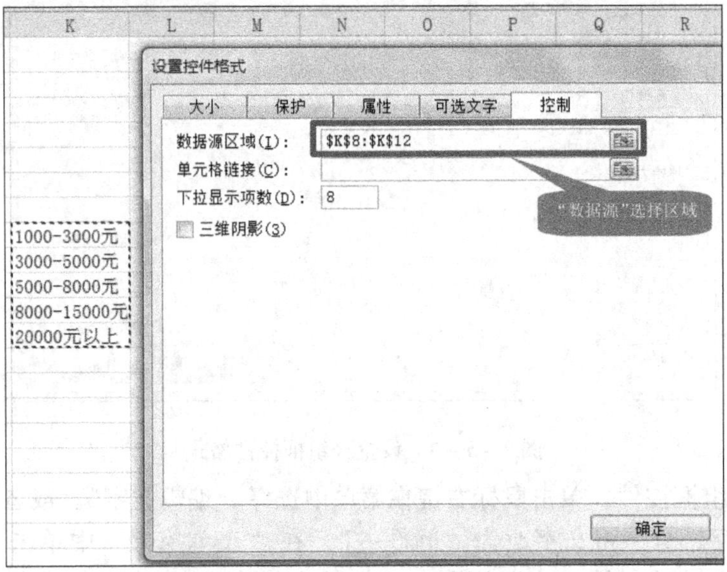

图 3－5－5　设置组合框数据源区域

（6）剩下的感兴趣的学科和空余时间这两个问题，可以用复选框来制作。在“表单控件”中单击“复选框（窗体控件）”，分别置于问题五、问题六分组框内，并对这些复选框控件编辑说明文字，如图 3－5－7 所示。

图 3－5－6　组合框设置后的效果

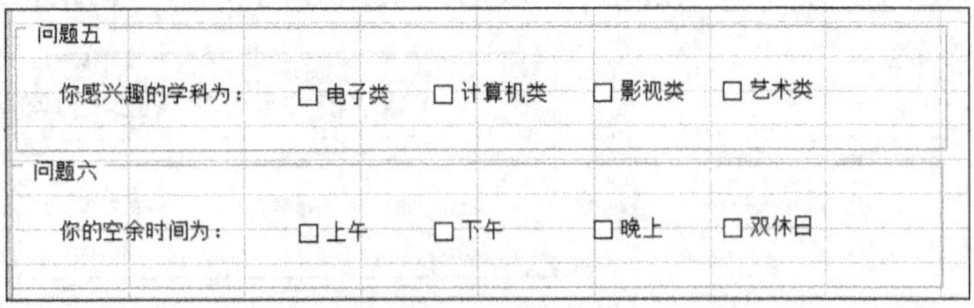

图 3－5－7　复选框控件设置后的效果

（7）最后，在“表单控件”中单击“按钮（窗体控件）”，置于所有问题的下方，并编辑文字为“提交”。在调查问卷的外观上可以进行适当的美化，在“视图”选项卡中的“显示”面板下，将“网格线”取消勾选，即可对工作表中的网格线进行隐藏，最终效果如图3－5－8所示。

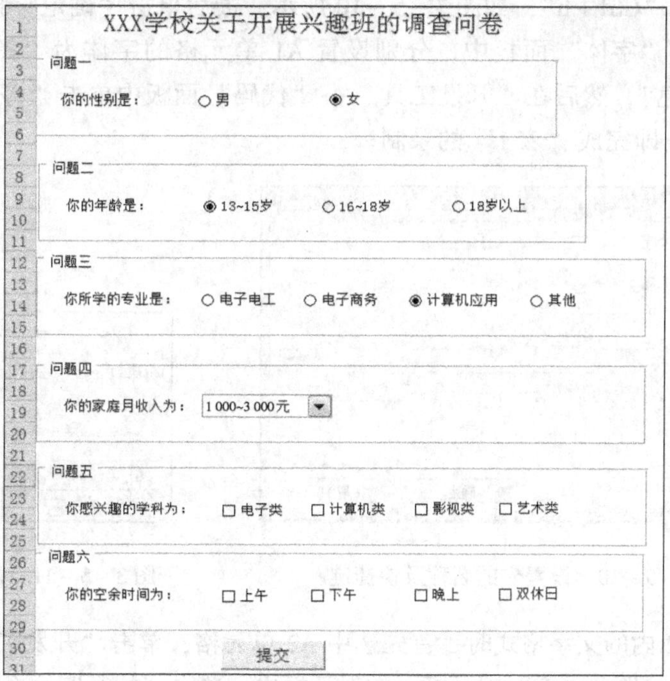

图3－5－8 学生调查问卷界面效果

任务2 学生调查问卷功能的实现

当学生做完调查问卷后，单击“提交”按钮，可以自动给出调查问卷的结果。对于这一部分功能，可以用Excel中的“宏”来实现。

活动1 Excel中“宏”的概念与操作

宏（Macro），可以看作指令集，通过执行一组命令来完成某项功能。计算机科学里的宏是一种抽象的，根据一系列预定义的规则替换一定的文本的模式。Excel办公软件自动集成了VBA高级程序语言，用此语言编制出的程序就叫“宏”。

如何在Excel中使用宏呢？宏的使用主要分为两个步骤，第一是录制或创建宏，第二是使用宏。例如，通过宏将单元格A2内的文字修改为“黑体”“15”号“红色”，如果使用录制宏的方法，具体操作为：选中任意单元格内的文字，这里选择A1单元格，单击“开发工具”→“代码”→“录制宏”命令，如图3－5－9所示，此时弹出

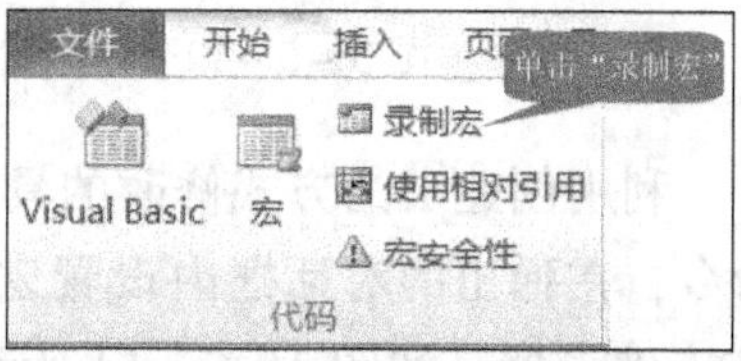

图3－5－9 “录制宏”命令位置

“录制新宏”对话框。

在“录制新宏”对话框内可以设置宏的名称、快捷键等，这里设置宏的名称为“宏1”，设置快捷键为“Ctrl + h”，如图 3 - 5 - 10 所示，最后单击“确定”按钮。

在“开始”→“字体”面板中，分别设置 A1 单元格的字体为“黑体”，字号为“15号”，颜色为“红色”，然后在“开发工具”→“代码”面板中单击“停止录制”命令，如图 3 - 5 - 11 所示，即完成“宏 1”的录制。

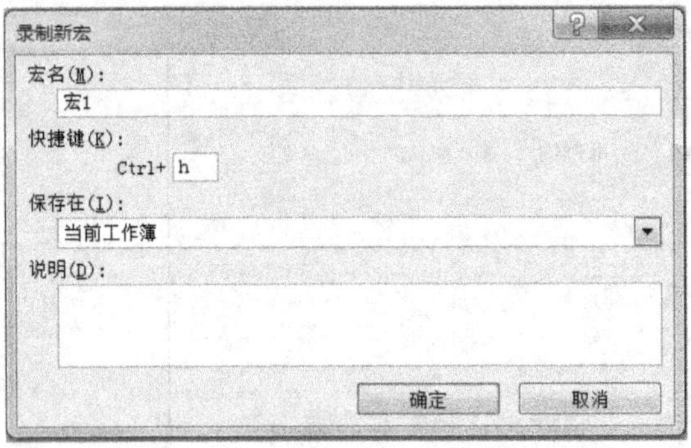

图 3 - 5 - 10　设置宏的名称及快捷键

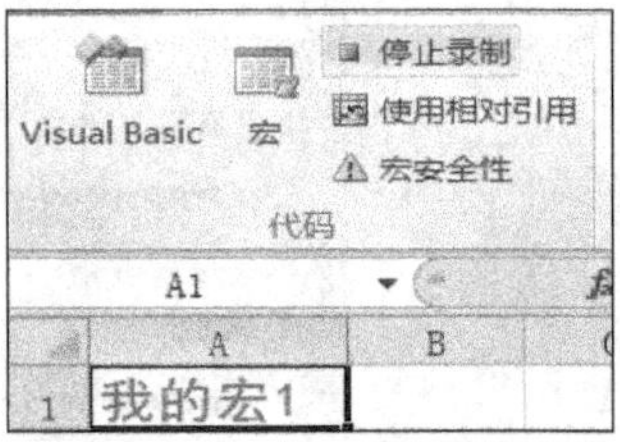

图 3 - 5 - 11　停止录制宏

修改单元格 A2 内的文字格式时，首先选中 A2 单元格，单击“开发工具”→“代码”面板中的“宏”命令，弹出“宏”对话框，在对话框内，单击“执行”命令，如图 3 - 5 - 12 所示，或者按快捷键“Ctrl + h”，此时单元格 A2 内的文字格式即发生改变，如图 3 - 5 - 13 所示。

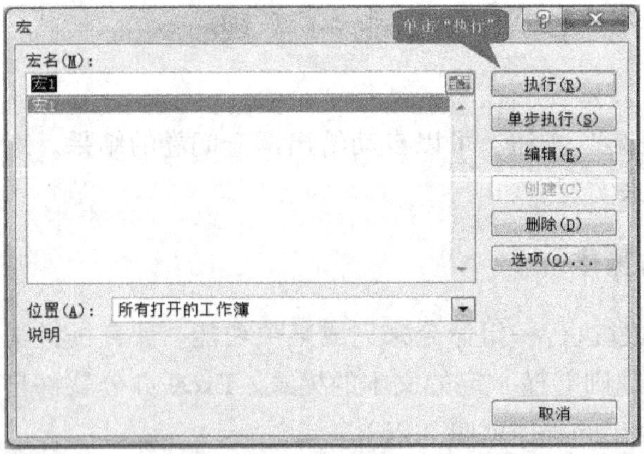

图 3 - 5 - 12　执行“宏 1”命令

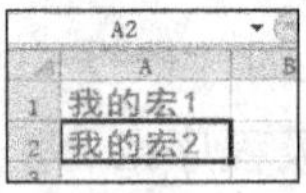

图 3 - 5 - 13　执行“宏 1”的结果

利用创建宏的方式修改的具体步骤为：单击“开发工具”→“代码”面板中的“宏”命令，在弹出的对话框内设置宏的名称，这里设置为“宏 2”，单击“创建”命令，弹出 VBA 编辑器，如图 3 - 5 - 14 所示。

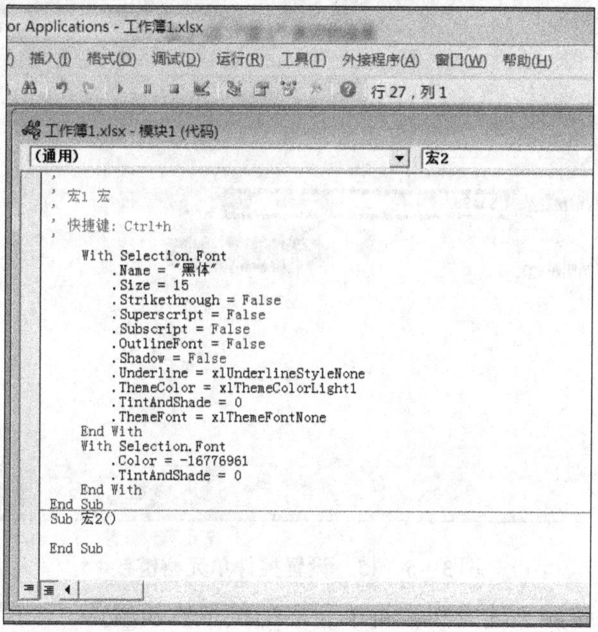

图 3－5－14　VBA 编辑器界面

在代码中“Sub 宏 2( )”表示创建宏的开始，“End Sub”表示结束，只需在其中编写设置字体、字号及颜色的代码即可。编写的代码如下所示：

```
Sub 宏 2()
With Selection.Font
    .Name = "黑体"
    .Size = 15
    .Color = vbRed
End With
End Sub
```

代码编写完毕后关闭 VBA 编辑器窗口，选中 A2 单元格，单击“开发工具”→“代码”面板中的“宏”命令，在弹出的对话框内选择“宏 2”，单击“执行”命令即可完成修改。

活动 2　利用“宏”完成学生调查问卷结果的统计

要实现调查结果的自动统计，可以创建一个宏将调查数据保存到另一张表中，然后通过单击“提交”按钮执行这个宏，再创建一张表，利用函数统计调查保存的数据即可。在此之前，还需对调查问卷界面中的控件进行相应设置，以判断学生所选的项目。

在 Sheet1 工作表中，对于学生所选的项目，可以利用对应的控件所返回的值去判断。现将所有控件返回的值放在第 33 行，从问题一到问题六，依次选中每个控件并单击鼠标右键，单击“设置控件格式”，在对话框“控制”面板下的“单元格链接”中选择控件返回值的单元格位置。例如，对于问题一中，性别为男的选项按钮，“单元格链接”设置为“$A$33”，如图 3－5－15 所示，单击“确定”按钮。

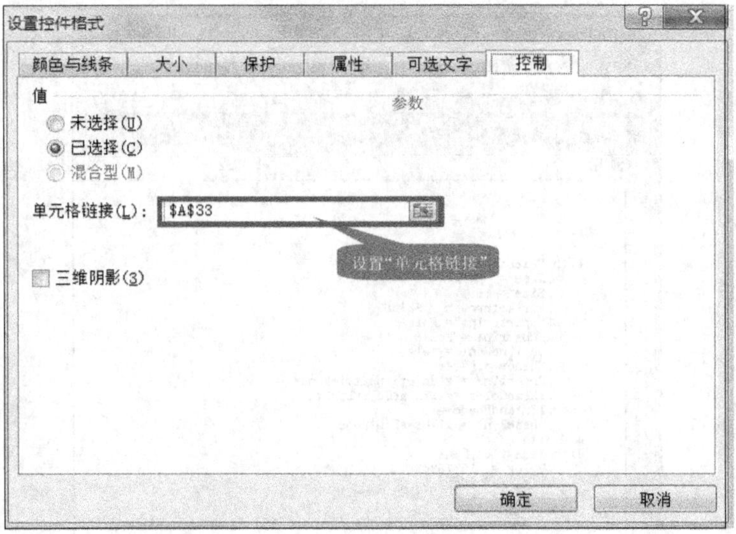

图 3-5-15　设置控件单元格链接

剩余的 11 个控件按照上述方法，将单元格链接依次设置为“$B$33：$I$33”，此时可以看出，选项按钮所在单元格链接中，数值为 1 表示第 1 个选项，数值为 2 表示第 2 个选项。例如，在性别中，选择“男”，单元格链接返回的数值为 1，选择“女”返回值为 2。组合框控件中从上到下所选的值在单元格链接中依次返回 1～5，复选框控件选中状态返回值为 TRUE，否则为 FALSE。设置完毕后的效果如图 3-5-16 所示。

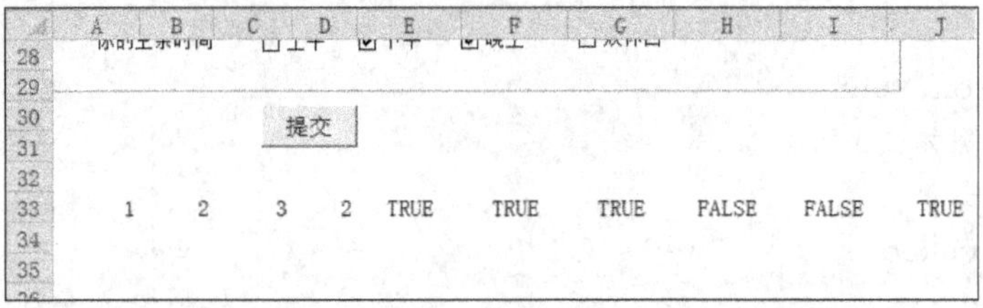

图 3-5-16　设置单元格链接

现在创建宏，当学生单击“提交”按钮时可以通过执行宏将所选的数据保存起来，而后对保存的数据，即每次进行调查问卷的数据进行统计。所以，这里需要创建两张表，一张用来保存数据，另一张用来进行数据统计。假设选择 Sheet2 来作统计，选择 Sheet3 来保存数据，在 Sheet2 表中应该包含参与调查问卷的总人数、每个问题中选项的选择次数，而用来进行保存数据的 Sheet3 表中应当包含每个选项，对应于调查问卷中的每个问题。Sheet2 和 Sheet3 两张表完成创建后的效果如图 3-5-17、图 3-5-18 所示。

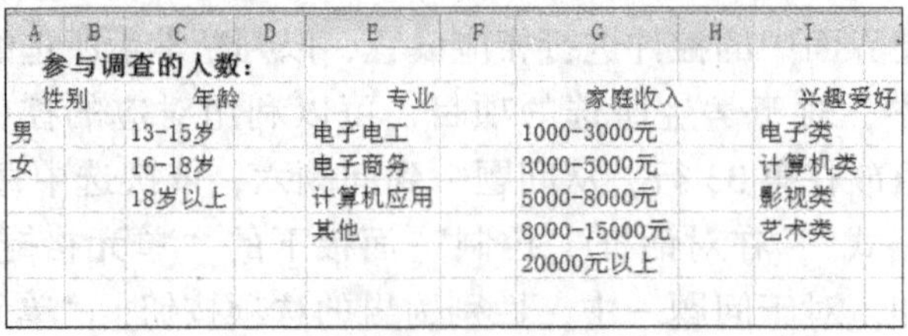

A	B	C	D	E	F	G	H	I
参与调查的人数:								
性别		年龄		专业		家庭收入		兴趣爱好
男		13-15岁		电子电工		1000-3000元		电子类
女		16-18岁		电子商务		3000-5000元		计算机类
		18岁以上		计算机应用		5000-8000元		影视类
				其他		8000-15000元		艺术类
						20000元以上		

图 3-5-17　表 Sheet2 创建后的效果

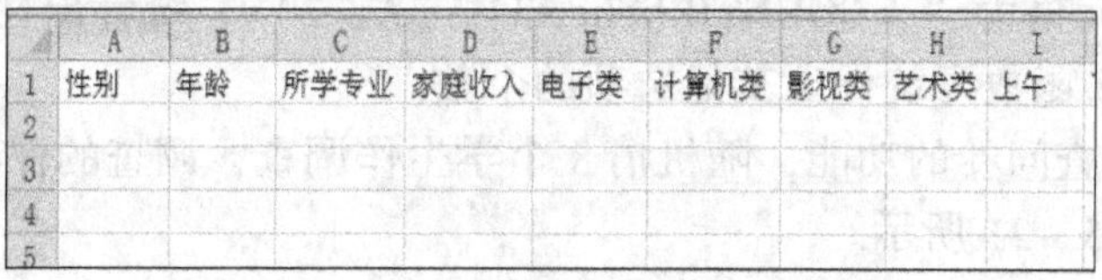

图 3-5-18 表 Sheet3 创建后的效果

单击“开发工具”→“代码”→“宏”，在弹出的对话框中输入要创建的宏的名称，这里设置宏的名称为“提交”，单击“创建”，进入 VBA 编辑器界面。在编辑器中输入如下代码：

```
Public Sub 提交()
Dim Temp As Integer
Sheets("sheet2").Select
Cells (1, 5).Value = Cells (1, 5).Value + 1
Temp = Cells (1, 5).Value + 1
Sheets("sheet1").Select
Range("A33: L33").Select
Selection.Copy
Sheets("sheet3").Select
Rows (Temp).Select
ActiveSheet.Paste
Application.CutCopyMode = False
End Sub
```

以上代码中，学生每次单击“提交”按钮时，“Cells(1, 5)”即 Sheet2 表中的 E7 单元格自加 1，用于记录参与调查的人数。代码中定义了一个整型的 Temp 变量，值为 E7 加 1，即比每次调查人数多 1，这是因为 Temp 变量用来确定每次调查数据存放在 Sheet3 表中的行数，Sheet3 表中第 1 行为标题，所以数据存放从第 2 行开始。代码“Range("A33：L33").Select”用来选中 Sheet1 表中每个选项控件的返回值，“Application. CutCopyMode = False”用来取消 Sheet1 表中所选返回值的复制状态。

宏创建完毕后，还需要将按钮控件指定宏。这样，在单击“提交”按钮时才能自动执行宏。指定宏的操作步骤为：选中“提交”按钮控件，单击鼠标右键选择“指定宏”，如图 3-5-19所示。

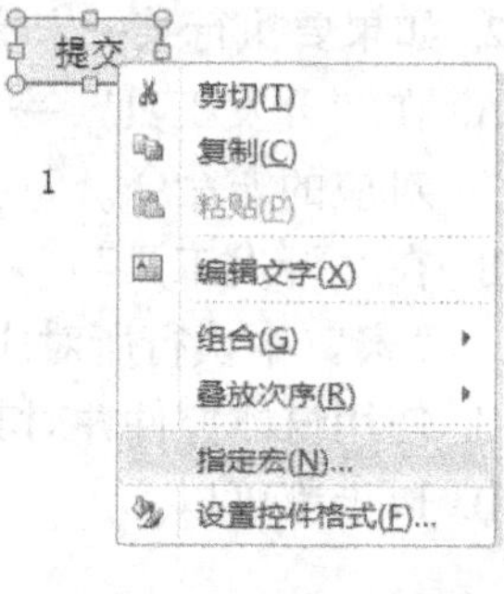

图 3-5-19 将按钮控件指定宏

在“指定宏”对话框内选择创建名为“提交”的宏，单击“确定”按钮即可。在 Sheet2 表中，统计每个问题所选的总次数，只要计算 Sheet3 表中每个问题所对应的不同值的单元格个数，所以可以用函数 COUNTIF 来实现。例如，要统计调查的性别情况，具体操作为：在 Sheet2 表中选择 B2 单元格，插入 COUNTIF 函数，设置 B2 单元格为“=COUNTIF(Sheet3！A：A, 1)”，即在 Sheet3 表中的 A 列去统计值为 1 的单元格个数，从而统计出性别为“男”

的个数；设置 B4 单元格为“=COUNTIF(Sheet3!A:A，2)”，统计出性别为“女”的个数。同理，利用 COUNTIF 函数可统计出其他选项的个数。

为了验证学生调查问卷的功能，随机请 8 个学生作调查，调查的保存数据及统计结果如图 3-5-20、图 3-5-21 所示。

	A	B	C	D	E	F	G	H	I
1	性别	年龄	所学专业	家庭收入	电子类	计算机类	影视类	艺术类	上午
2	2	2	3	1	TRUE	FALSE	TRUE	TRUE	TRUE
3	1	1	2	4	TRUE	TRUE	FALSE	TRUE	TRUE
4	2	2	4	2	FALSE	FALSE	TRUE	TRUE	TRUE
5	1	2	4	1	TRUE	FALSE	FALSE	TRUE	FALSE
6	1	3	2	5	TRUE	FALSE	TRUE	FALSE	FALSE
7	2	2	3	2	TRUE	TRUE	TRUE	FALSE	FALSE
8	1	2	1	2	TRUE	TRUE	FALSE	FALSE	TRUE
9	2	1	1	2	TRUE	FALSE	FALSE	FALSE	FALSE
10									

图 3-5-20　调查中保存的数据

	A	B	C	D	E	F	G	H	I
1	参与调查的人数：				8				
2	性别		年龄		专业		家庭收入		兴趣爱好
3	男	4	13-15岁	2	电子电工	2	1000-3000元	2	电子类
4	女	4	16-18岁	5	电子商务	2	3000-5000元	4	计算机类
5			18岁以上	1	计算机应用	2	5000-8000元	0	影视类
6					其他	2	8000-15000元	1	艺术类
7							20000元以上	1	
8									

图 3-5-21　调查统计结果

练一练

1. 以下关于 Excel 中控件的描述，错误的是______。

A. 多个选项按钮放在一起，选择时按钮间会自动互斥，只能选中其一。

B. 对组合框进行设置时，“下拉显示项数”表示组合框最多可容纳的项目个数。

C. 对按钮控件指定宏，可以通过单击该按钮执行指定名称的宏。

D. 设置复选框控件的“单元格链接”，可在该链接区域内返回复选框的值（是否选中）。

2. 如果要执行某一宏命令，可以______。

A. 在“开发工具”→“代码”面板中进行“录制宏”操作，而后在“宏”中执行所对应的宏命令。

B. 在“开发工具”→“代码”面板中的“Visual Basic”中创建并编写宏程序，而后在“宏”中执行所对应的宏命令。

C. 使用窗体控件并对其“指定宏”，然后单击该控件执行所对应的宏命令。

D. 以上都可以。

练习

小王今年毕业后，在一家计算机图书销售公司担任市场部助理，其主要的工作职责是为部门经理提供销售信息的分析和汇总。

请根据销售统计表（“Excel. xlsx”文件），如图3－5－22、图3－5－23所示，按照如下要求完成统计和分析工作：

（1）将Sheet1表命名为“销售情况”，将Sheet2表命名为“图书定价”。

（2）在“图书名称”列右侧插入一个空列，输入列标题为“单价”。

（3）将工作表标题跨列合并后居中并适当调整其字体，加大字号，并改变字体颜色。设置数据表对齐方式及“单价”和“小计”的数值格式（保留2位小数）。根据图书编号，在“销售情况”工作表的“单价”列中，使用VLOOKUP函数完成图书单价的填充。“单价”和“图书编号”的对应关系在“图书定价”工作表中。

（4）运用公式计算工作表“销售情况”中H列的“小计”。

（5）为工作表“销售情况”中的销售数据创建一个数据透视表，放置在一个名为“数据透视分析”的新工作表中，要求针对各书店比较各类书每天的销售额。其中，书店名称为列标签，日期和图书名称为行标签，并对销售额求和。

（6）根据生成的数据透视表，在透视表下方创建一个簇状柱形图，图表中仅对博达书店一月份的销售额小计进行比较。

（7）保存“Excel. xlsx”文件。

A	B	C	D	E	
销售订单明细表					
订单编号	日期	书店名称	图书编号	图书名称	销量
BTW-08001	2011年1月2日	鼎盛书店	BK-83021	《计算机基础及MS Office应用》	
BTW-08002	2011年1月4日	博达书店	BK-83033	《嵌入式系统开发技术》	
BTW-08003	2011年1月4日	博达书店	BK-83034	《操作系统原理》	
BTW-08004	2011年1月5日	博达书店	BK-83027	《MySQL数据库程序设计》	
BTW-08005	2011年1月6日	鼎盛书店	BK-83028	《MS Office高级应用》	
BTW-08006	2011年1月9日	鼎盛书店	BK-83029	《网络技术》	
BTW-08007	2011年1月9日	博达书店	BK-83030	《数据库技术》	
BTW-08008	2011年1月10日	鼎盛书店	BK-83031	《软件测试技术》	
BTW-08009	2011年1月10日	博达书店	BK-83035	《计算机组成与接口》	
BTW-08010	2011年1月11日	隆华书店	BK-83022	《计算机基础及Photoshop应用》	
BTW-08011	2011年1月11日	鼎盛书店	BK-83023	《C语言程序设计》	
BTW-08012	2011年1月12日	隆华书店	BK-83032	《信息安全技术》	
BTW-08013	2011年1月12日	鼎盛书店	BK-83036	《数据库原理》	
BTW-08014	2011年1月13日	隆华书店	BK-83024	《VB语言程序设计》	
BTW-08015	2011年1月15日	鼎盛书店	BK-83025	《Java语言程序设计》	
BTW-08016	2011年1月16日	鼎盛书店	BK-83026	《Access数据库程序设计》	
BTW-08017	2011年1月16日	鼎盛书店	BK-83037	《软件工程》	
BTW-08018	2011年1月17日	鼎盛书店	BK-83021	《计算机基础及MS Office应用》	
BTW-08019	2011年1月18日	博达书店	BK-83033	《嵌入式系统开发技术》	

图3－5－22　销售情况表

	A	B	C	D
1	图书定价			
2	图书编号	图书名称	定价	
3	BK-83021	《计算机基础	¥ 36.00	
4	BK-83022	《计算机基础	¥ 34.00	
5	BK-83023	《C语言程序	¥ 42.00	
6	BK-83024	《VB语言程序	¥ 38.00	
7	BK-83025	《Java语言程	¥ 39.00	
8	BK-83026	《Access数据	¥ 41.00	
9	BK-83027	《MySQL数据	¥ 40.00	
10	BK-83028	《MS Office高	¥ 39.00	
11	BK-83029	《网络技术》	¥ 43.00	
12	BK-83030	《数据库技术	¥ 41.00	
13	BK-83031	《软件测试技	¥ 36.00	
14	BK-83032	《信息安全技	¥ 39.00	
15	BK-83033	《嵌入式系统	¥ 44.00	
16	BK-83034	《操作系统原	¥ 39.00	

图3－5－23　图书定价表

第四篇

PowerPoint 2010 演示文稿软件

项目一

制作大学生交通安全知识讲座 PPT

【项目介绍】

PowerPoint 2010 是微软公司推出的 Office 2010 办公系列软件的一个重要组成部分，主要用于制作幻灯片。本项目中的“大学生交通安全知识讲座 PPT”是较简单的幻灯片，主要涉及 PPT 制作的基础操作。

【学习目标】

（1）了解幻灯片的基本操作；

（2）学会如何输入文本；

（3）学会设置文字样式和段落格式。

任务 1　幻灯片的基本操作

创建的演示文稿中，默认只有 1 张幻灯片，可以根据需要，创建多张幻灯片。

活动 1　新建幻灯片

1. 通过功能区的“开始”选项卡新建幻灯片

1）使用“新建幻灯片”按钮

单击“开始”选项卡，在“幻灯片”组中单击“新建幻灯片”按钮，即可直接新建一个幻灯片，如图 4－1－1所示。

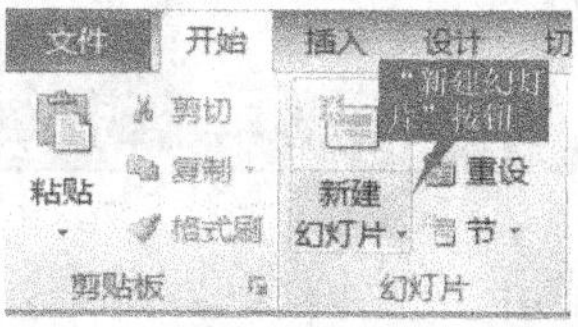

图 4－1－1　“新建幻灯片”按钮

2）查看新建的幻灯片

创建一个新幻灯片后，其缩略图显示在“幻灯片/大纲”窗格中。

2. 使用鼠标右键新建幻灯片。

也可以使用单击鼠标右键的方法新建幻灯片。

1）调用“新建幻灯片”菜单命令

在“幻灯片/大纲”窗格的“幻灯片”选项卡下的缩略图上或空白位置单击鼠标右键，在弹出的快捷菜单中选择“新建幻灯片”选项，如图 4－1－2 所示。

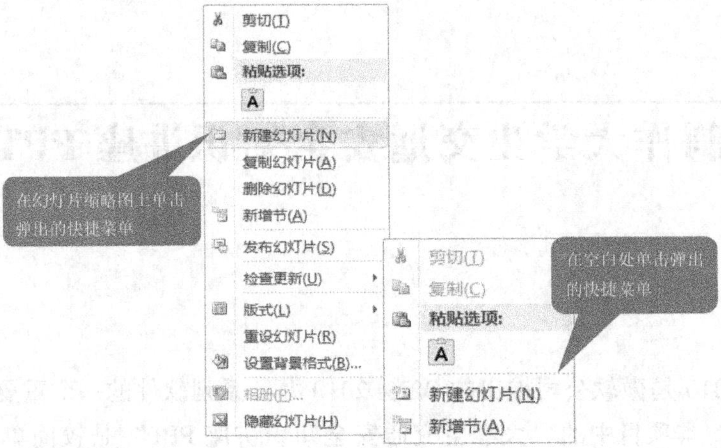

图 4-1-2　新建幻灯片（1）

2）查看新建的幻灯片

创建一个新幻灯片后，其缩略图显示在“幻灯片/大纲”窗格中，如图 4-1-3 所示。

图 4-1-3　新建幻灯片（2）

3. 使用组合键新建幻灯片

使用“Ctrl + M”组合键也可以快速创建新的幻灯片。

活动 2　保存设计好的文稿

演示文稿制作完成之后就可以将其保存起来，以方便使用。

单击“文件”选项卡中的“保存”或“另存为”选项，弹出“另存为”对话框，如图 4-1-4所示，在“文件名”文本框中输入文件名，这里输入“大学生交通安全知识讲座”，然后选择文件的保存类型（. pptx），单击“保存”按钮。

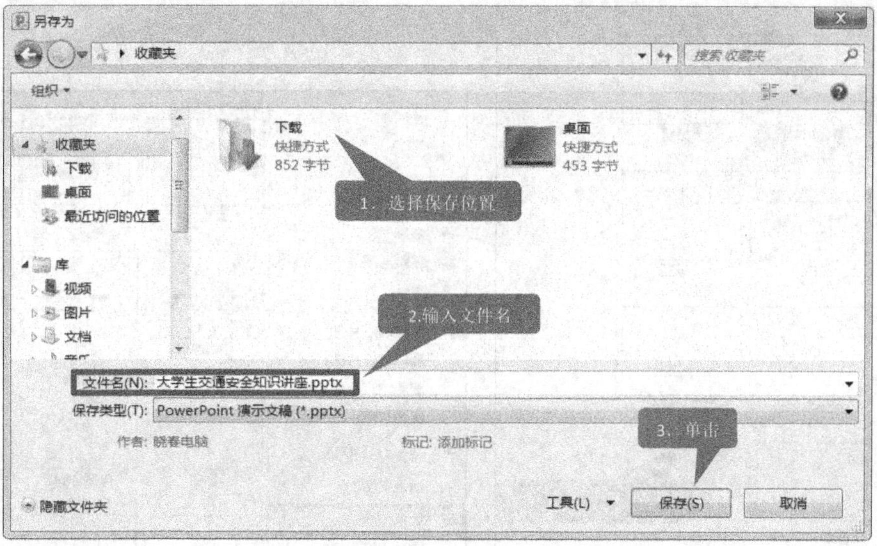

图 4 – 1 – 4　“另存为”对话框

小提示：

这里是对新建的演示文稿进行保存操作，弹出“另存为”对话框，但是如果文档不是第一次保存，单击“保存”按钮后则不再弹出“另存为”对话框。

活动 3　为幻灯片应用布局

新建的幻灯片可能不是需要的幻灯片格式，这时就可以对其进行应用布局。

1. 通过“开始”选项卡为幻灯片应用布局

单击“开始”选项卡，在“幻灯片”组中单击“新建幻灯片”按钮，从弹出的下拉菜单中可以选择所要使用的 Office 主题，即可为幻灯片进行布局，如图 4 – 1 – 5 所示。

2. 使用鼠标右键为幻灯片应用布局

在“幻灯片/大纲”窗格中的“幻灯片”选项卡下的缩略图上单击鼠标右键，在弹出的快捷菜单中选择“版式”选项，从其子菜单汇总选择要应用的新的布局，如图 4 – 1 – 6 所示。

活动 4　删除幻灯片

创建幻灯片之后，若发现不需要那么多幻灯片，可以直接使用“删除幻灯片”菜单命令。

在“幻灯片/大纲”窗格的“幻灯片”选项卡下，在第 3 张幻灯片的缩略图上单击鼠标右键，在弹出的菜单中选择“删除幻灯片”选项，幻灯片将被删除，“幻灯片/大纲”窗格中的“幻灯片”选项卡也不在显示，如图 4 – 1 – 7 所示。此外，还可以通过“开始”选项卡的“剪贴板”组中的“剪切”命令直接完成幻灯片的删除。

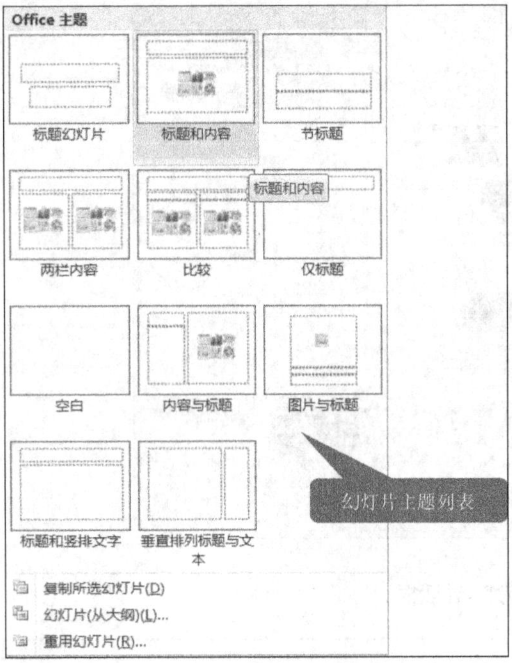

图 4－1－5　幻灯片主题列表

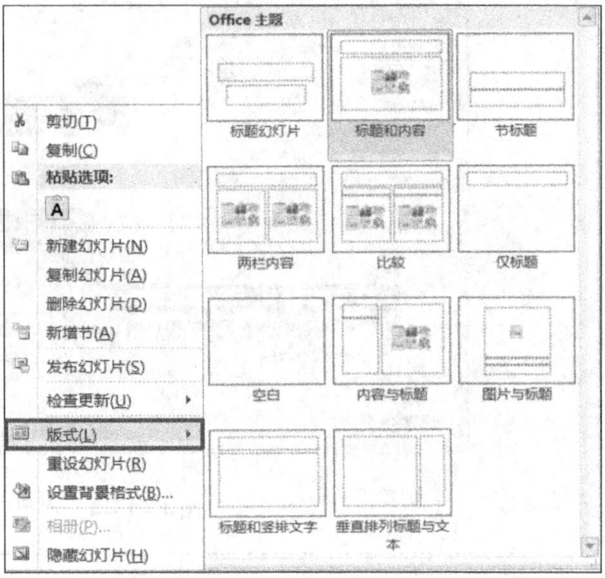

图 4－1－6　幻灯片应用布局

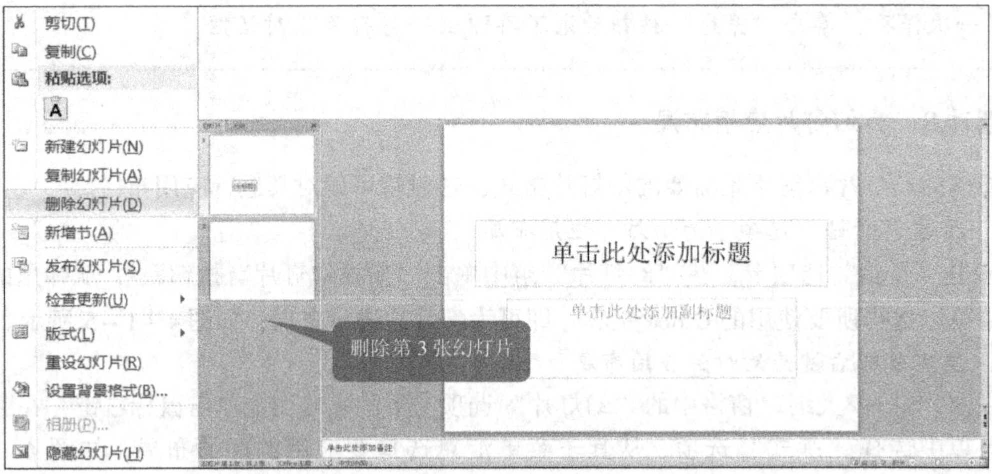

图 4－1－7　删除幻灯片

任务 2　文 字 设 置

完成幻灯片的操作之后，就可以开始输入“大学生交通安全知识讲座”PPT 的文本内容了。

活动 1　输入首页幻灯片标题

在普通视图中，会出现“单击此处添加标题”或“单击此处添加副标题”等提示文本框，这种文本框统称为“文本占位符”，如图 4－1－8 所示。

图 4－1－8　文本占位符

在 PowerPoint 2010 中，可以在“文本占位符”和“大纲”选项卡下直接输入文本。

1. 在“大纲”选项卡下输入标题

将鼠标光标定位在“大纲”选项卡下的幻灯片图标后，直接输入文本内容“大学生交通安全知识讲座”。

小提示：

在“大纲”选项卡中输入文本的同时，可以浏览所有幻灯片的内容。

2. 在“文本框”中输入文本

单击“幻灯片”窗格中的“文本框”“单击此处添加副标题”，然后输入文本内容“提纲”。

小提示：

在“文本占位符”中输入文本是最基本、最方便的一种输入方式。

活动 2　在文本框中输入文本

幻灯片中“文本占位符”的位置是固定的，如果想在幻灯片中的其他位置输入文本，可以通过绘制一个新的文本框来实现。在插入和设置文本框后，就可以在文本框中进行文本的输入。

1. 删除文本占位符

选择第 2 张幻灯片，然后选中文本占位符，按“Delete”键将其删除。

2. 插入文本框

单击“插入”选项卡中“文本”选项组中的“文本框”按钮，在弹出的下拉菜单中选择“横排文本框”选项，然后将光标移至幻灯片中，当光标变为向下的箭头时，按住鼠标左键并拖动，即可创建一个文本框。

3. 输入文本

单击文本框直接输入文本内容，这里输入“演讲大纲”4 个字。

4. 重复插入文本框并输入文字

再次插入横排文本框，然后输入文本内容，输入后的效果如图 4－1－9 所示。

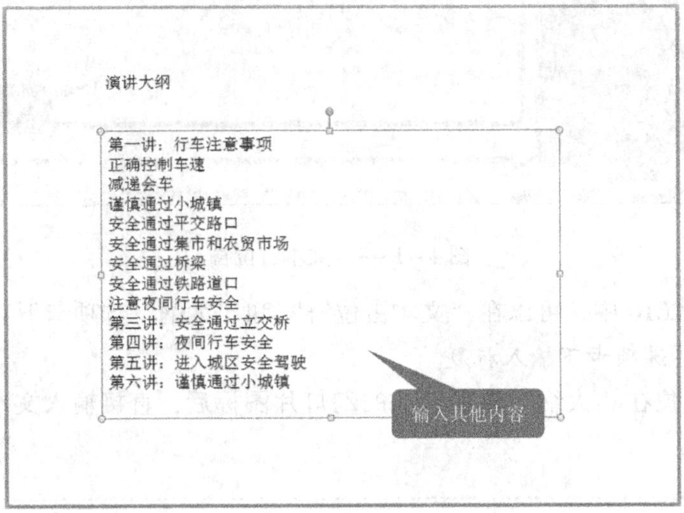

图 4－1－9　幻灯片效果（1）

活动 3　文字设置

对文本进行字号、大小和颜色的设置，可以让幻灯片的内容层次有别，而且更醒目。

1. 在字体对话框中设置标题字体

选择“演讲大纲”4 个字，然后单击鼠标右键，在弹出的快捷菜单中选择“字体”菜单命令，弹出“字体”对话框。设置中文字体类型为“微软雅黑”，字号为“40”，字体样式为“加粗”，设置后，单击“确定”按钮，如图 4－1－10 所示。

2. 在“字体”选项组中设置正文字体

选择要设置同样字体的文本后，单击“字体”选项组中“字体”右侧的下拉按钮，在弹出的列表中选择一种字体，如“华文新魏”，字号为“28”，如图 4－1－11 所示。

3. 用快捷菜单设置其他正文文本字体

选择文本后，在弹出的快捷菜单中设置文本字体为“华文楷体”，字号大小为“24”，如图 4－1－12 所示。

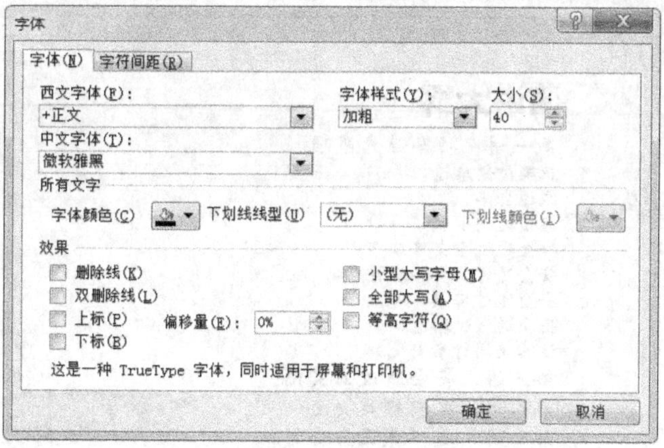

图 4－1－10 “字体”对话框

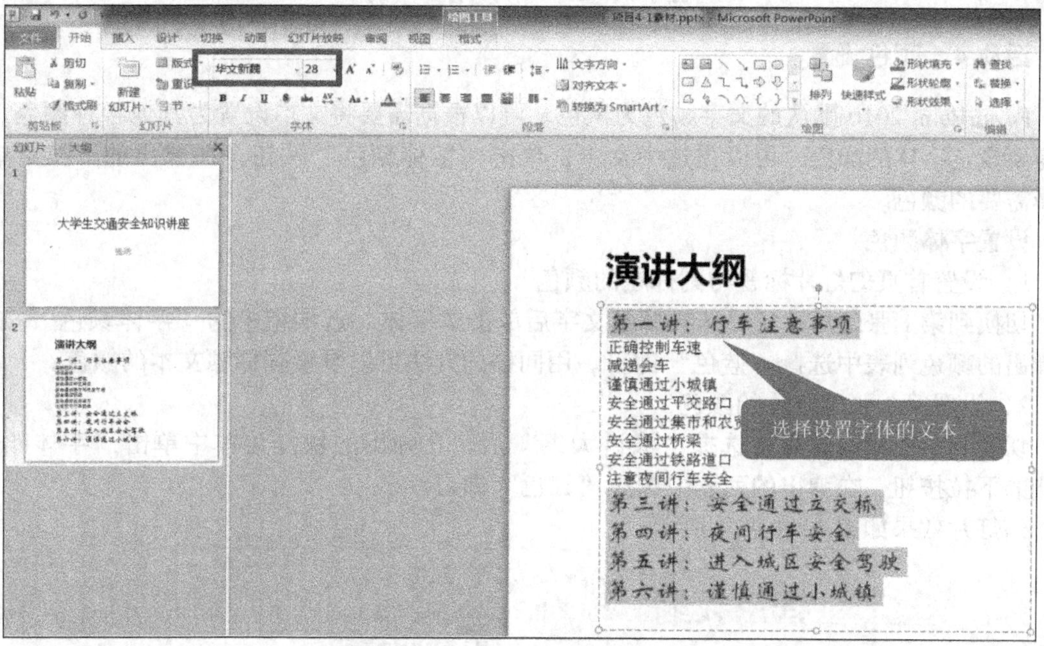

图 4－1－11 选择文字

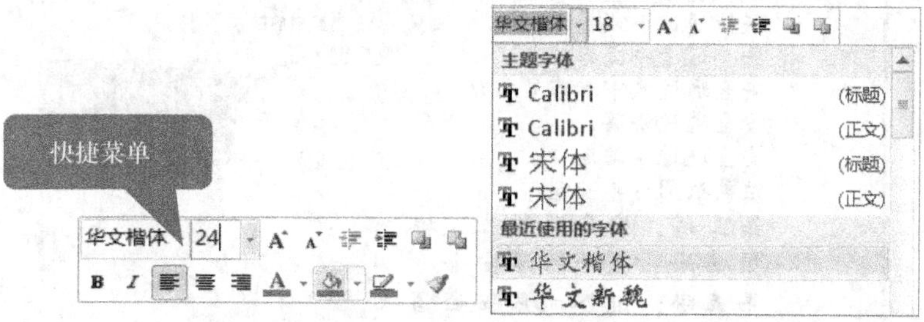

图 4－1－12 快捷菜单

设置字体样式后，即可查看幻灯片效果，如图 4－1－13 所示。

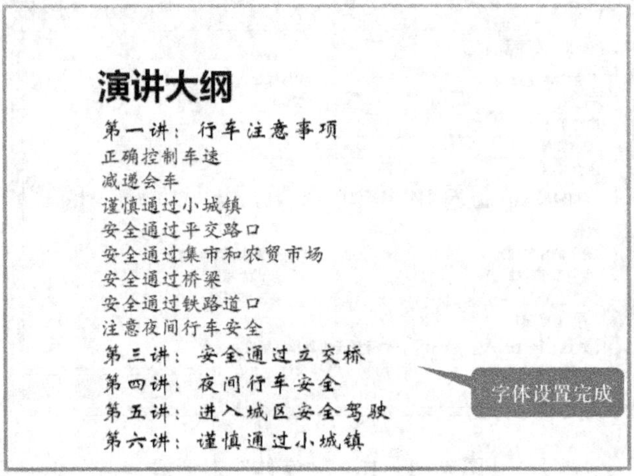

图 4－1－13　幻灯片效果（2）

活动 4　颜色设置

PowerPoint 2010 默认的文字颜色为黑色。可以根据需要将文本设置为其他各种颜色。如果需要设定字体的颜色，可以先选中文本，单击“字体颜色”按钮，在弹出的下拉菜单中选择需要的颜色。

设置字体颜色

1）设置首页幻灯片标题与副标题的颜色

切换到第 1 张幻灯片后，选择标题文字后单击“字体”选项组中的“字体颜色”按钮，在弹出的颜色列表中选择“蓝色”即可。用同样的方法可以设置副标题文本的颜色。

2）设置第 2 张幻灯片的颜色

切换到第 2 张幻灯片，选择“演讲大纲”后，在弹出的快捷菜单中单击“字体颜色”右侧的下拉按钮，在弹出的列表中选择“红色”即可。

幻灯片效果如图 4－1－14 所示。

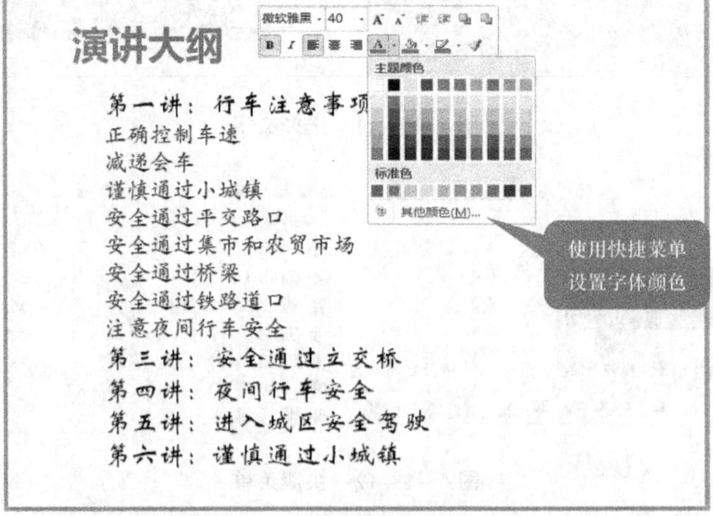

图 4－1－14　幻灯片效果（3）

任务3 添加项目符号与编号

活动1 设置段落样式

设置段落样式包括段落对齐方式、缩进及间距与行距等方面的设置。段落对齐方式包括左对齐、右对齐、居中对齐、两端对齐和分散对齐等。在“大学生交通安全知识讲座”PPT文稿中，将标题设置为居中对齐，将正文内容设置为左对齐。

1. 设置标题居中对齐

切换到第2张幻灯片，选择标题所在的文本框后，在“段落”选项组中单击“居中对齐”按钮。

2. 设置正文内容左对齐

选择正文内容后，单击鼠标右键，在弹出的快捷菜单中选择“段落”菜单命令，弹出“段落”对话框，在其中设置段落对齐方式为“左对齐”，如图4－1－15所示。

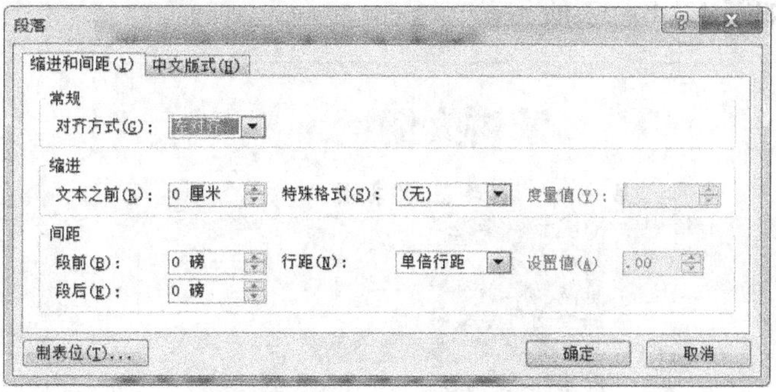

图4－1－15 “段落”对话框

小提示：

使文本左对齐的快捷键为“Ctrl＋L”；使文本居中对齐的快捷键为“Ctrl＋E”；使文本右对齐的快捷键为“Ctrl＋R”。

活动2 设置文本段落缩进

段落缩进指的是段落中的行相对于页面左边界和右边界的位置。段落缩进方式主要包括左缩进、右缩进、悬挂缩进和首行缩进等。悬挂缩进是指段落首行的左边界不变，其他各行的左边界相对于页面左边界向右缩进一段距离。首行缩进是指将段落的第一行从左向右缩进一定的距离，首行外的各行都保持不变。

1. 设置段落缩进

将光标定位在第1段文字处，单击鼠标右键，在弹出的快捷菜单中选择“段落”菜单命令，弹出“段落”对话框，设置段落缩进为“1 厘米”，用同样的方法设置其他段落缩进为“1 厘米”，如图 4－1－16 所示。

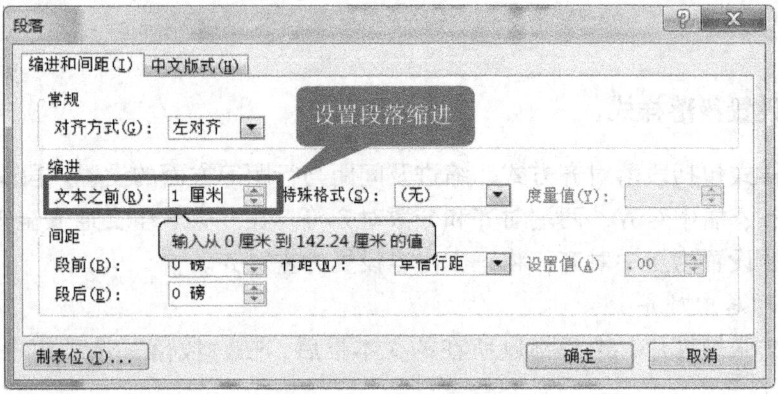

图 4－1－16　设置段落缩进

2. 设置其他内容的段落样式

选择第 2～6 行文本，使用同样的方法将其段落缩进设置为文本之前“2 厘米”。

段落缩进效果如图 4－1－17 所示。

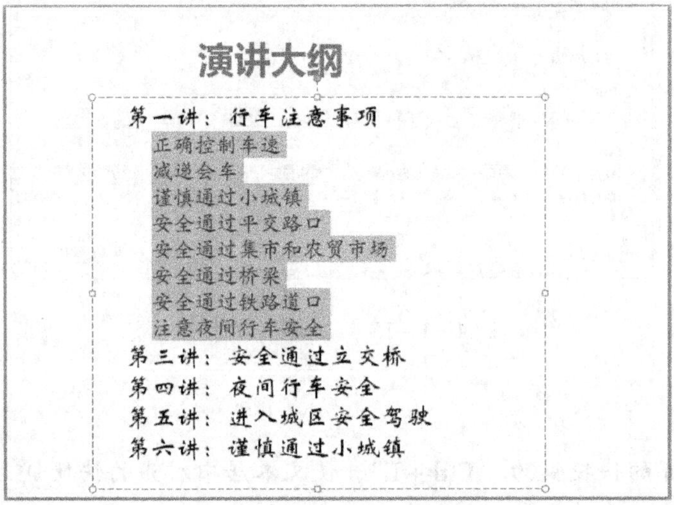

图 4－1－17　段落缩进效果

活动 3　添加和更改项目符号或者编号

项目符号或者编号是放在文本前的点或者其他符号，起强调作用。合理地使用项目符号和编号可以使文档的层次结构更加清晰、更有条理。

1. 为文本添加项目符号或者编号

在第 2 张幻灯片中按住“Ctrl”键，选择要添加项目符号的文本，单击“开始”选项卡“段落”组中的“项目符号”按钮，即可为文本添加项目符号，如图 4－1－18 所示。

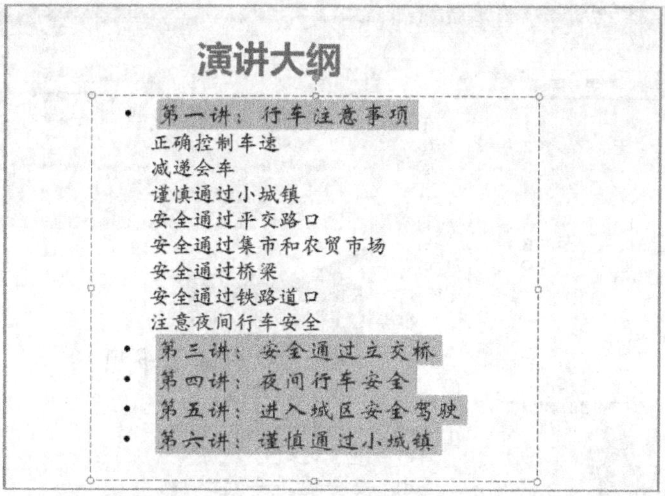

图 4－1－18　添加项目符号与编号的效果

小提示：

单击“开始”选项卡“段落”组中的“编号”按钮，即可为文本添加编号。

2. 更改项目符号或者编号的外观

（1）选择已添加项目符号或者编号的文本，这里选择添加项目编号的文本，如图 4－1－19 所示。

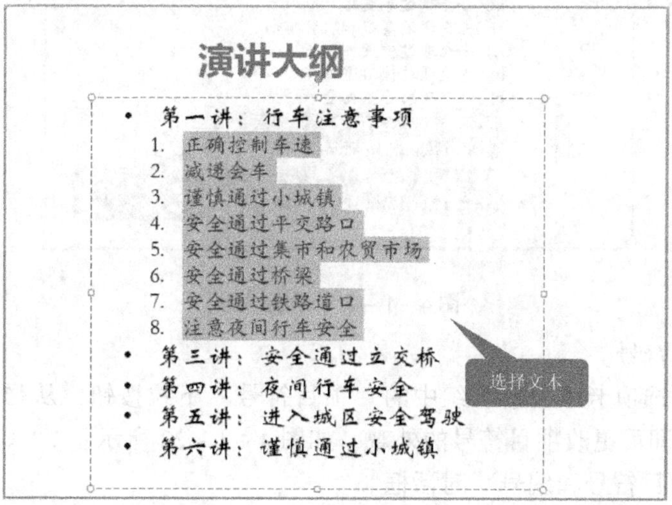

图 4－1－19　选择文本

（2）更改项目编号。

单击“开始”选项卡“段落”组中的“项目编号”下拉按钮，从弹出的下拉列表中选择需要的项目编号，即可更改项目编号的外观，如图 4－1－20 所示。

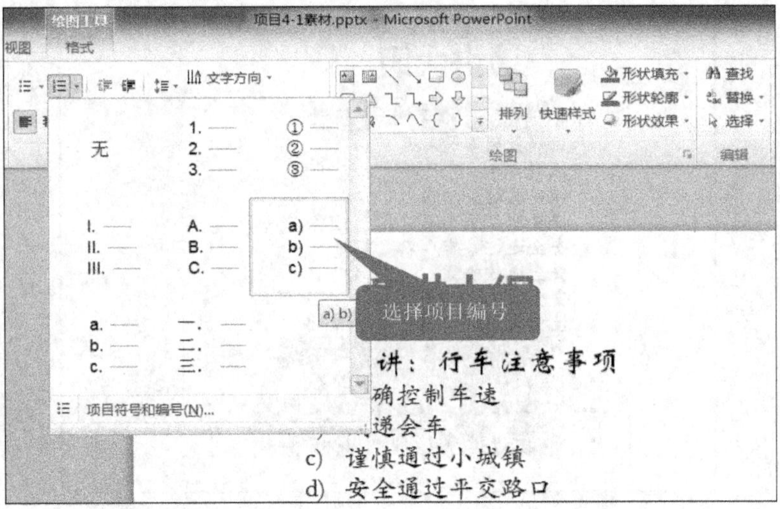

图 4 – 1 – 20　选择“项目编号”的外观

(3) 选择要更改的项目符号的文本。

按住“Ctrl”键选择要更改项目符号的文本，如图 4 – 1 – 21 所示。

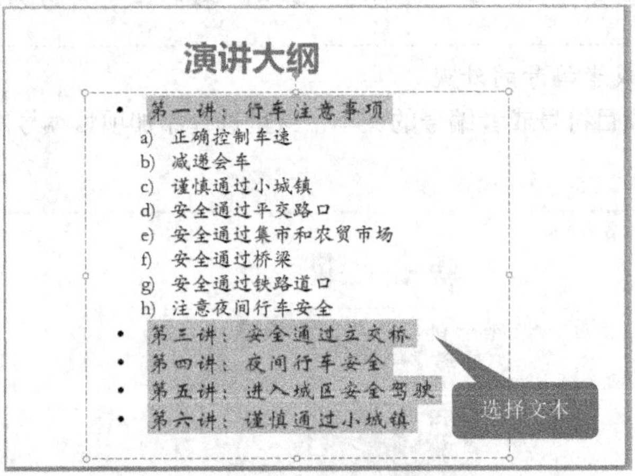

图 4 – 1 – 21　选择文本

(4) 更改项目符号。

单击“开始”选项卡“段落”组中的“项目符号”下拉按钮，从弹出的下拉列表中选择需要的项目符号即可更改项目符号的外观，如图 4 – 1 – 22 所示。

(5) 调用“项目符号和编号”对话框。

单击下拉列表中的“项目符号和编号”选项，弹出“项目符号和编号”对话框，如图 4 – 1 – 23所示。

(6) 自定义项目符号。

单击“自定义”按钮，弹出“符号”对话框，可以设置新的图片为项目符号的新外观。选择一个符号后单击“确定”按钮，如图 4 – 1 – 24 所示。

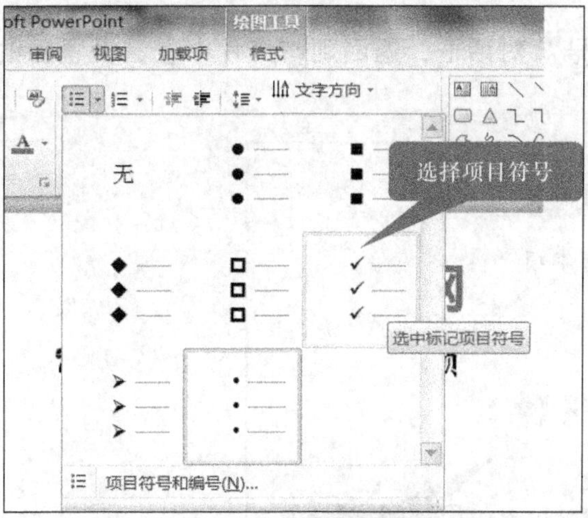

图 4－1－22　更改项目符号的外观

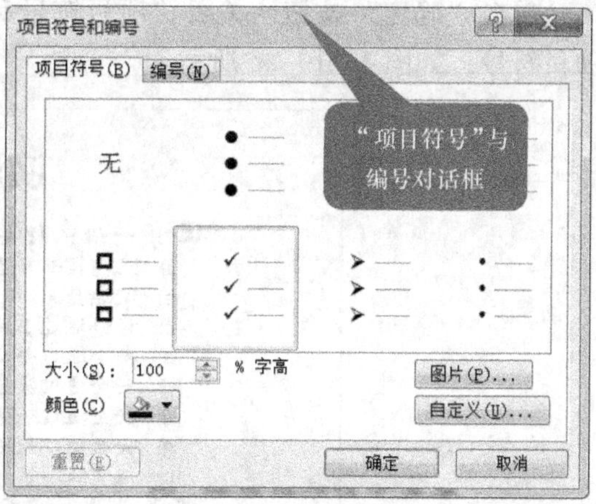

图 4－1－23　“项目符号和编号”对话框

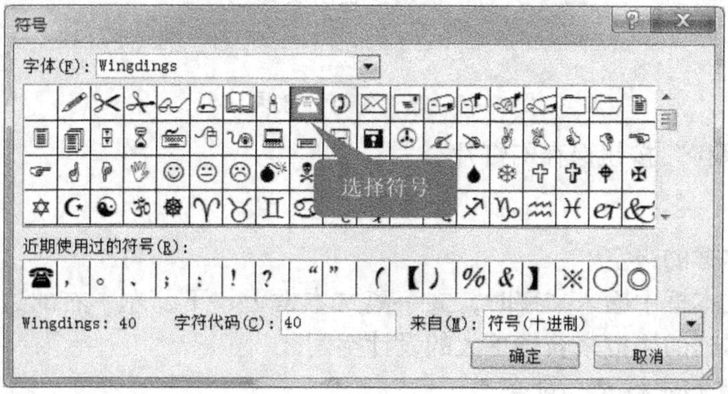

图 4－1－24　选择符号

（7）返回“项目符号和编号”对话框。

返回“项目符号和编号”对话框，可以看到当前使用的项目符号已经发生变化，如图 4－1－25所示。

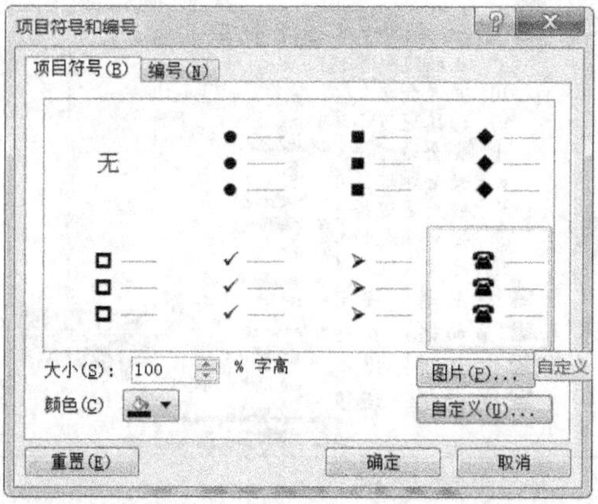

图 4－1－25　添加符号

（8）在幻灯片中查看效果。

单击“确定”按钮，关闭“项目符号和编号”对话框，返回到幻灯片中查看设置后的项目符号，如图 4－1－26 所示。

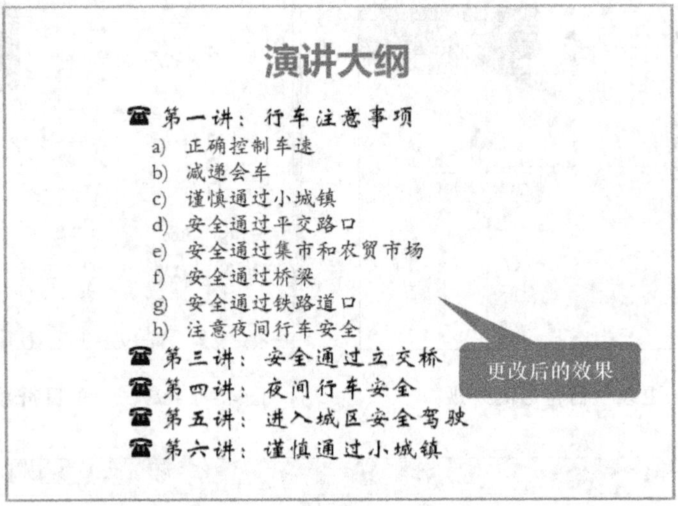

图 4－1－26　幻灯片效果（4）

最后单击“保存”按钮保存幻灯片。

【项目拓展】

如何减少文本框的边空？

在幻灯片的文本框中输入文字时，文字离文本框上、下、左、右的边空是默认设置的，可以通过减少文本框的边空来获得更大的设计空间。

1. 选择“设置形状格式”命令

选中要减少文本框边空的文本框，然后用鼠标右键单击文本框边空，在弹出的快捷菜单中选择设置形状格式命令，如图 4－1－27 所示。

图 4－1－27　选择“设置形状格式”

2. 选择“文本框”选项

在弹出的“设置形状格式”对话框中，选中左侧的“文本框”选项。

3. 调整内部边距

在“内部边距”区域的“左”“右”“上”和“下”文本框中，将数值重新设置为“0”厘米，如图 4－1－28 所示。

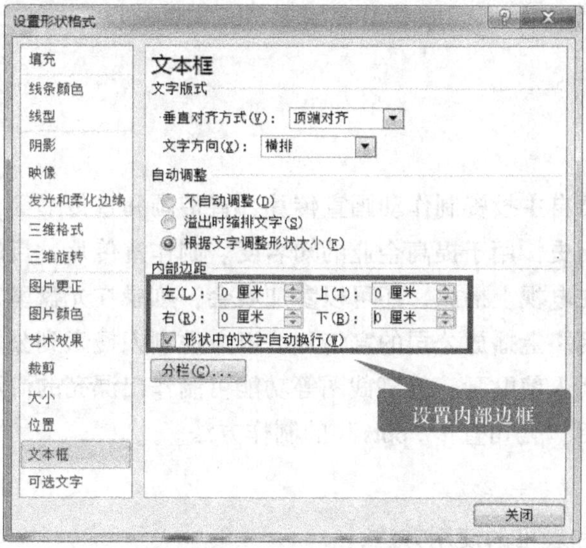

图 4－1－28　设置“内部边距”

4. 查看效果

单击“关闭”按钮即可完成文本框边空的设置，最终效果如图 4－1－29 所示。

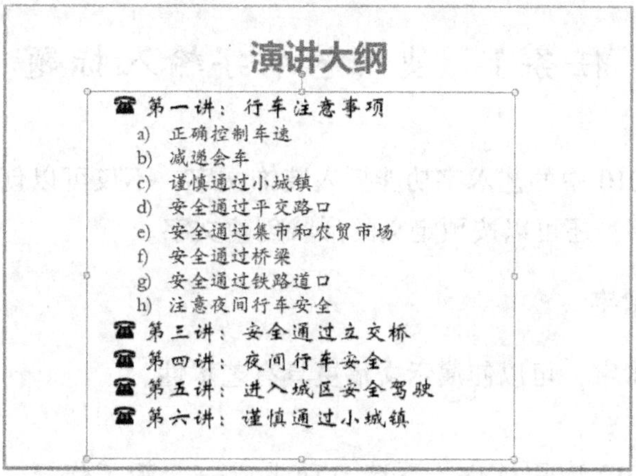

图 4－1－29　幻灯片效果（5）

练一练

1. 在制作演示文稿的过程中，会根据每张幻灯片中所需放置的内容来选择幻灯片的版式，那么如何对现有幻灯片的版式进行更改呢？

2. 在制作演示文稿的过程中，有时会根据需要打开多个演示文稿，如何能一次打开多个演示文稿呢？

项目二

公司宣传 PPT 的制作分析

【项目介绍】

现代企业经常需要自主投资制作动画宣传片、宣传画和宣传书等，以介绍自有业务、产品、企业规模及人文历史，用于提高企业的知名度。制作宣传片，目的是推广企业，宣传片制作完成之后，可以在电视上播放，还可以参加展会，刻录在光盘里，以方便客户了解公司及其产品，还可以在网络上播放公司的宣传片，以方便别人搜索到公司。在 PowerPoint 2010 中使用表格和图片，插入剪贴画、屏幕截图等功能可制作出漂亮的演示文稿，并且可以提高工作效率。本项目介绍“公司宣传 . pptx”的制作方法。

【学习目标】

（1）熟悉艺术字和表格的使用方法；

（2）掌握图片的使用方法；

（3）熟悉插入剪贴画的方法。

任务 1　使用艺术字输入标题

利用 PowerPoint 2010 中的艺术字功能插入装饰文字，不仅可以创建带阴影的、扭曲的、旋转的和拉伸的艺术字，还可以按预定义的形状创建文字。

活动 1　插入艺术字

向 PPT 中插入艺术字，可以使演示文稿更具有艺术性。

1. *应用主题样式*

打开 PowerPoint 2010 应用软件，系统自动生成一个新工作簿，将其保存为“公司宣传 . pptx”。单击“设计”选项卡下的“主题”选项组中的右侧下拉按钮，在弹出的主题样式列表（图 4 – 2 – 1）中选择“凸显”主题样式。

2. *选择艺术字样式*

删除文本占位符后在功能区中单击“插入”选项卡“文本”选项组中的“艺术字”按钮，在弹出的“艺术字”下拉列表中选择“填充 – 蓝色，强调文字颜色 2，粗糙棱台”选项，如图 4 – 2 – 2 所示。

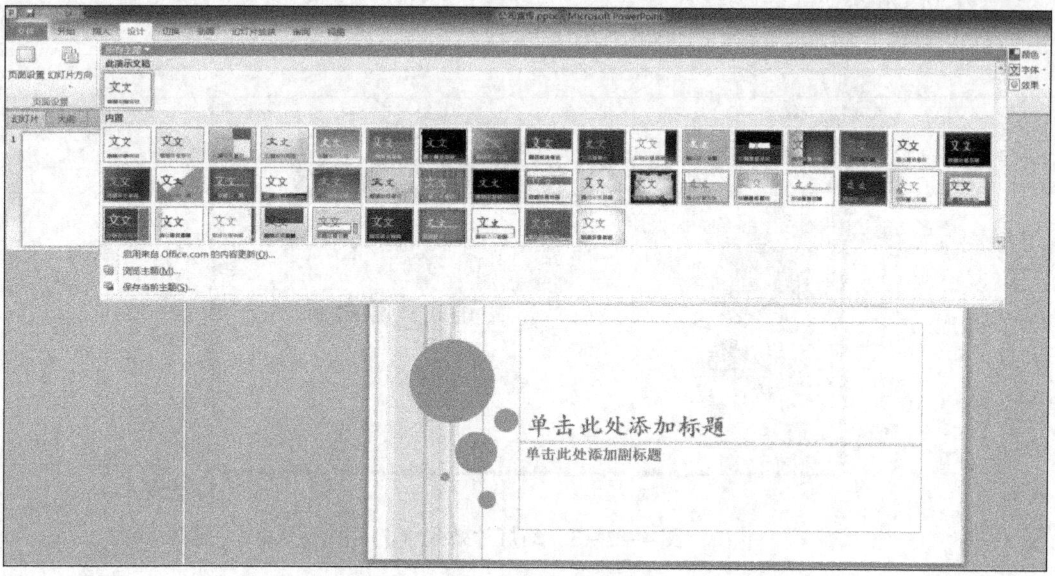

图 4-2-1 主题样式列表

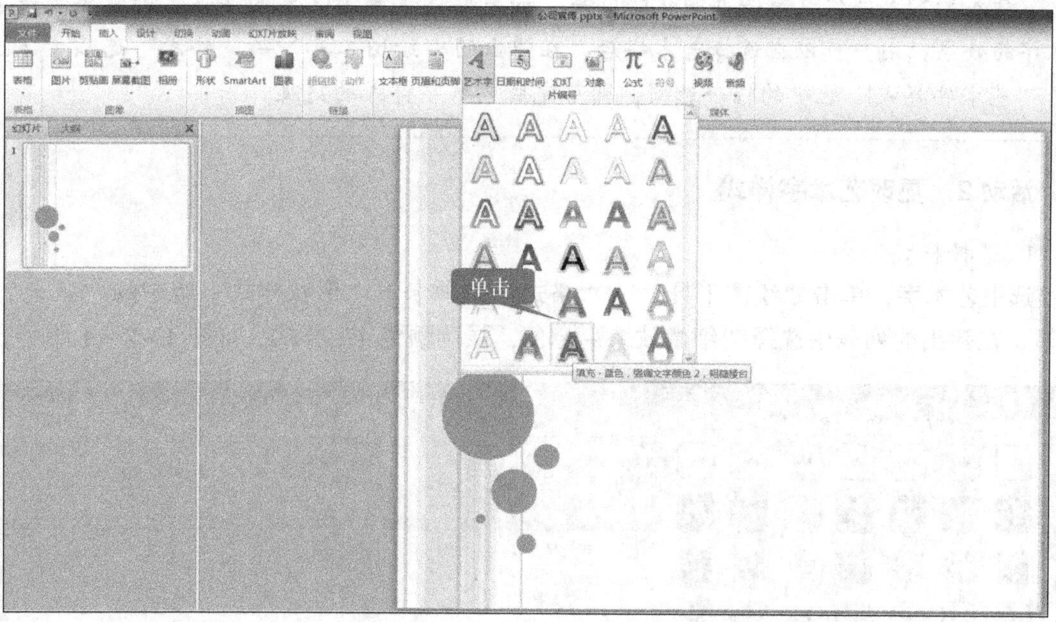

图 4-2-2 选择艺术字样式

3. 输入标题内容

在“请在此处放置您的文字”处单击输入标题“苹果公司产品宣传”，然后调整文本框的位置和大小，输入副标题内容“主讲人：乔布斯”，设置字体样式为“宋体”，大小为“32”，加粗，文字阴影，字体颜色为“黑色”，居中显示，效果如图 4-2-3 所示。

图 4-2-3　幻灯片效果（6）

小提示：

插入的艺术字仅具有一些美化的效果，如果要设置更为艺术的字体，则需要更改艺术字的效果，用户可以在选择艺术字后，在弹出的“绘图工具”→“格式”选项卡下选择“艺术字样式”组中的任一选项，即可完成艺术字样式的更改。

活动 2　更改艺术字样式

1. 选择样式

选中艺术字，单击“绘图工具”→“格式”选项卡下“形状样式”组中的“其他”按钮，在弹出的列表中选择“细微效果－金色，强调颜色 4”样式，如图 4-2-4 所示。

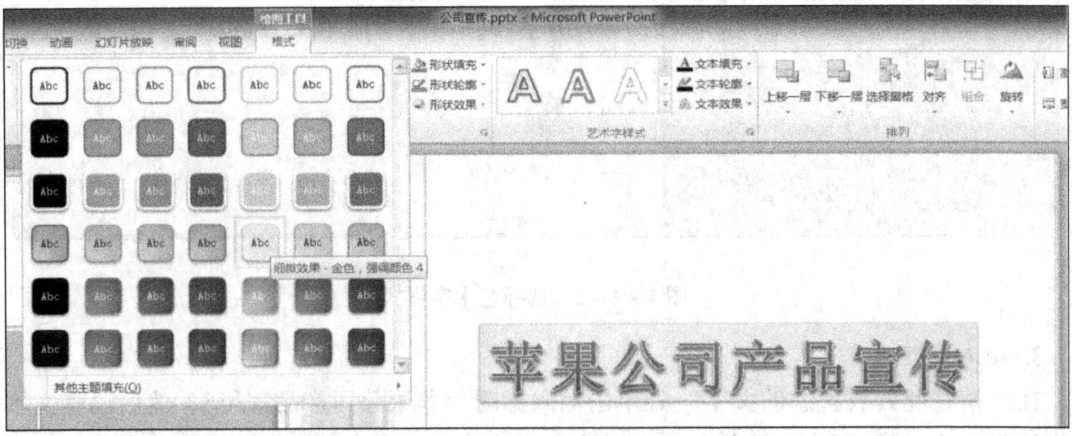

图 4-2-4　选择形状样式

2. 设置形状效果

单击“形状样式”选项组中的“形状效果”按钮，在弹出的下拉列表中选择“发光”列表中的“红色，18pt 发光，强调文字颜色 3”。

> **小提示：**
>
> 在“形状样式”选项组中还可以设置“形状填充”和“形状轮廓”。

任务 2　制作第 2 张幻灯片

公司概况是公司宣传 PPT 中很重要的一项，是对公司的整体介绍和说明。

活动 1　新建幻灯片，输入标题和内容

新建样式为“标题和内容”的幻灯片，在第 1 个“单击此处添加标题”处输入“公司概况”，字体样式为“华文琥珀”，字体大小为“54”，字体颜色为“蓝－灰，文字 2”。在第 2 个“单击此处添加文本”处输入素材中的公司概况内容，并设置字体样式为“方正姚体”，字体大小为“24”，字体颜色为“黑色”。为段落添加自定义的项目符号，效果如图 4－2－5所示。

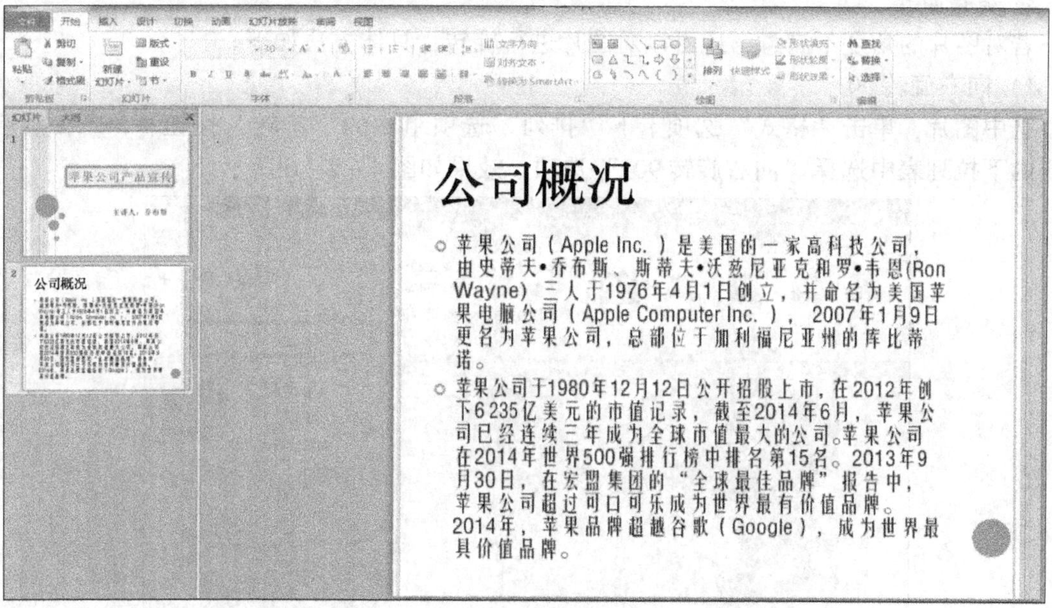

图 4－2－5　设置样式

活动 2　图片设置

在制作幻灯片时适当插入一些图片可达到图文并茂的效果。

1. 插入图片

新建一张幻灯片，将文本占位符删除，然后单击“插入”选项卡下“插图”选项组中

的“图片”按钮，弹出“插入图片”对话框，在“查找范围”中，选择素材中的“图片背景.jpg”，并单击“插入”按钮。

2. 调整图片的大小

插入图片的大小可以根据当前幻灯片的情况进行调整，在结束幻灯片中插入图片后，发现图片并没有充满整个幻灯片，这时就可以对其进行调整。

1）拖动控制点调整图片的大小

选中插入的图片，将鼠标指针移至图片四周尺寸控制点上，按住鼠标左键拖拽，就可以更改图片的大小。

2）多次调整使图片适合幻灯片

用鼠标选中图片后，拖动鼠标将其拖到合适的位置，调整图片的大小，最后使其充满整个幻灯片。

3. 裁剪图片

调整图片的大小之后，发现图片的长宽比例与幻灯片不同，为了不使图片变形可以对图片进行裁剪

（1）选中图片，然后在“图片工具”→“格式”选项卡的“大小”组中单击“裁剪”按钮。

（2）图片四周出现控制点，向内拖动左侧、右侧的中心裁剪控制点，裁剪图片。裁剪后在幻灯片的空白处单击，退出裁剪操作，然后调整图片位置即可。

4. 旋转图片

若对图片的角度不满意，还可以对图片进行旋转，具体方法如下。

1）向右旋转 90°

选中图片，单击“格式”选项卡下“排列”选项组中的“旋转”按钮，然后在弹出的下拉列表中选择“向右旋转 90°”选项，效果如图 4-2-6 所示。

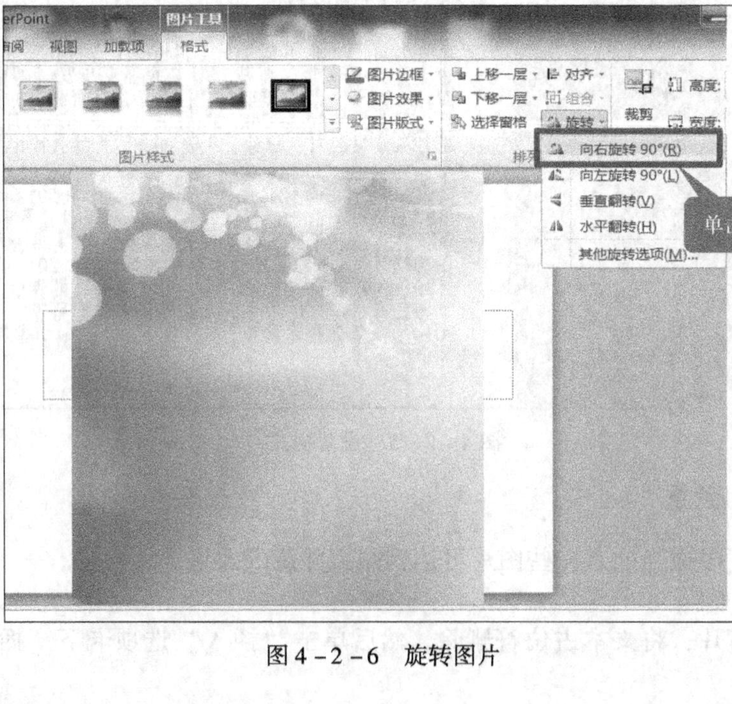

图 4-2-6　旋转图片

2）再次向右旋转 90°

在“旋转”下拉列表中选择“其他旋转选项”，弹出“大小和位置”对话框，在“尺寸和旋转”区域的“旋转”微调框中将“90°”改为“180°”，然后单击“关闭”按钮，图片会再次向右旋转 90°。

5. 为图片设置样式

图片样式包括阴影、发光、映像、柔化边缘、凹凸和三维旋转等效果，用户可以为图片设置样式，改变图片的亮度、对比度和模糊等。

1）选择图片样式

选择图片后单击“图片工具”→“格式”，单击“图片样式”组中左侧的“其他”按钮，在弹出的列表中选择“金属框架”图片样式，如图 4－2－7 所示。

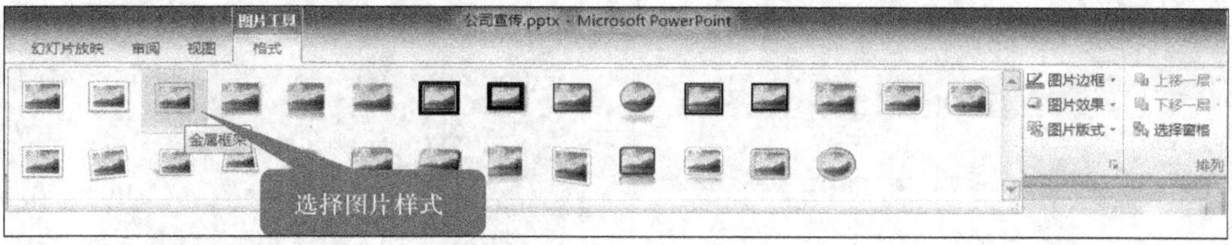

图 4－2－7　选择图片样式

2）设置图片效果

单击“图片工具”→“格式”选项卡的“图片效果”下拉按钮，在弹出的列表中选择“棱台”组中的“圆”图片效果，如图 4－2－8 所示。

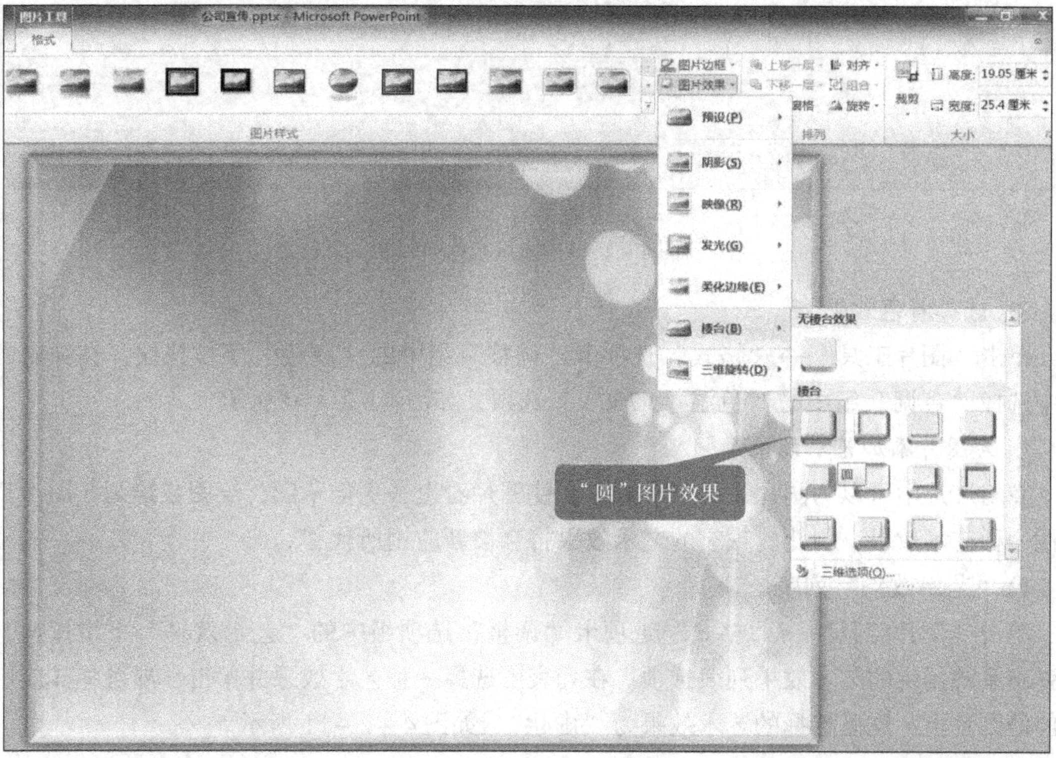

图 4－2－8　“圆”图片效果

6. 为图片设置颜色效果

可以通过调整图片的颜色浓度（饱和度）和色调（色温），对图片重新着色或者更改颜色的透明度，也可以对图片应用多个颜色效果。

1）调整颜色饱和度

选择图片后，单击“图片工具”→“格式”选项卡“调整”组中的“颜色”下拉按钮，在弹出的菜单中选择“颜色饱和度”区域的“饱和度：400%”选项，如图 4－2－9 所示。

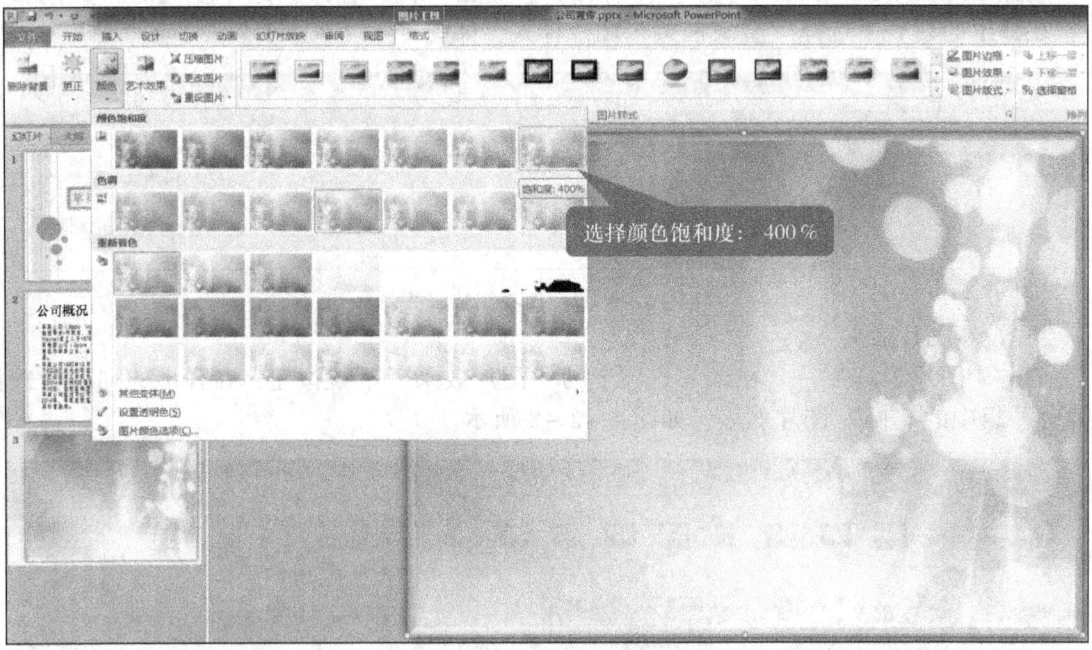

图 4－2－9　选择颜色饱和度

2）选择着色效果

单击“图片工具”→“格式”选项卡“调整”组中的“颜色”下拉按钮，在弹出的列表中选择“色调”组中的“色温：4 700 k”选项，如图 4－2－10 所示。

7. 为图片添加艺术效果

在幻灯片中可以为图片添加艺术效果，使图片看上去更像草图、绘图或绘画。图片只能应用一种艺术效果，因此，现有的艺术效果将会被新应用所代替。

1）“艺术效果”列表

单击“图片工具”→“格式”选项卡“调整”选项组中的“艺术效果”下拉按钮，即可弹出系统提供的艺术效果列表选项。在列表中选择一种艺术效果并单击，即可将其应用到当前的图片上，这里选择的艺术效果为“虚化”，如图 4－2－11 所示。

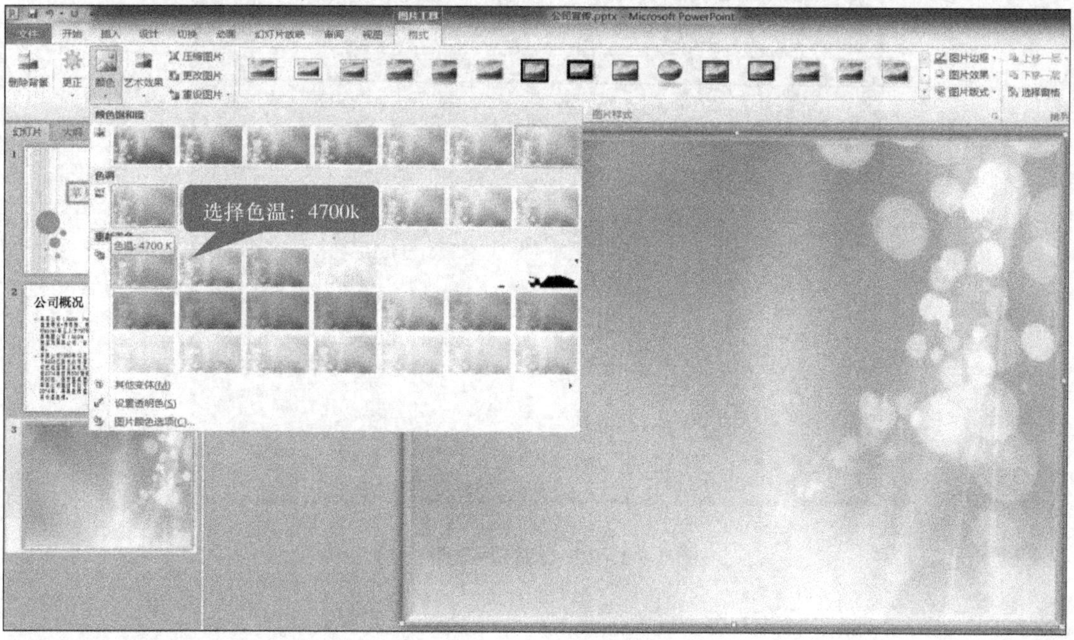

图 4－2－10　选择色温

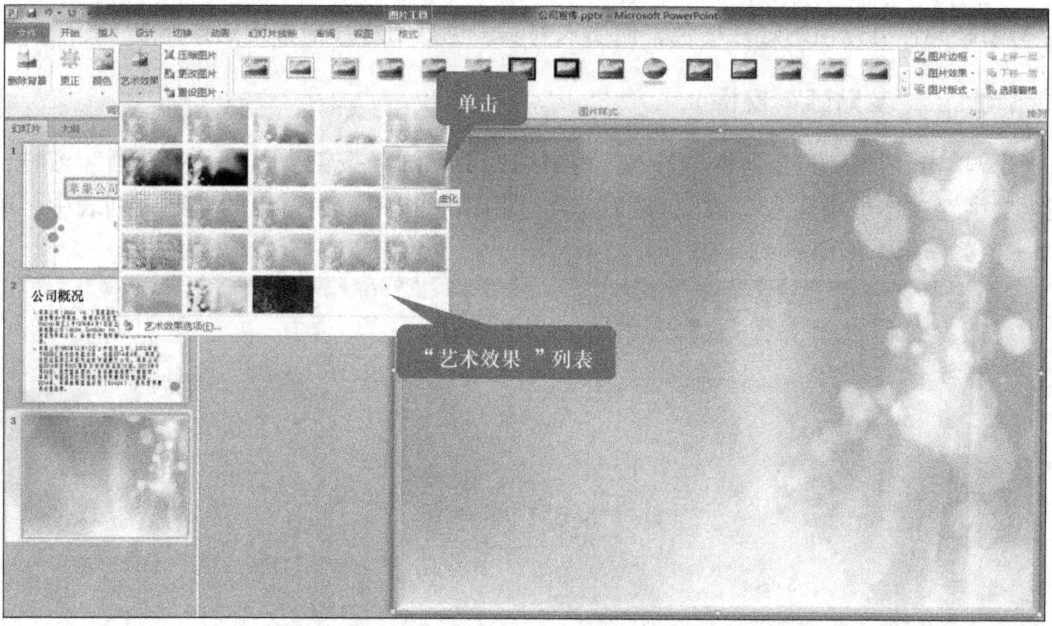

图 4－2－11　“艺术效果”列表

2）查看设置效果

此时，即可看到幻灯片应用了新的艺术效果，如图 4－2－12 所示。

图 4-2-12　幻灯片效果（7）

任务 3　插入剪贴画

剪贴画同样可以使幻灯片增色，而插入剪贴画也是幻灯片中常用的操作之一。

活动 1　“剪贴画”窗格

（1）单击“插入”选项卡“图像”组中的“剪贴画”按钮，弹出“剪贴画”窗格，在“搜索文字”文本框中输入“树”，然后单击“搜索”按钮，在弹出的剪贴画列表中，单击选择一个剪贴画，如图 4-2-13 所示。

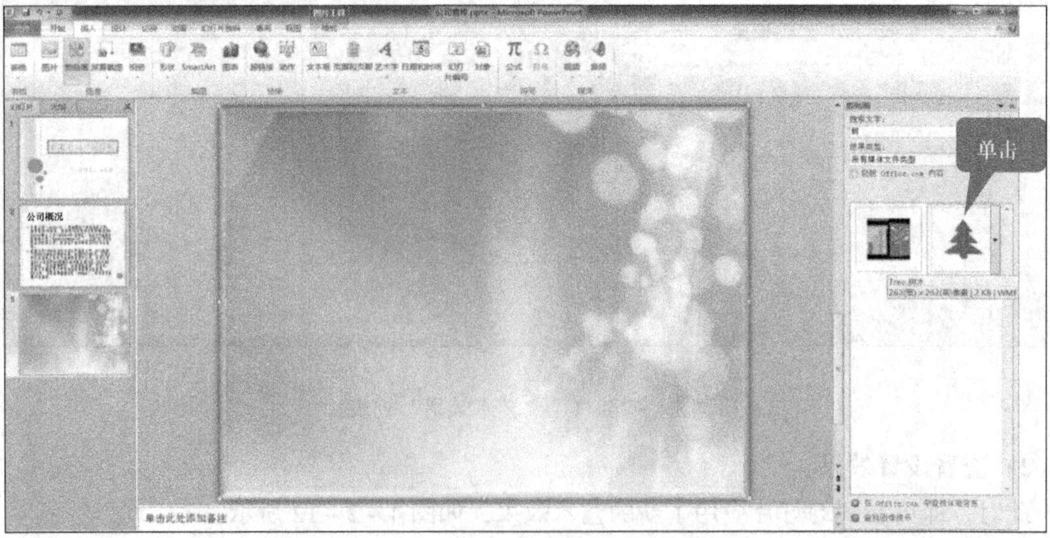

图 4-2-13　“剪贴画”窗格

(2) 插入剪贴画，调整其大小，并拖拽至适当的位置，如图 4－2－14 所示，关闭“剪贴画”窗格。

图 4－2－14 插入的剪贴画

活动 2 使用形状

在幻灯片中添加一个形状，或者合并多个形状，可以生成一个绘图或一个更为复杂的形状。添加一个或多个形状后还可以在其中添加文字，项目符号、编号，快速样式等内容。

1. 绘制形状

在幻灯片中，单击“开始”选项卡“绘图”组中的“形状”按钮，弹出“形状”下拉列表，在其中选择要使用的形状后单击即可

1）选择形状样式

单击“开始”选项卡“绘图”组中的“形状”按钮，在弹出的菜单中选择“圆角矩形”选项。

2）绘制形状

此时鼠标指针在幻灯片中显示为“＋”，在幻灯片空白位置处单击，按住鼠标左键不放并拖动到适当位置处释放鼠标，重复操作绘制其他形状，如图 4－2－15 所示。

2. 排列形状

在幻灯片中插入形状之后还可以对其进行调整，包括调整形状的大小和位置。选择图形后，拖动鼠标适当排列图形的位置，排列后如图 4－2－16 所示。

小提示：

在调整形状时，也可以使用“绘图工具”选项卡下“排列”组合中的各项命令选项，包括上移一层、下移一层、左对齐、右对齐、横向分布、纵向分布等。

图 4－2－15　绘制形状

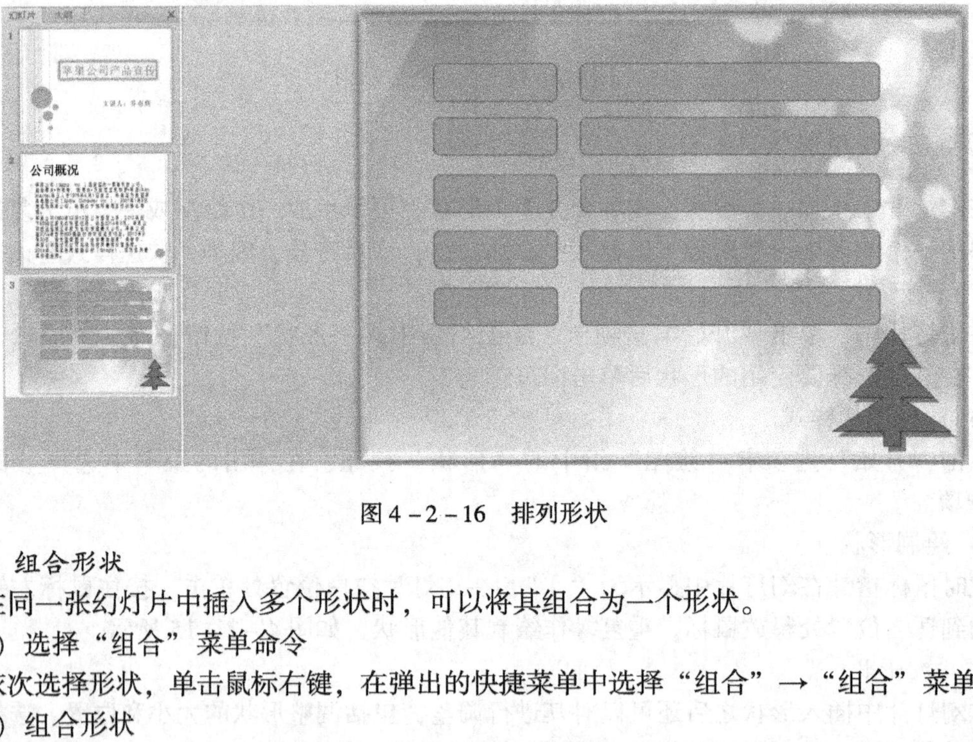

图 4－2－16　排列形状

3. 组合形状

在同一张幻灯片中插入多个形状时，可以将其组合为一个形状。

1）选择“组合”菜单命令

依次选择形状，单击鼠标右键，在弹出的快捷菜单中选择“组合”→“组合”菜单命令。

2）组合形状

如图 4－2－17 所示，将所选中图形组合成一个形状。

4. 设置形状的样式

设置形状的样式主要包括设置填充形状的颜色、填充形状轮廓的颜色和形状的效果等。

1）设置形状的样式

选择第 2 列第 1 个矩形后，单击“图片工具”→“格式”选项卡“形状样式”组中的“其他”按钮，在弹出的列表中选择“浅色 1 轮廓，彩色填充－蓝色，强调颜色 2”样式，如图 4－2－18 所示。

图 4－2－17 幻灯片效果（8）

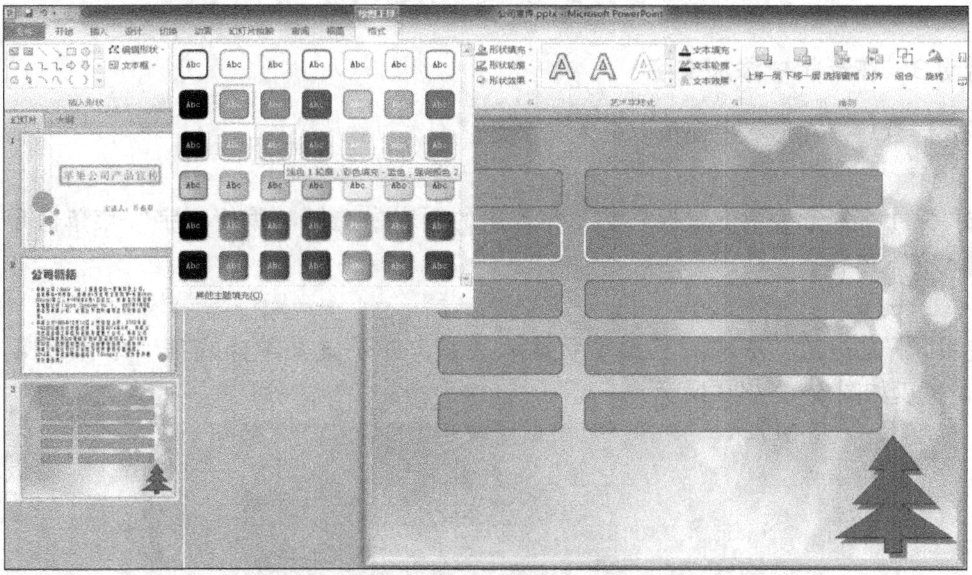

图 4－2－18 设置形状的样式

2）设置其他形状样式

依次为其他形状选择样式：“细微效果－红色，强调颜色 3”“中等效果－金色，强调颜色 4”“强烈效果－冰蓝，强调颜色 5”。设置后如图 4－2－19 所示。

小提示：

如果系统提供的形状样式不能满足用户的需求，用户可以通过“图片工具”→“格式”选项卡“形状样式”组中的“形状填充”“形状轮廓”和“形状效果”选项自定义形状样式。

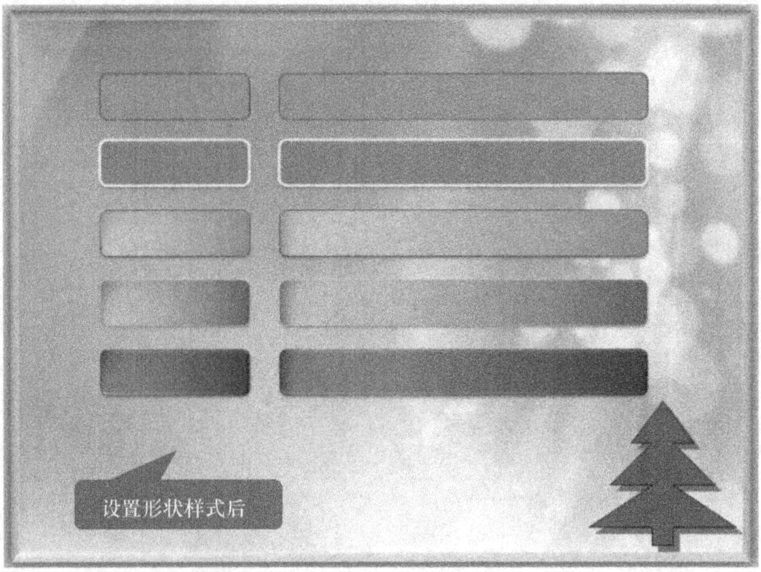

图 4－2－19　幻灯片效果（9）

活动 3　在形状中添加文字

插入形状后，在形状中还可以插入文字。

1. 选择“组合”菜单命令

选择第 1 个矩形，单击鼠标右键，在弹出的列表中选择“编辑文字”菜单命令，在形状中输入文本内容。

2. 组合形状

使用同样的方法，依次为其他形状输入文字，并设置文本样式为“宋体、18 号，居中”，设置后如图 4－2－20 所示。

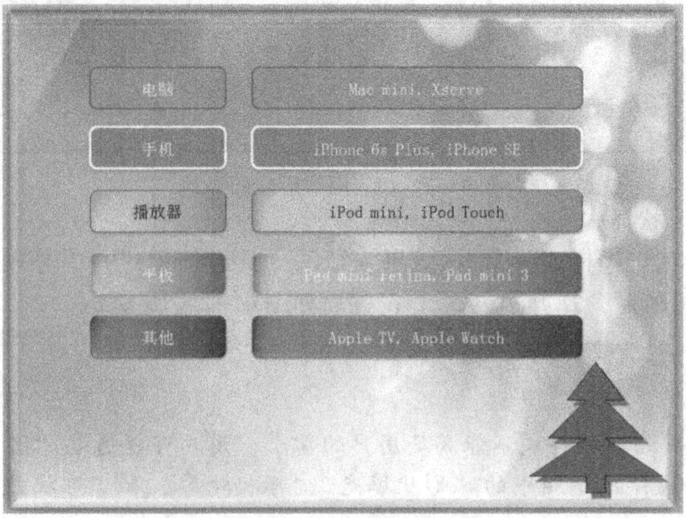

图 4－2－20　幻灯片效果（10）

任务 4　SmartArt 图形

SmartArt 图形是一系列已经成形的表示某种关系的逻辑图、组织结构图。其可以表示并列、推理、递进、发展演变及对比等关系。

活动 1　了解 SmartArt 图形

SmartArt 图形是信息和观点的视觉表示形式。可以通过在多种不同布局中进行选择来创建 SmartArt 图形，从而快速、轻松和有效地传达信息。使用 SmartArt 图形，只需单击鼠标，就可以创建具有设计师水准的插图。PowerPoint 演示文稿通常包含带有项目符号列表的幻灯片。使用 PowerPoint 时，可以将幻灯片文本转换为 SmartArt 图形。此外，还可以向 SmartArt 图形中添加动画。

活动 2　创建组织结构图

组织结构图是以图形方式表示组织的管理结构，在 PowerPoint 中，通过使用 SmartArt 图形，可以创建组织结构图并将其包括在演示文稿中。

1. 插入层次结构图

添加一张空白幻灯片，单击“插入”选项卡“插入”选项组中的“SmartArt”选项，弹出“选择 SmartArt 图形”对话框，在左侧列表中选择“层次结构”选项，然后在中间列表中选择一种组织结构图，最后单击“确定”按钮，如图 4－2－21 所示。

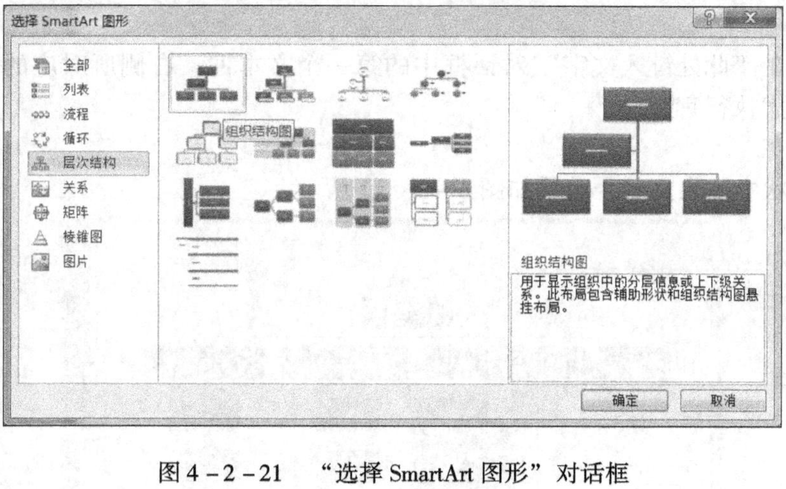

图 4－2－21　“选择 SmartArt 图形”对话框

2. 查看效果

插入层次结构图，如图 4－2－22 所示。

活动 3　添加与删除形状

插入的 SmartArt 图形一般都是固定的形状，可能不符合用户的要求，可以通过添加和删除形状操作来改变。

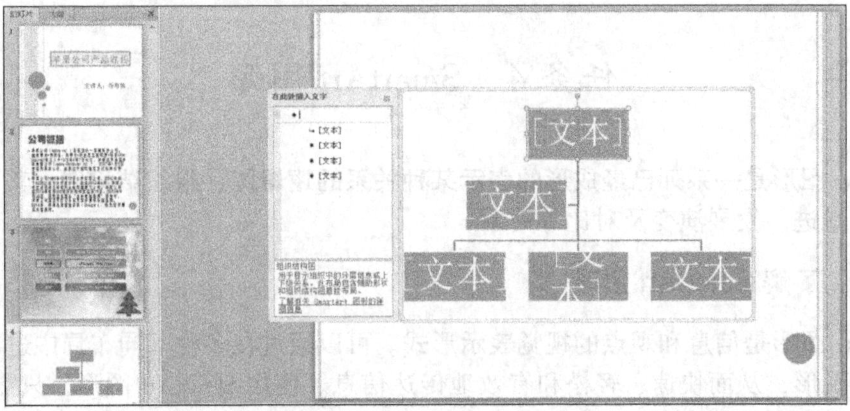

图 4－2－22　插入的 SmartArt 图形

1. 添加形状

单击第 3 排第 1 个形状，单击鼠标右键，选择“添加形状”→“在下方添加形状”菜单命令，即可在形状下方添加形状。

2. 删除形状

将光标移至第 3 排第 3 个形状上，当光标变成“十”字箭头时，单击鼠标左键选中形状，然后按“Backspace”键将其删除。

活动 4　设置 SmartArt 图形

插入的 SmartArt 图形整体设置完成后接下来为 SmartArt 图形编辑文字。

1. 输入文字

单击左侧在“此处键入文字”对话框中的第一个文本框，右侧所对应的形状将会被选中，输入“首席执行官”。

2. 查看效果

在其他形状中输入文字，效果如图 4－2－23 所示。

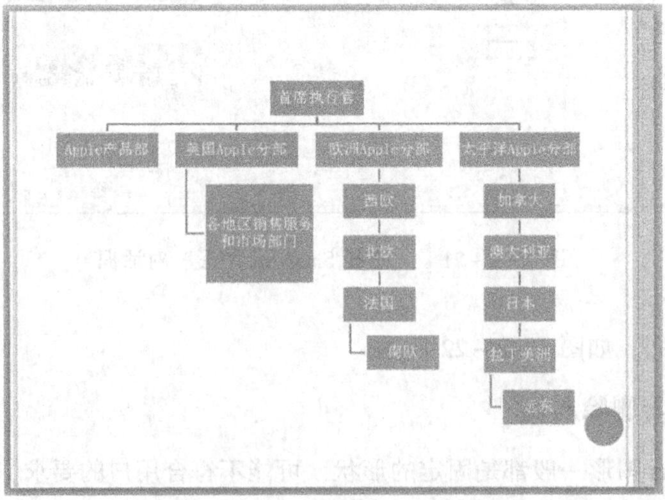

图 4－2－23　幻灯片效果（11）

任务5 使用表格

在“公司宣传”演示文稿中，可以通过表格展示公司经营情况的对比。

活动1 了解图表

形象直观的图表与文字数据相比更容易让人理解，在幻灯片中插入图表可以使其显示效果更加清晰。在 PowerPoint 2010 中，可以插入幻灯片中的图表包括柱形图、折线图、饼图、条形图、面积图、XY（散点图）、股价图、曲面图、圆环图、气泡图和雷达图。从“插入图表”对话框中可以了解图表的分类情况，如图4-2-24所示。

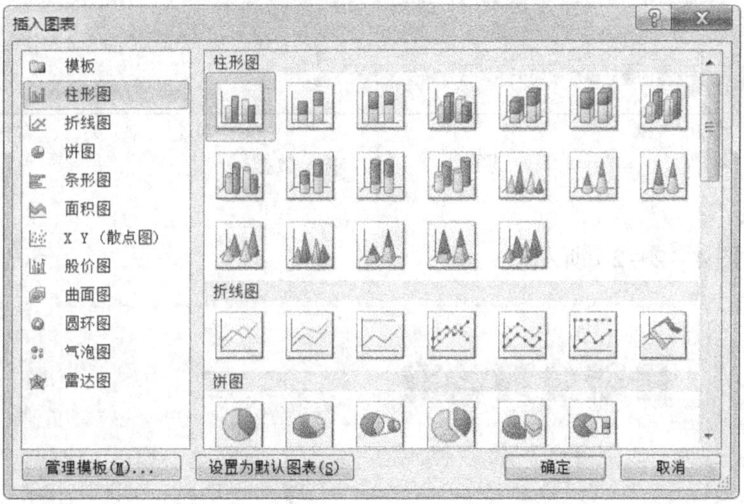

图4-2-24 “插入图表”对话框

活动2 插入图表

柱形图是用于显示数据趋势以及比较相关数据的一种图表，经常用于表示以行和列排列的数据，对于显示随时间变化的趋势很有用。最常用的布局是将信息类型放在横坐标轴上，将数值项放在纵坐标轴上。

1. *新建幻灯片*

新建“标题和内容”幻灯片，在新建的幻灯片中的“单击此处添加标题”位置处单击，然后输入幻灯片标题“最新公司状况”。

2. *插入图表*

删除“单击此处添加文本”文本占位符，单击“插入”选项卡“插图”组中的“图表”按钮，在弹出的“插入图表”对话框中选择“柱形图”中的“簇状柱形图”，然后单击“确定”按钮。

3. 在表格中输入数据

弹出“Microsoft PowerPoint 中的图表”窗口，在表格中更改数据，这里使用素材中的“苹果公司数据 . xlsx”，然后关闭 Excel 窗口，如图 4 – 2 – 25 所示。

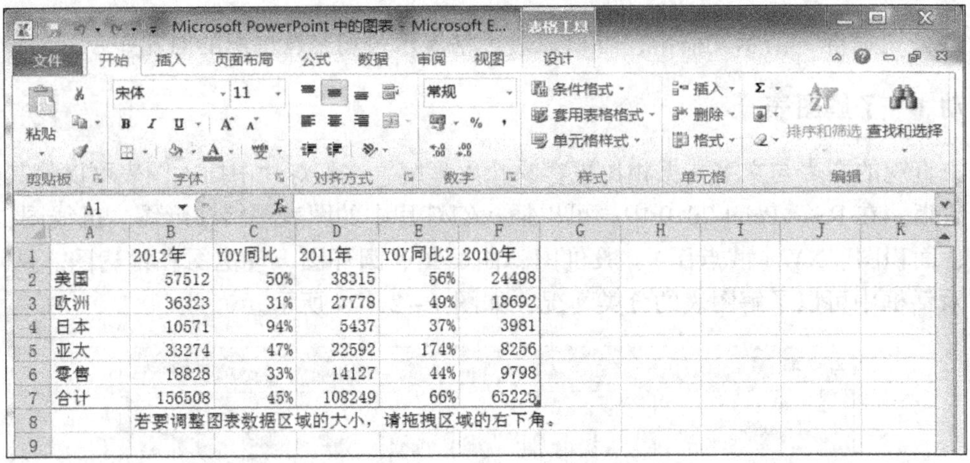

	A	B	C	D	E	F
1		2012年	YOY同比	2011年	YOY同比2	2010年
2	美国	57512	50%	38315	56%	24498
3	欧洲	36323	31%	27778	49%	18692
4	日本	10571	94%	5437	37%	3981
5	亚太	33274	47%	22592	174%	8256
6	零售	18828	33%	14127	44%	9798
7	合计	156508	45%	108249	66%	65225

图 4 – 2 – 25　输入数据

4. 查看效果

最终效果如图 4 – 2 – 26 所示。

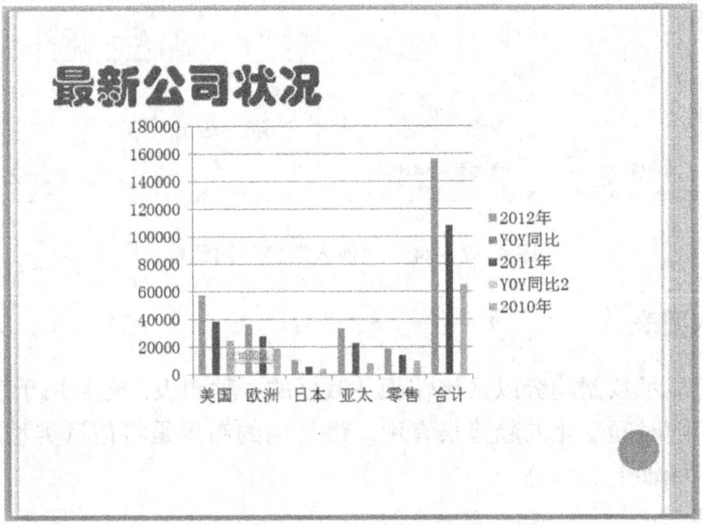

图 4 – 2 – 26　幻灯片效果（12）

活动 3　使用其他图表

如果对幻灯片中插入的图表不满意，还可以将之更改为其他图表。

1. 选择“更改图表类型”选项

选中图表，单击鼠标右键，在弹出的快捷菜单中选择“更改图标类型”选项，如图 4 – 2 – 27所示。

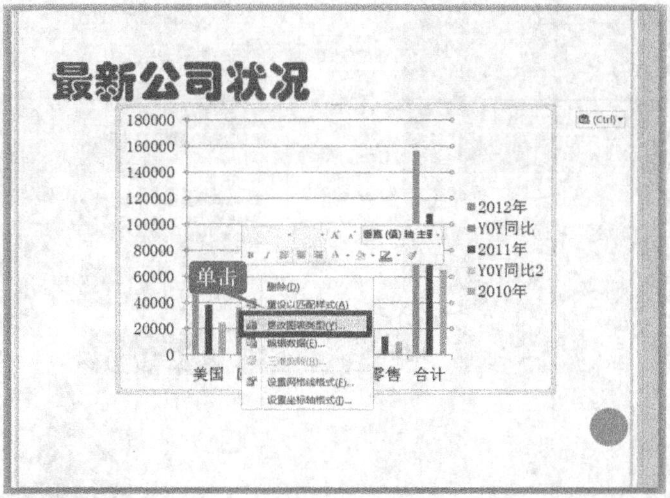

图 4-2-27 更改图表类型

2. 输入表的内容

在弹出的“更改图表类型”中选择“柱形图”中的“堆积棱锥图”，单击“确定”按钮即可。幻灯片效果如图 4-2-28 所示。

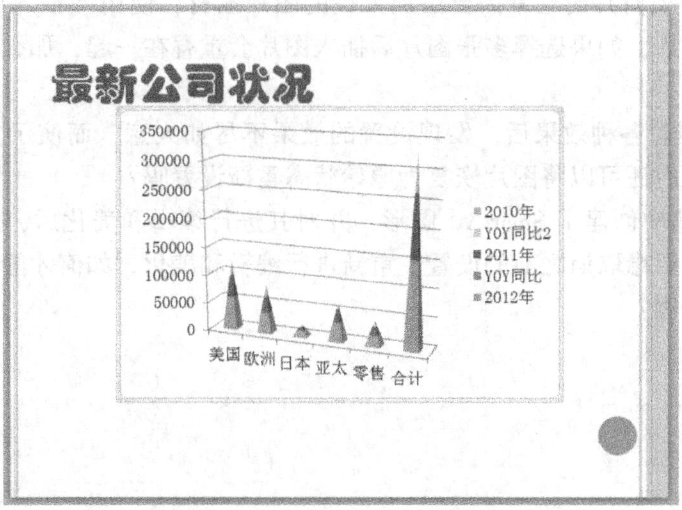

图 4-2-28 幻灯片效果（13）

【项目拓展】

如何用动画展示 PPT 图表?

PowerPoint 中的图表是一个完整的图形，如何将图表中的各个部分分别用动画展示出来呢？其实，只需在图表边框处单击鼠标右键，然后在弹出的快捷菜单中选择“组合”菜单命令中的“取消组合”子命令，即可将图表拆分开，如图 4-2-29 所示，然后就可以对图表中的各个部分分别设置动画动作了。

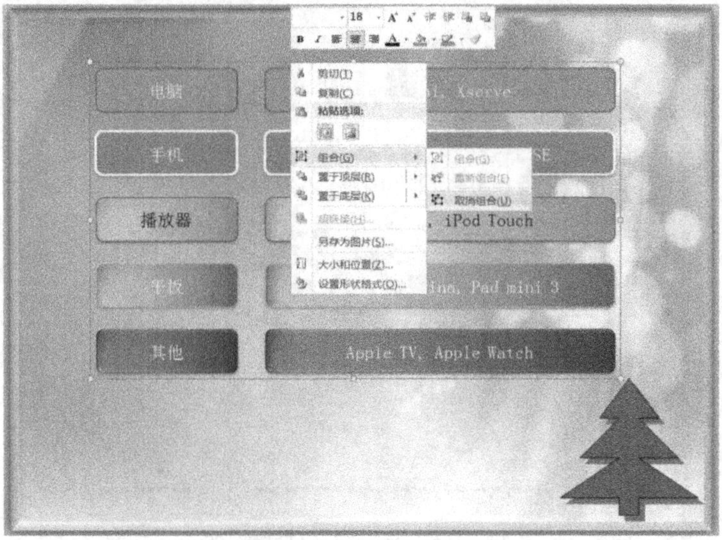

图 4-2-29　取消组合

练一练

1. 制作图片型幻灯片时经常需要添加大量的图片素材，使用“插入图片”对话框选择一张图片后进行插入，如果选择多张图片后插入图片会重叠在一起，那么怎样才能有效地批量添加图片呢?

2. 若为图片设置各种效果后，发现设置的效果不尽如人意，而演示文稿已经保存，无法再撤销操作，这时还可以将图片恢复为原始状态重新设置吗?

3. 在演示文稿中创建了 SmartArt 图形，并对其进行编辑和美化后，发现 SmartArt 图形的效果并不理想，要想取消之前的设置，重新进行编辑和美化，如何才能让 SmartArt 图形回到未设置前的效果呢?

项目三

制作行销企划案

【项目介绍】

在演示文稿中添加适当的动画，可以使演示文稿的播放效果更加形象，在制作 PPT 的时候，通过使用动画效果可以大大提高 PPT 的表现力，在动画展示的过程中可以起到画龙点睛的作用。这就是本项目的主要目的。

【学习目标】

（1）学习创建动画；

（2）学习设置动画；

（3）学习测试动画；

（4）学习复制动画效果。

任务 1　为幻灯片创建动画

使用动画可以让观众将注意力集中在要点和信息流上，还可以提高观众对演示文稿的兴趣。可以将动画效果应用于个别幻灯片上的文本或对象、幻灯片母版上的文本或对象，或者自定义幻灯片版式上的占位符。

活动 1　创建进入动画

可以为对象创建进入动画，例如，使对象逐渐淡入焦点、从边缘飞入幻灯片或者跳入视图中。打开素材文件“项目 4－3 素材 . pptx”。

1. 动画列表

选择幻灯片中要创建进入动画效果的文字，单击“动画”选项卡“动画”组中的“其他”按钮，弹出动画下拉列表，如图 4－3－1 所示。

2. 创建进入动画

在下拉列表的“进入”区域中选择“轮子”选项，创建进入动画效果。

3. 动画编号标记

添加动画效果后，文字对象前面将显示一个动画编号标记 1 。创建动画后，幻灯片中的动画编号标记在打印时不会被打印出来。

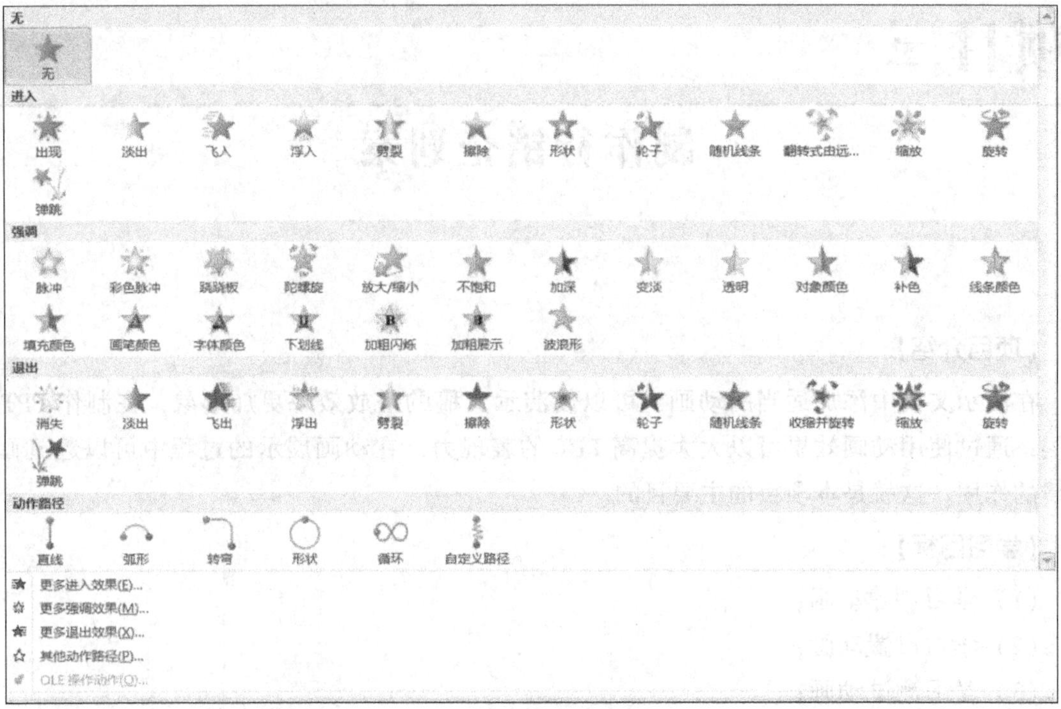

图 4－3－1　打开动画下拉列表

活动 2　创建强调动画

可以为对象创建强调动画，效果示例包括使对象缩小和放大、更改颜色或使对象沿着其中心旋转等。

1. 选择要设置强调动画的文字

选择幻灯片中要创建强调动画效果的文字。

2. 添加强调动画

单击“动画”选项卡“动画”组中的“其他”按钮，在弹出的下拉列表的“强调”区域中选择“波浪形”选项，即可添加动画。

活动 3　创建路径动画

可以为对象创建路径动画，使用这些效果可以使对象上下、左右移动或者沿着星形、圆形图案移动。

1. 添加路径动画

选择第 2 张幻灯片，选择幻灯片中要创建路径动画效果的对象，单击“动画”选项卡“动画”组中的“其他”按钮，在弹出的下拉列表的“路径”区域种选择“形状”选项，如图 4－3－2 所示。

2. 查看结果

单击后即可为对象创建“形状”效果的路径动画，如图 4－3－3 所示。

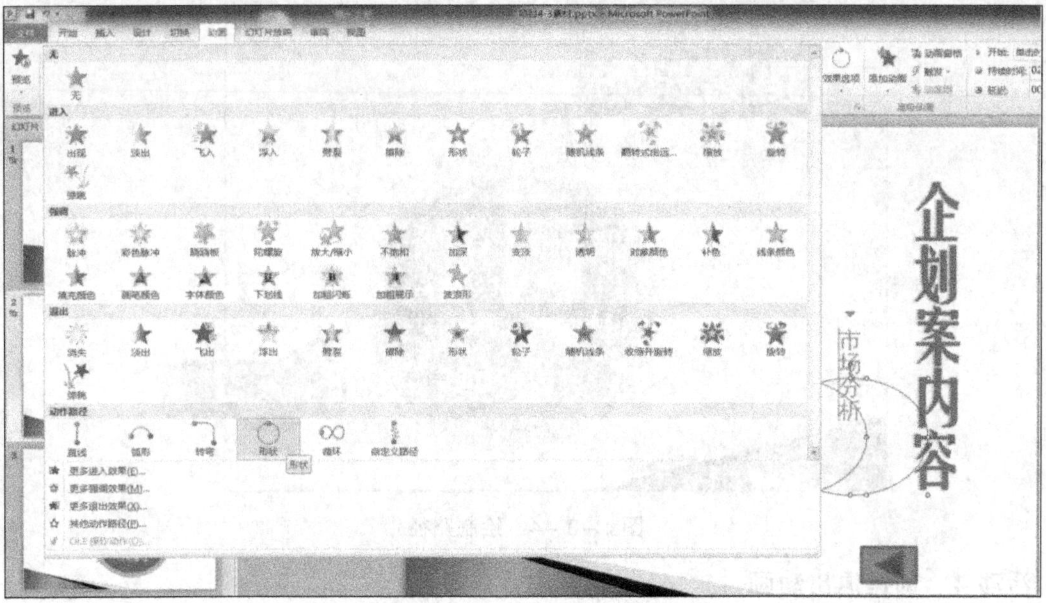

图 4－3－2 添加路径动画

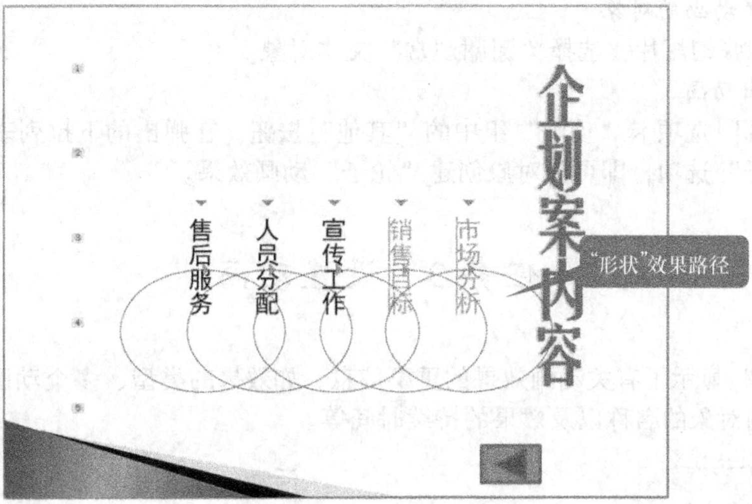

图 4－3－3 路径动画效果

3. 单击"自定义路径"按钮

选择第 3 张幻灯片，选择要自定义路径的文本，然后在动画列表"路径"组中单击"自定义路径"按钮。

4. 设置路径

此时，光标变成"十"字形，在幻灯片上绘制出动画路径后按"Enter"键即可，如图 4－3－4所示。

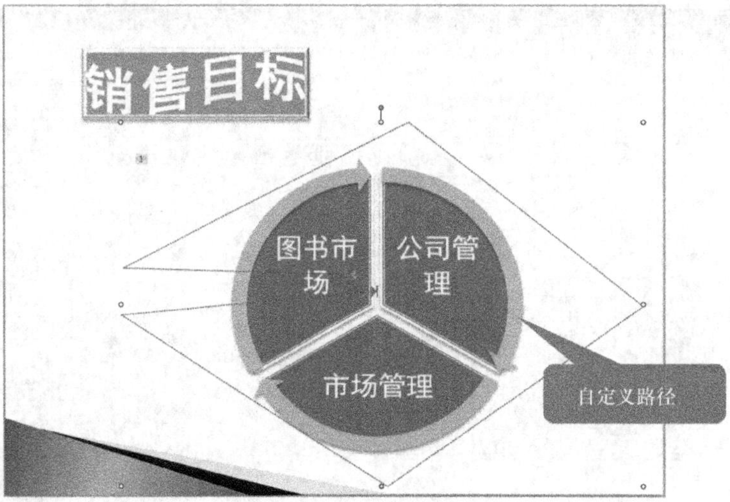

图 4－3－4　绘制路径

活动 4　创建退出动画

可以为对象创建退出动画，这些效果包括使对象飞出幻灯片、从视图中消失或者从幻灯片中旋出等。

1. 选择设置动画的对象

切换到第 4 张幻灯片，选择“谢谢观赏”文本对象。

2. 选择退出动画

单击“动画”选项卡“动画”组中的“其他”按钮，在弹出的下拉列表的“退出”区域中选择“轮子”选项，即可为对象创建“轮子”动画效果。

任务 2　设置动画

“动画窗格”显示了有关动画效果的重要信息，如效果的类型、多个动画效果之间的相对顺序、受影响对象的名称以及效果的持续时间等。

活动 1　查看动画列表

单击“动画”选项卡“高级动画”组中的“动画窗格”按钮，可以在“动画窗格”中查看幻灯片上的所有动画列表，如图 4－3－5所示。

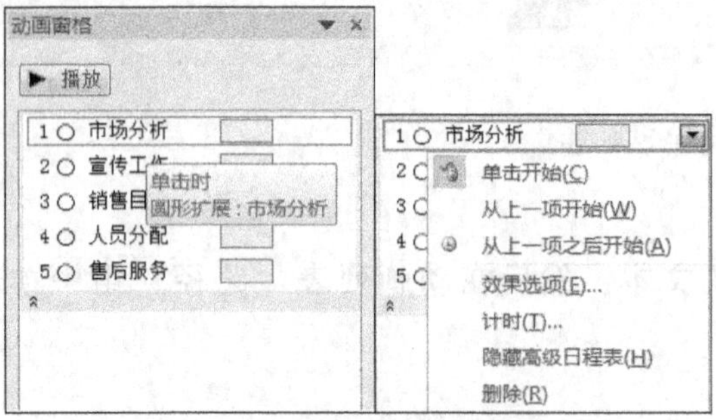

图 4－3－5　动画窗格

“动画列表”中各选项的含义如下：

（1）编号：表示动画效果的播放顺序，编号与幻灯片上显示不可打印的编号标记是对应的。

（2）时间线：代表效果的持续时间。

（3）图标：代表动画效果的类型。

（4）菜单图标：选择列表中的项目后会看到相应的菜单图标（向下箭头），单击该图标即可弹出下拉菜单。

活动 2　调整动画顺序

在放映过程中也可以对幻灯片播放的顺序进行调整。

1. “动画窗格”窗口

选择第 2 张幻灯片，单击“动画”选项卡“高级动画”组中的“动画窗格”按钮，弹出“动画窗格”窗口。

2. 调整动画顺序

选择“动画窗格”窗口中需要调整顺序的动画，如选择动画 2，然后单击“动画窗格”窗口下“重新排序”命令左侧或右侧的向上按钮或向下按钮进行调整，如图 4－3－6 所示。

除了使用“动画窗格”调整动画顺序外，也可以使用“动画”选项卡调整动画顺序。

3. “对动画重新排序”区域

选择第 1 张幻灯片，并选中标题动画，单击“动画”选项卡“计时”组中“对动画重新排序”区域的“向后移动”按钮，如图 4－3－7 所示。

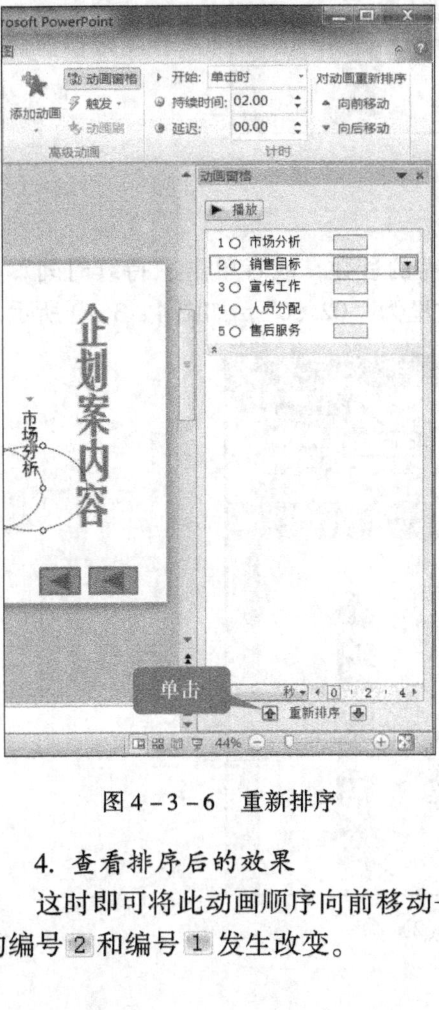

图 4－3－6　重新排序

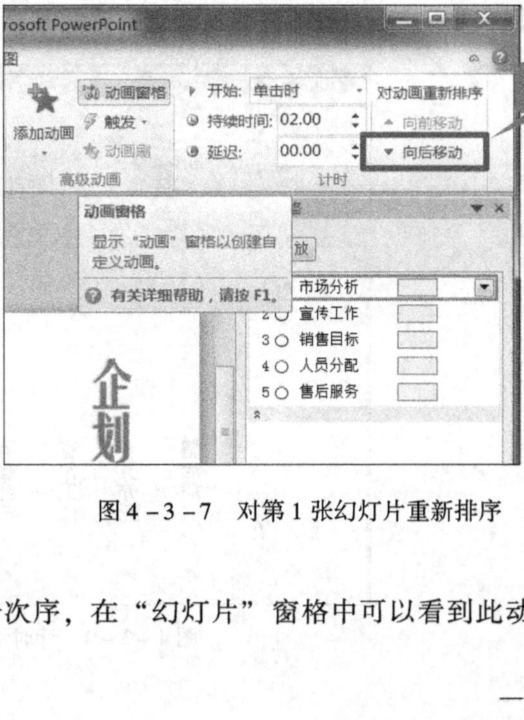

图 4－3－7　对第 1 张幻灯片重新排序

4. 查看排序后的效果

这时即可将此动画顺序向前移动一个次序，在“幻灯片”窗格中可以看到此动画前面的编号 2 和编号 1 发生改变。

活动3　设置动画时间

创建动画之后，可以在“动画”选项卡中为动画指定开始、持续时间或者延迟计时。

1. *为动画设置开始计时*

选择第2张幻灯片中的弧形动画，在“计时”组中，单击开始菜单右侧的下拉箭头▾，然后从弹出的下拉列表中选择所需的计时，如图4-3-8所示。

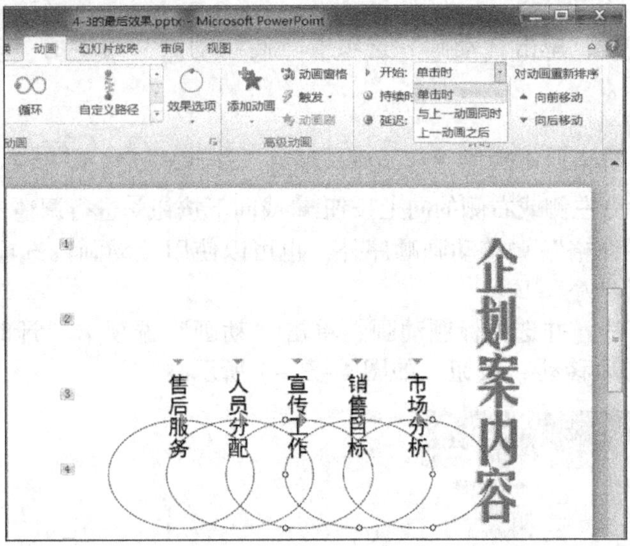

图4-3-8　计时设置（1）

2. *为动画设置运行持续时间*

在“计时”组中的“持续时间”文本框中输入所需的秒数，或者单击“持续时间”文本框后面的微调按钮来调整动画运行的持续时间，这里为“02.00”，如图4-3-9所示。

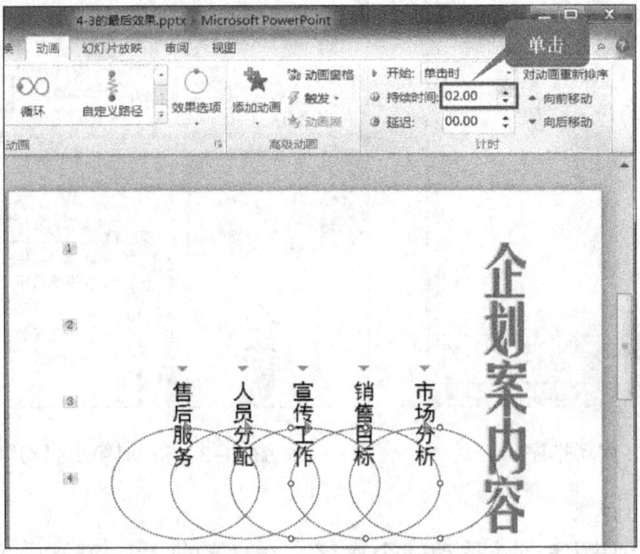

图4-3-9　计时设置（2）

任务3　触发动画

触发动画设置动画的特殊开始条件。

活动1　“触发”按钮

选择结束幻灯片的动画，单击“动画”选项卡“高级动画”组中的“触发”按钮，在弹出的下拉菜单中的“单击”子菜单中选择“副标题2”选项，如图4-3-10所示。

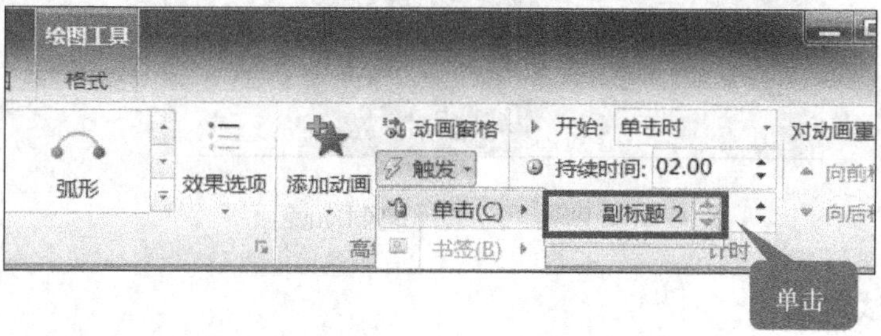

图4-3-10　“触发”按钮

活动2　触发动画

创建触发动画后动画编号变为图标，在放映幻灯片时，用鼠标指针单击设置过动画的对象后，即可显示动画效果。

任务4　有关动画的设置

活动1　复制动画效果

在PowerPoint 2010中，可以使用动画刷复制一个对象的动画，并将其应用到另一个对象。

1. “动画刷”按钮

单击“动画”选项卡“高级动画”组中的“动画刷”按钮，此时幻灯片中的鼠标指针变为动画刷的形状，如图4-3-11所示。

图4-3-11　“动画刷”按钮

2. 单击要复制动画的对象

在幻灯片中，用动画刷单击要复制动画的对象，即可复制动画效果，如图 4－3－12 所示。

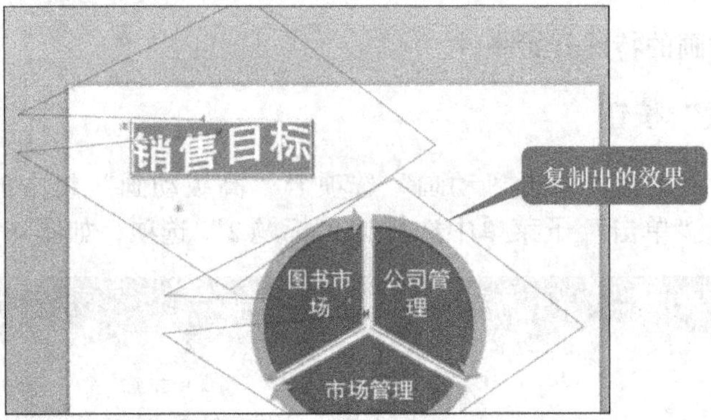

图 4－3－12　复制动画

活动 2　测试动画

为文字或图形对象添加动画效果后，可以单击“动画”选项卡“预览”组中的“预览”按钮，验证它们是否起作用。单击“预览”下方的下拉按钮，弹出下拉列表，包括“预览”和“自动预览”两个选项。勾选“自动预览”复选框后，每次为对象创建动画完毕，即可自动在“幻灯片”窗格中预览动画效果，如图 4－3－13 所示。

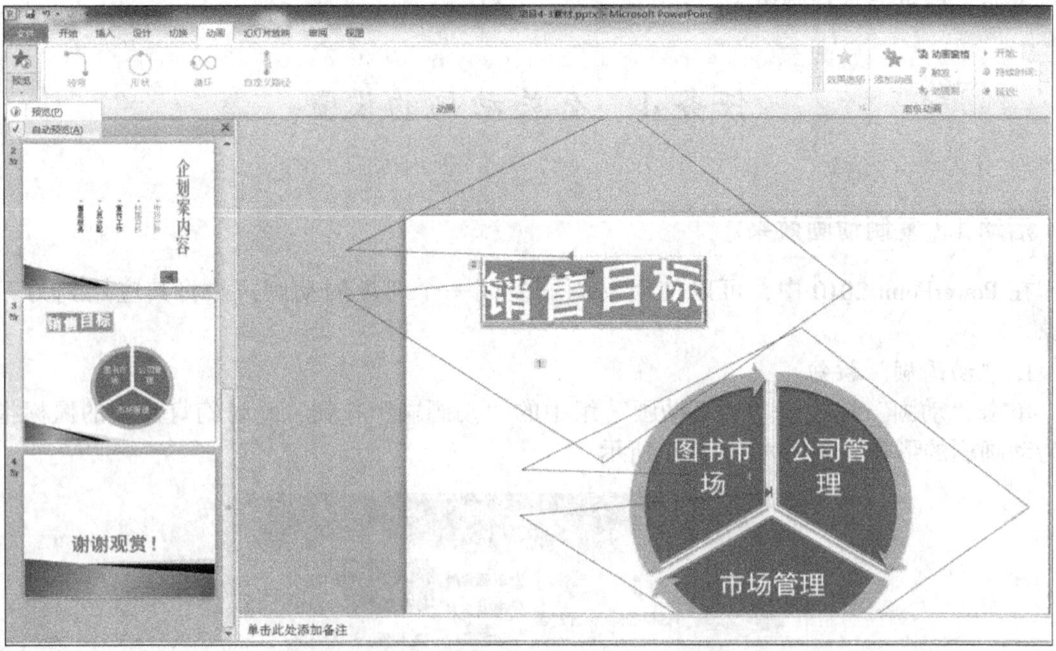

图 4－3－13　幻灯片效果（14）

活动 3　移除动画

为对象创建动画效果后，也可以根据需要移除动画。移除动画的方法有以下两种。

1. 使用“动画”选项卡

单击“动画”选项卡中“动画”组的“其他”按钮，在弹出的下拉列表的“无”区域中选择“无”选项。

2. 使用“动画窗格”

单击“动画”选项卡“高级动画”组中的“动画窗格”按钮，在弹出的“动画窗格”中选择要移除的动画选项，然后单击菜单图标（向下箭头），在弹出的下拉列表中选择“删除”选项即可，如图 4－3－14 所示。

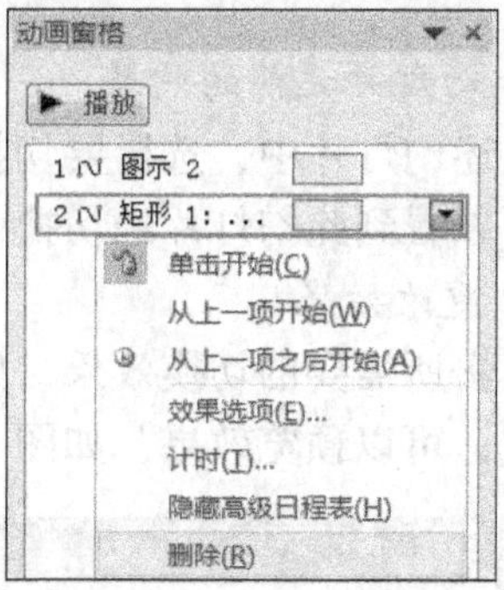

图 4－3－14　使用“动画窗格”

任务 5　为幻灯片添加切换效果

幻灯片切换效果是指在演示期间，从一张幻灯片移到下一张幻灯片时，“幻灯片放映”视图中出现的动画效果。

活动 1　添加切换效果

幻灯片切换时产生的类似动画的效果，可以使幻灯片在放映时更加生动形象。具体的操作步骤如下。

1. 打开素材

选择要添加切换效果的幻灯片，单击“转换”选项右下侧的“其他”按钮，这里选择文件中的第 1 张幻灯片。

2. 添加效果

在弹出的下拉列表中选择“百叶窗”切换效果，设置完毕，可以预览该效果，如图 4－3－15所示。

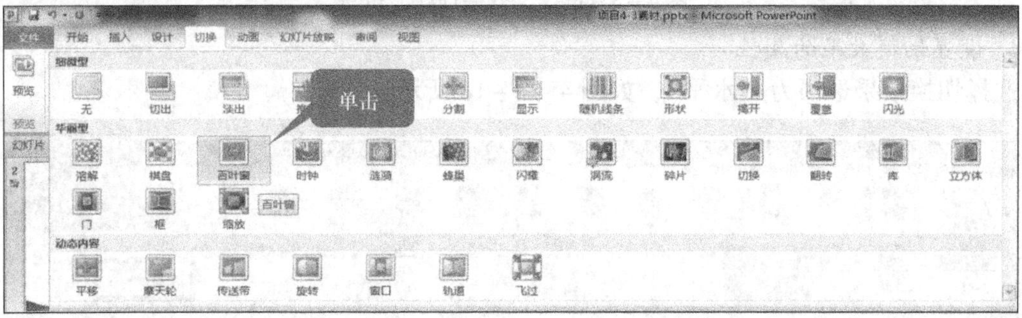

图 4－3－15　添加“百叶窗”效果

活动 2　设置切换效果

为幻灯片添加切换效果后，如果对之前的效果不是很满意，也可以进行设置，更改效果。

1. 幻灯片之前的效果

上述幻灯片中，选择要切换效果的幻灯片，单击“转换”选项卡右下侧的“其他”按钮，可以看到此幻灯片的切换效果为“百叶窗”。

2. 更改效果

单击所需要的切换效果，则会自动更新所设置的切换效果，这里以“旋转”为例。更改完成，可以预览效果，如图 4－3－16 所示。

图 4－3－16　更改效果

3. 单击“效果选项”按钮

单击“切换”选项卡的“效果选项”按钮，如图 4－3－17 所示。

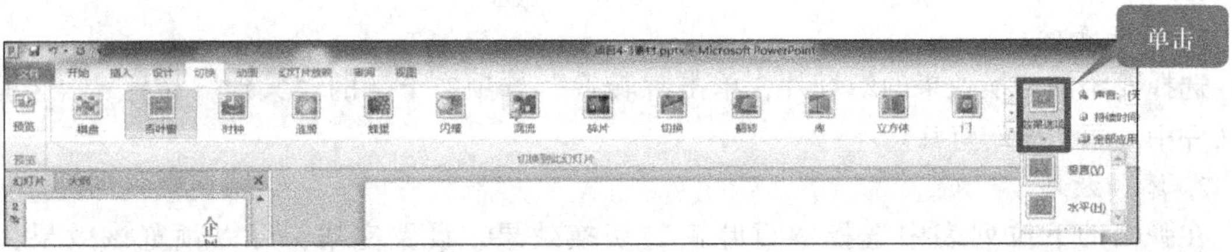

图 4－3－17　“效果选项”按钮

4. 设置切换效果的属性

选择切换效果选项为“水平”，如图 4－3－18 所示。

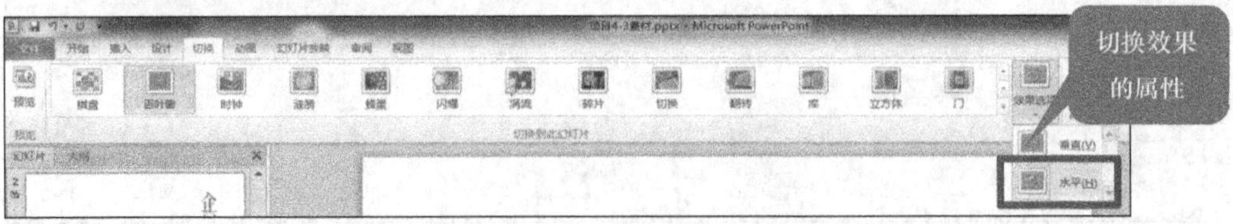

图 4－3－18　切换效果的属性

活动 3 添加切换方式

设置幻灯片的切换方式，可以在放映演示文稿时按照设置的方式进行切换。切换演示文稿中的幻灯片包括“单击鼠标时”切换和“设置自动换片时间”两种切换方式，如图 4－3－19 所示。

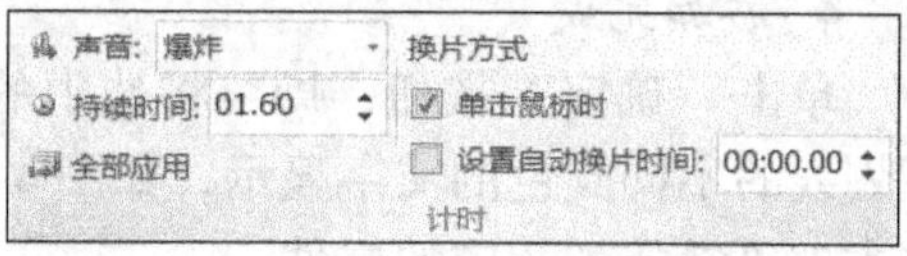

图 4－3－19 添加切换方式

在“转换”选项卡“计时”组中的“换片方式”区域可以设置幻灯片的切换方式。勾选“单击鼠标时”复选框，既可设置在每张幻灯片中单击鼠标时切换至下一张幻灯片，也可以勾选“设置自动换片时间”复选框，在“设置自动换片时间”文本框中输入自动换片的时间，实现幻灯片的自动切换。

> **小提示：**
>
> “单击鼠标时”复选框和“设置自动换片时间”复选框可以同时勾选，这样既可以单击鼠标切换，也可以在设置自动切换时间后切换。

任务 6 创建超链接和使用动作

使用超链接可以从一张幻灯片转至另一张幻灯片，这里介绍使用创建超链接和创建动作的方法为幻灯片添加超链接。在播放演示文稿时通过超链接可以快速地将幻灯片转至需要的页面。

活动 1 创建超链接

超链接可以是同一演示文稿中从一张幻灯片到另一张幻灯片的链接，也可以是从一张幻灯片到不同演示文稿的幻灯片、电子邮箱地址、网页或文件的链接。

1. 打开第 2 张幻灯片

在普通视图中选择要用作超链接的文本，如选中第 2 张幻灯片中的文字“市场分析”。

2. 单击“超链接”按钮

单击“插入”选项卡“链接”组中的“超链接”按钮，如图 4－3－20 所示。

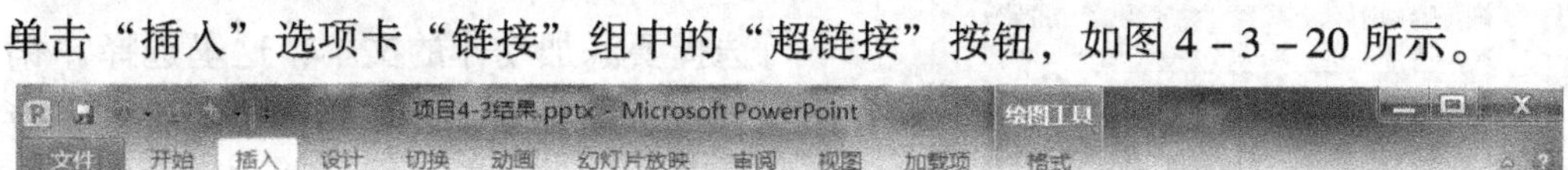

图 4－3－20 “超链接”按钮

3. 链接“图书市场”文档

在弹出的“插入超链接”对话框左侧的“链接到”列表框中选择“现有文档和网页”选项，在右侧“查找范围”里找到“素材”文件夹中的“图书市场”文档。

4. 添加完成

单击“确定”按钮，即可将选中的文档链接到幻灯片中。添加超链接后的文本以带有下划线的不同颜色的文字显示，如图 4-3-21 所示，放映幻灯片时，单击添加过超链接的文本即可链接到相应的文件。

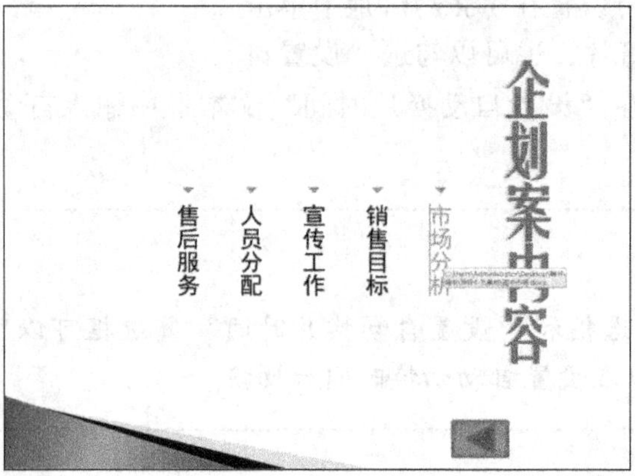

图 4-3-21　超链接效果

小提示：

在“插入超链接”对话框中还可以链接到“本文档中的其他位置”“新建文档”“电子邮箱地址”。

活动 2　创建动作

在 PowerPoint 中，可以为幻灯片、幻灯片中的文本或对象创建超链接或动作。

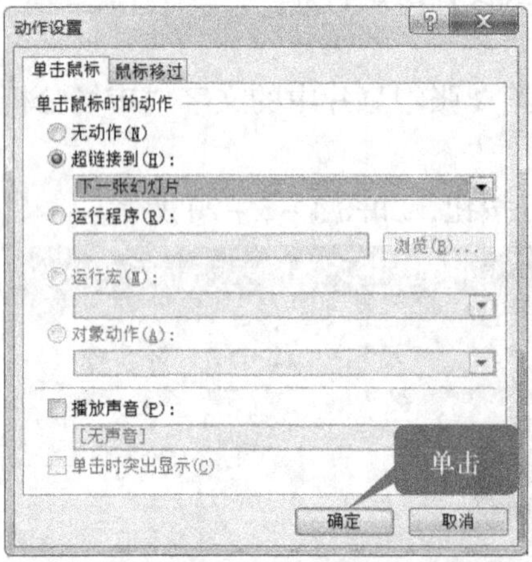

图 4-3-22　“动作设置”对话框

1. 为文本或图形添加动作

向幻灯片中的文本或图形添加动作的具体操作方法如下。

1）选择文本

选择要添加动作的文本，这里选择“销售目标”，单击“插入”选项卡“链接”组中的“动作”按钮，在弹出的“动作设置”对话框（图 4-3-22）中选择“单击鼠标”选项卡，在“单击鼠标时的动作”区域中单击选中“超链接到”单选项，并在其下拉列表中选择“下一张幻灯片”选项。

2）单击“动作”按钮

单击“确定”按钮，即可完成为文本框添加动作的操作。添加动作后的文本以带下划线的不同颜色的字体显示。放映幻灯片时，单击添加过动作的文本即可进行相应的动作操作。

2. 创建动作按钮

向幻灯片中的文本或图形添加动作按钮的操作方法如下。

1）插入图标

单击“插入”选项卡“插图”组中的“形状”按钮，在弹出的下拉列表中选择“动作按钮”区域的“动作按钮：后退或前进一项”图标，如图 4－3－23 所示。

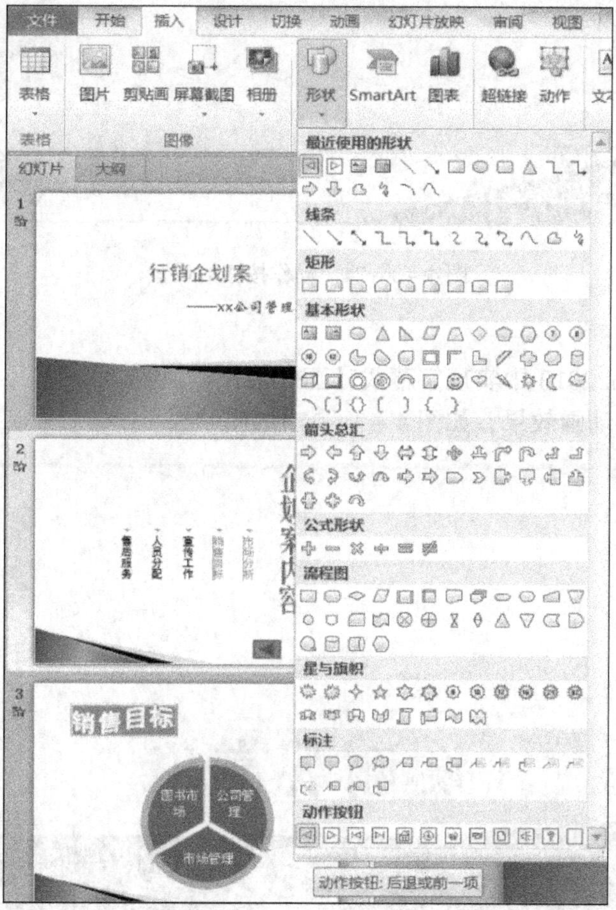

图 4－3－23　插入图标

2）完成动作按钮的设置

在幻灯片的适当位置单击并拖动鼠标左键绘制图形，释放鼠标左键弹出“动作设置”对话框（图 4－3－24），选择“单击鼠标”选项卡，单击选中“超链接到”单选项，并在其下拉列表中选择“上一张幻灯片”选项，单击“确定”按钮，即可完成动作按钮的设置。

图 4-3-24　动作按钮的设置

【项目拓展】

如何在 PowerPoint 2010 中实现字幕式动画效果?

(1) 删除原有的动画效果，如图 4-3-25 所示。

图 4-3-25　幻灯片效果 (15)

(2) 在“动画”下拉列表中选择“更多退出效果”选项，如图 4-3-26 所示。

(3) 弹出“更多退出效果”对话框，如图 4-3-27 所示。

(4) 在“更多退出效果”对话框中选择“华丽型”区域的“字幕式”，单击“确定”按钮，即可为文本对象添加字幕式动画效果，如图 4-3-28 所示。

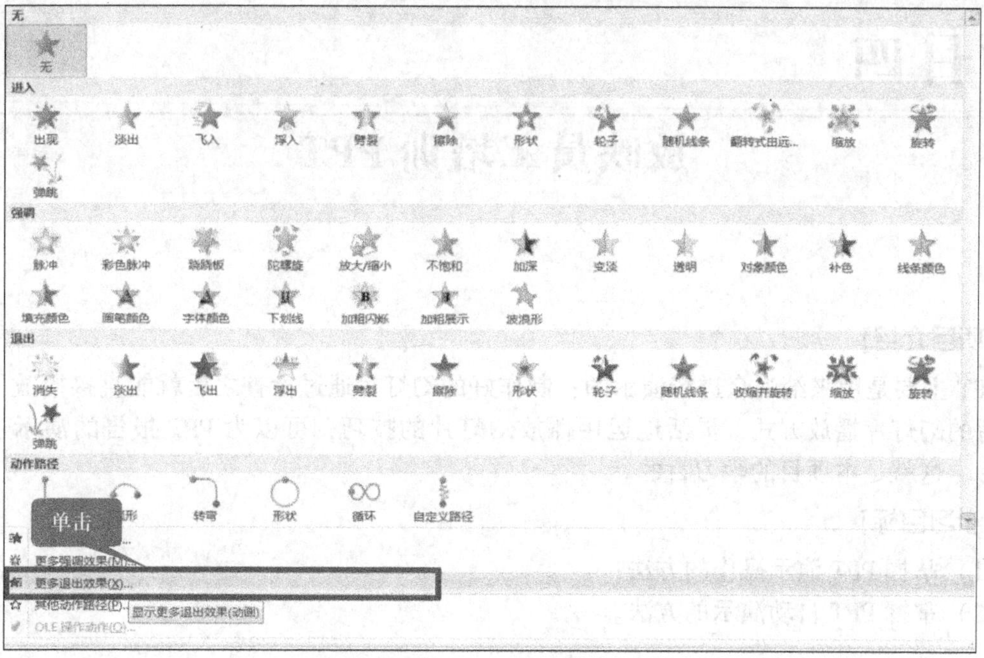

图 4－3－26 “更多退出效果”选项

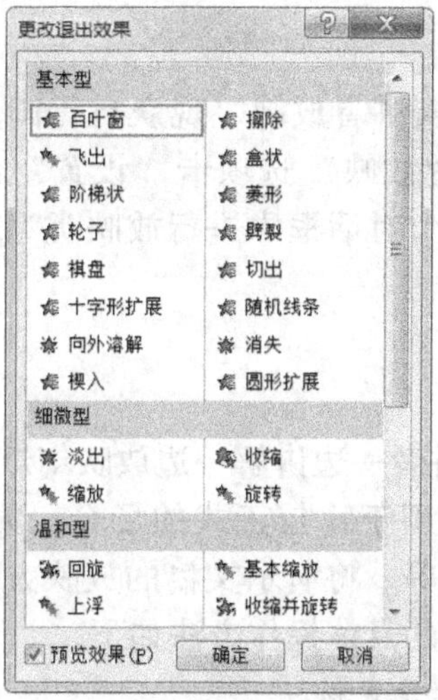

图 4－3－27 “更多退出效果”对话框

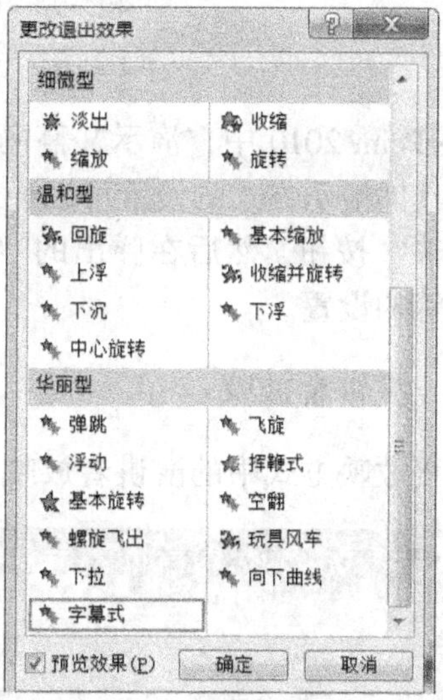

图 4－3－28 设置“字幕式”动画效果

练一练

1. 在幻灯片中为文本设置超链接后文本的颜色会发生变化，而且设置超链接的文本会增加一条下划线，这样有时会影响幻灯片的美观和演示文稿的整体效果，如何才能使设置的超链接文本颜色不变，并且不带下划线呢？

2. 有时为了使添加的动画效果更自然、生动，需要添加多个动画效果进行组合，在 PowerPoint 2010 中能不能为一个对象添加多个动画效果呢？

项目四

放映员工培训 PPT

【项目介绍】

PPT 主要是用来给观众进行演示的，制作好的幻灯片通过检查之后就能直接播放了。选择合适的幻灯片播放方式、灵活地运用播放幻灯片的技巧，可以为 PPT 报告的演示过程增添色彩。这就是本项目的学习目的。

【学习目标】

（1）掌握 PPT 演示操作的方法；

（2）掌握 PPT 自动演示的方法。

任务1　演 示 方 式

在 PowerPoint 2010 中，演示文稿的放映类型包括演讲者放映、观众自行浏览和在展台浏览 3 种。具体演示方式的设置可以通过单击“幻灯片放映”选项卡“设置”组中的“设置幻灯片放映”按钮，然后在弹出的“设置放映方式”对话框中进行放映类型、放映选项及换片方式等的设置。

活动 1　演讲者放映

演示文稿放映方式中的演讲者放映方式是指由演讲者一边讲解一边放映幻灯片，此演示方式一般用于比较正式的场合，如专题讲座、学术报告等。将演示文稿的放映方式设置为演讲者放映的具体操作方法如下。

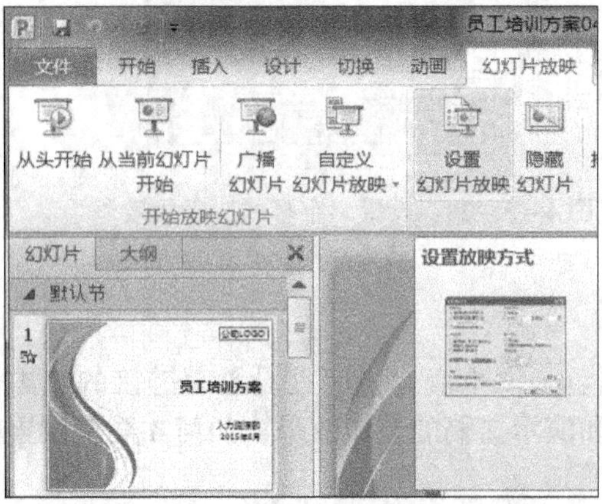

图 4－4－1　“设置幻灯片放映”按钮

1. 打开素材

打开素材文件“员工培训方案 04. pptx”，单击“幻灯片放映”选项卡“设置”组中的“设置幻灯片放映”按钮，如图 4－4－1 所示。

2. 设置“设置放映方式”对话框

弹出“设置放映方式”对话框，如图 4－4－2 所示，在“放映类型”区域中，单击选中“演讲者放映（全屏幕）”单选项，即可将放映方式设置为演讲者放映方式。

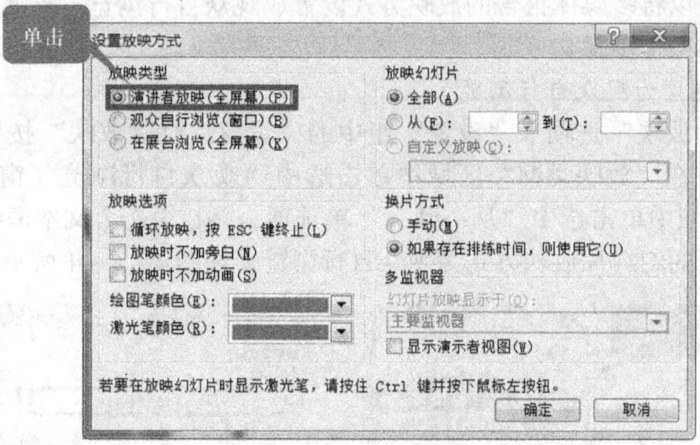

图 4－4－2 “设置放映方式”对话框

3. 设置放映方式和换片方式

在“设置放映方式”对话框的“放映选项”区域勾选“循环放映，按 ESC 键终止”复选框，在“换片方式”区域中勾选“手动”复选框，设置演示过程中换片方式为手动，如图 4－4－3 所示。

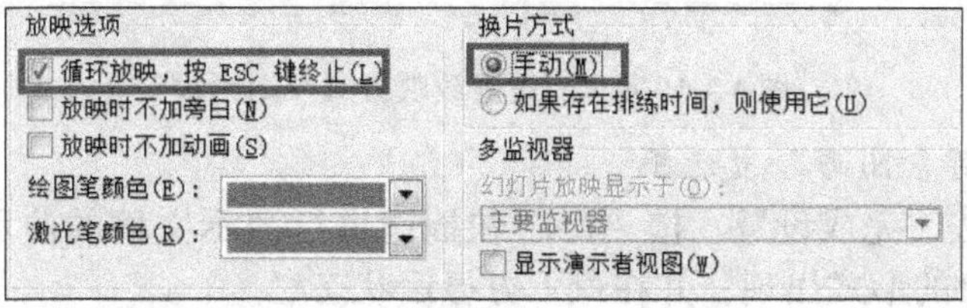

图 4－4－3 设置放映方式和换片方式

4. 全屏幕演示

单击“确定”按钮完成设置，按“F5”快捷键即可进行全屏幕的 PPT 演示。

小提示：

（1）勾选“循环放映，按 ESC 键终止”复选框，可以设置在最后一张幻灯片放映结束后，自动返回到第一张幻灯片继续放映，直到按下盘上的“ESC”键结束放映。勾选“放映时不加旁白”复选框表示在放映时不播放在幻灯片中添加的声音。勾选“放映时不加动画”复选框表示在放映时原来设定的动画效果将被屏蔽。

（2）在“换片方式”区域中单击选中“如果存在排练时间，则使用它”单选项，这样多媒体报告在放映时便能自动换页。如果单击选中“手动”单选项，则在放映多媒体报告时，必须单击鼠标才能切换幻灯片。

活动 2 观众自行浏览

在观众自行浏览方式下由观众自己动手使用计算机观看幻灯片。如果希望让观众自己浏览多媒体报告，可以将多媒体报告的放映方式设置成观众自行浏览。下面介绍设置观众自行浏览幻灯片的具体操作步骤。

1. 设置放映类型为观众自行浏览

单击“幻灯片放映”选项卡“设置”组中的“设置幻灯片放映”按钮，弹出“设置放映方式”对话框。在“放映类型”区域中单击选中“观众自行浏览（窗口）”单选项；在“放映幻灯片”区域中单击选中“从…到…”单选项，并在第2个文本框中输入“4”，设置从第1页到第4页的幻灯片放映方式为观众自行浏览，如图4－4－4所示。

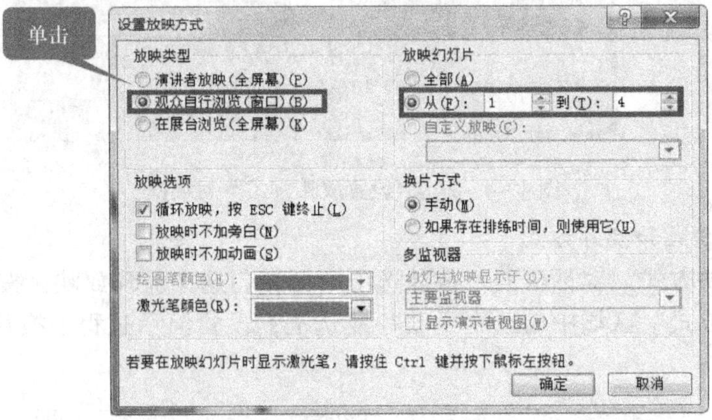

图4－4－4　“设置放映方式”对话框

2. 选中“隐藏背景图形”复选框

单击“确定”按钮完成设置，按“F5”快捷键进行演示文稿的演示。可以看到设置后前4页幻灯片以窗口的形式出现，并在最下方显示状态栏。

小提示：

单击状态栏中的“下一张”按钮➡和“上一张”按钮⬅也可以切换幻灯片；单击状态栏右方的其他视图按钮，可以将演示文稿由演示状态切换到其他视图状态。

活动3　在展台浏览

在展台浏览放映方式可以让多媒体报告自动放映，而不需要演讲者操作。有些场合需要让多媒体报告自动放映，例如展览会中的产品展示等。

打开演示文稿后，单击“幻灯片放映”选项卡“设置”组中的“设置幻灯片放映”按钮，在弹出的“设置放映方式”对话框的“放映类型”区域中单击选中“在展台浏览（全屏幕）”单选项，即可将演示方式设置为在展台浏览，如图4－4－5所示。

小提示：

可以将展台演示文稿设置为当参观者查看完整个演示文稿后或者演示文稿保持闲置状态达到一段时间后，自动返回至演示文稿首页，这样就不必时刻守着展台了。

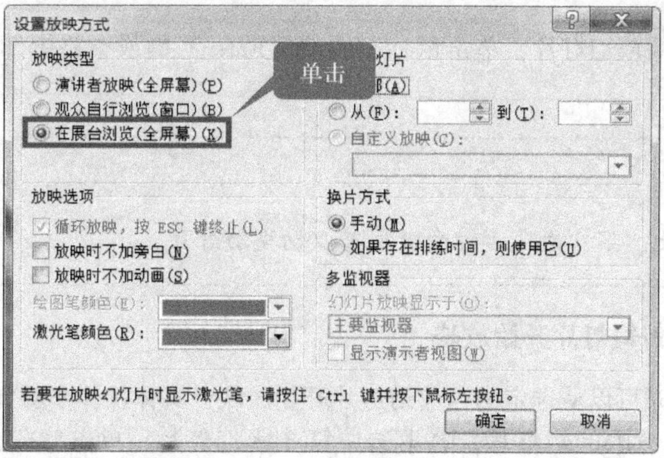

图 4－4－5　“设置放映方式”对话框

任务 2　开始演示幻灯片

在默认情况下，幻灯片的放映方式为普通手动放映。读者可以根据实际需要，设置幻灯片的放映方式，如自动放映、自定义放映和排列计时放映等。

活动 1　从头开始放映

幻灯片一般是从头开始放映的，设置从头开始放映的具体操作步骤如下。

1. 设置从头开始放映

单击“幻灯片放映”选项卡“开始放映幻灯片”组中的“从头开始”按钮，如图 4－4－6 所示。

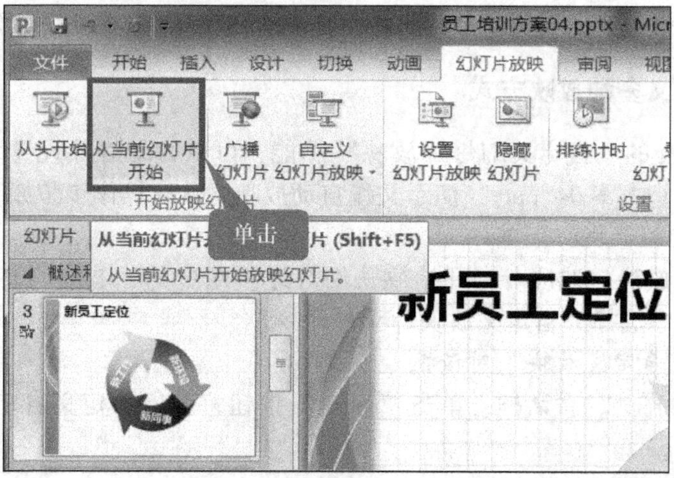

图 4－4－6　设置从头开始放映

2. 播放幻灯片

系统从头开始播放幻灯片，单击鼠标，或按“Enter”键或空格键即可切换到下一张幻灯片。

> **小提示：**
> 按键盘上的上、下、左、右方向键也可以切换幻灯片。

活动 2　从当前幻灯片开始放映

在放映幻灯片时可以从选定的当前幻灯片开始放映，具体操作步骤如下：

（1）选择开始放映的幻灯片，这里选中第 3 张幻灯片，单击“幻灯片放映”选项卡“开始放映幻灯片”组中的“从当前幻灯片开始”按钮，如图 4－4－7 所示。

图 4－4－7　“从当前幻灯片开始”按钮

（2）播放幻灯片。

系统从当前幻灯片开始播放幻灯片，按“Enter”键或空格键即可切换到下一张幻灯片。

活动 3　自定义多种放映方式

利用 PowerPoint 的“自定义幻灯片放映”功能，可以为幻灯片设置多种自定义放映方式。设置“员工培训方案 04. pptx”演示文稿自动放映的具体操作步骤如下。

1. 选择“自定义放映”菜单

单击“幻灯片放映”选项卡“开始放映幻灯片”组中的“自定义幻灯片放映”按钮，在弹出的下拉菜单中选择“自定义放映”菜单命令。

2. 弹出“定义自定义放映”对话框

弹出“自定义放映”对话框，单击“新建”按钮，弹出“定义自定义放映”对话框，如图 4－4－8 所示。

3. 自定义放映的幻灯片

在“在演示文稿的幻灯片”列表框中选择需要放映的幻灯片，然后单击“添加”按钮，即可将选中的幻灯片添加到“在自定义放映的幻灯片”列表框中，如图 4－4－9 所示。单击“确定”按钮，返回到“自定义放映”对话框。

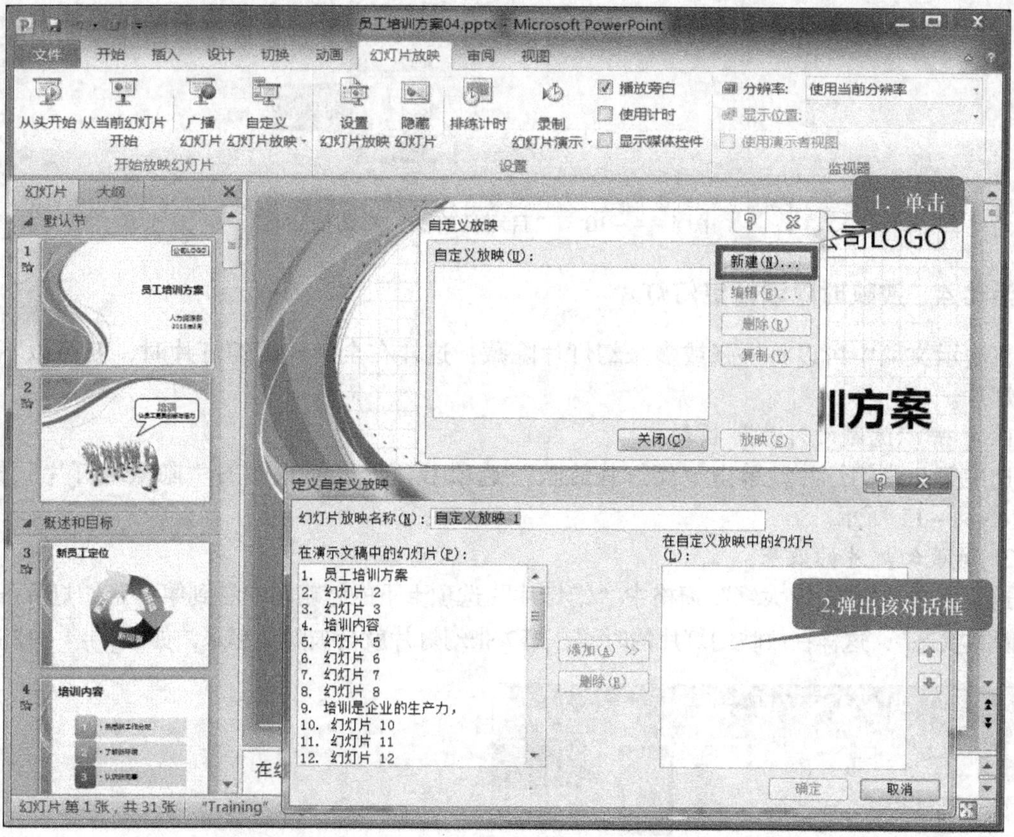

图 4－4－8　“定义自定义放映”对话框

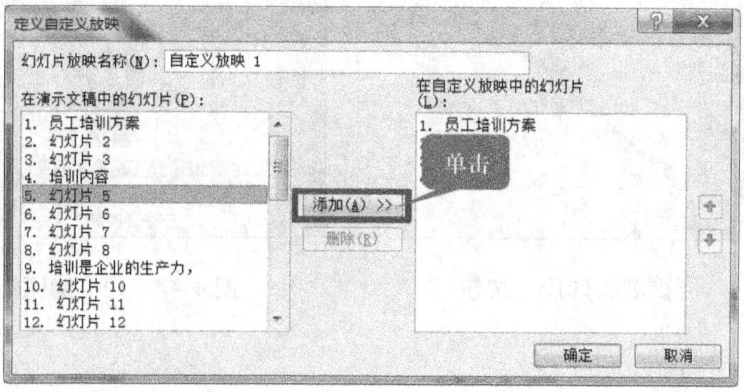

图 4－4－9　“定义自定义放映”对话框

4. 查看自动放映效果

单击“放映”按钮，可以查看自动放映效果，如图 4－4－10 所示。

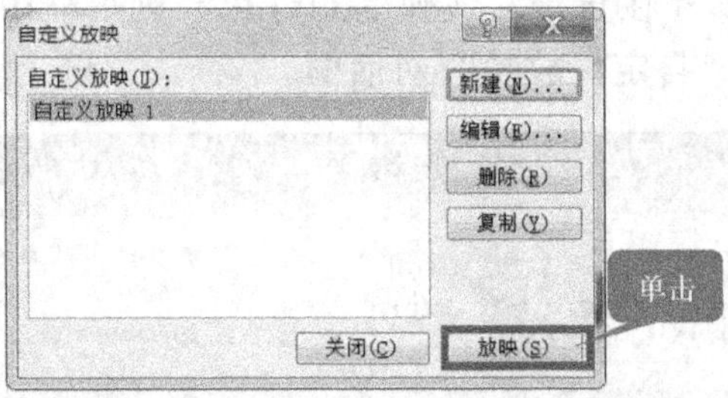

图 4－4－10　“自定义放映”对话框

活动 4　放映时隐藏指定幻灯片

在演示文稿中可以将一张或多张幻灯片隐藏，这样在全屏放映幻灯片时，就可以不显示此幻灯片。

1. 单击“隐藏幻灯片”按钮

选中第 7 张幻灯片，单击“幻灯片放映”选项卡“设置”组中的“隐藏幻灯片”按钮，如图 4－4－11 所示。

2. 隐藏幻灯片的效果

这时可在“幻灯片/大纲”窗格中“幻灯片”选项卡下的缩略图中看到第 7 张幻灯片编号显示为隐藏状态，这样在放映幻灯片的时候，第 7 张幻灯片就会被隐藏起来，如图 4－4－12 所示。

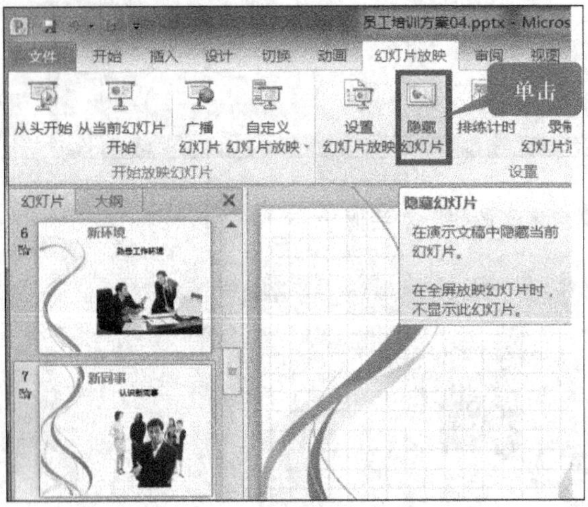

图 4－4－11　“隐藏幻灯片”按钮

图 4－4－12　隐藏幻灯片的效果

任务 3　添加演讲者备注

使用演讲者备注可以详尽阐述幻灯片中的要点，好的备注既可帮助演示者引领观众的思路，又可以防止幻灯片上文本泛滥。

活动 1 添加备注

创作幻灯片的内容时，可以在“幻灯片”窗格下方的“备注”窗格中添加备注，以便详尽阐述幻灯片的内容。演讲者可以将这些备注打印出来，以供在演示过程中作为参考。下面介绍在演示文稿中添加备注的具体操作步骤。

1. 选择添加备注幻灯片

选中第 2 张幻灯片，在“备注”窗格中“单击此处添加备注”处单击，输入备注内容，如图 4-4-13 所示。

图 4-4-13 添加备注幻灯片

2. 播放幻灯片

将鼠标指针指向“备注”窗格的上边框，当指针变为箭头形状后，向上拖动边框以增大备注空间。

活动 2 使用演示者视图

为演示文稿添加备注后，为观众放映幻灯片时，演示者可以使用演示者视图在另一台监视器上查看备注内容。在使用演示者视图放映时，演示者可以通过预览文本浏览下一次单击显示在屏幕上的内容，并可以将演讲者备注内容以清晰的大字显示，以便演示者查看。

小提示：

使用演示者视图，必须保证进行演示的计算机上能够支持两台以上的监视器，且 PowerPoint 对于演示文稿最多支持使用两台监视器。

勾选“幻灯片放映”选项卡“监视器”组中的“使用演示者视图”复选框，即可使用演示者视图放映幻灯片，如图4-4-14所示。

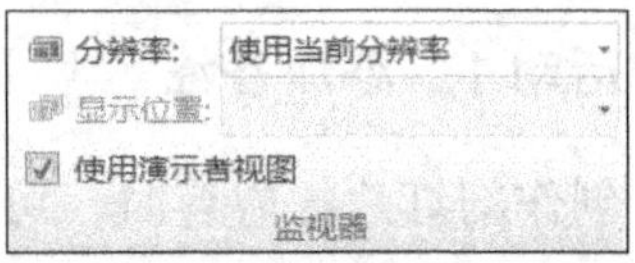

图4-4-14 使用演示者视图

任务4 让PPT自动演示

在公众场合进行PPT的演示之前，需要掌握好PPT演示的时间，以便达到整个展示和演讲预期的效果。

活动1 排练计时

作为演示文稿的制作者，在公众场合演示时需要掌握好演示的时间，为此需要测定幻灯片放映时的停留时间，对演示文稿排练计时的操作步骤如下。

1. 单击“排练计时”按钮

打开素材后，单击“幻灯片放映”选项卡“设置”组中的“排练计时”按钮，如图4-4-15所示。

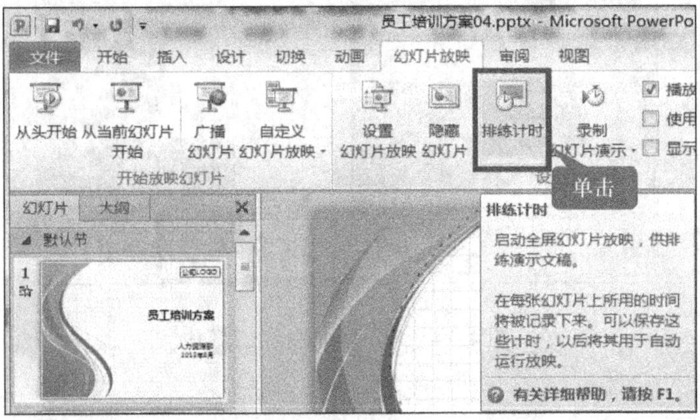

图4-4-15 “排练计时”按钮

2. 系统自动切换到放映模式

系统会自动切换到放映模式并弹出“录制”对话框，在“录制”对话框中会自动计算出当前幻灯片的排练时间，时间的单位为秒，如图4-4-16所示。

小提示：

如果对演示文稿的每一张幻灯片都需要“排练计时”，则可以定位于演示文稿的第1张幻灯片中。

3. “录制”对话框

在“录制”对话框中可以看到排练时间，如图4-4-17所示。

图4-4-16 幻灯片效果（16）

4. 排练完成

排练完成后，系统会显示一个警告的消息框，显示当前幻灯片放映的总共时间，单击“是”按钮，完成幻灯片的排练计时，如图4-4-18所示。

图4-4-17 “录制”对话框

图4-4-18 排练完成

小提示：

通常在放映过程中需要临时查看或跳到某一张幻灯片时，可通过“录制”对话框中的按钮来实现。

（1）“下一项”：切换到下一张幻灯片。

（2）“暂停”：暂停计时后再次单击会恢复计时。

（3）“重复”：重复排练当前幻灯片。

活动2 录制幻灯片演示

录制幻灯片演示是PowerPoint 2010新增的一项功能，该功能可以记录幻灯片的放映时间，同时允许用户使用鼠标和激光笔为幻灯片添加注释。制作者对PowerPoint 2010一切相关的注释都可以使用录制幻灯片演示功能记录下来，从而大大提高幻灯片的互动性。

1. 选择开始放映的幻灯片

单击“幻灯片放映”选项卡“设置”组中的“录制幻灯片演示”下拉按钮，在弹出的下拉列表中选择“从头开始录制”或“从当前幻灯片开始录制”选项。这里选择“从头开始录制”选项，如图4-4-19所示。

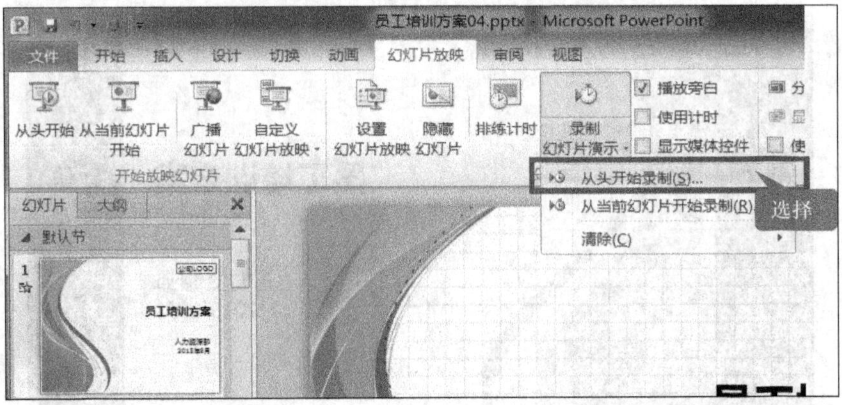

图 4－4－19　“从头开始录制”选项

2. 开始录制

弹出“录制幻灯片演示”对话框，该对话框中默认勾选“幻灯片和动画计时”复选框和“旁白和激光笔”复选框，可以根据需要选择需要的选项，然后单击“开始录制”按钮，幻灯片开始放映并自动开始计时，如图 4－4－20 所示。

3. 弹出“Microsoft PowerPoint”对话框

幻灯片放映结束时，录制幻灯片演示也随之结束，并弹出“Microsoft PowerPoint”对话框，如图 4－4－21 所示。

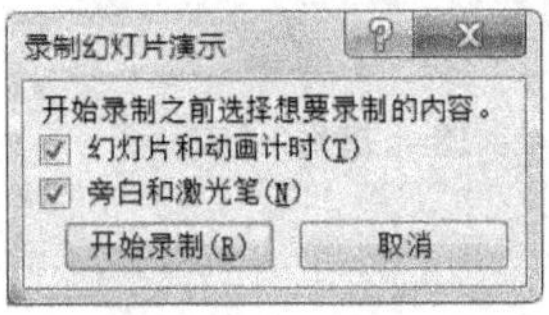

图 4－4－20　“录制幻灯片演示”对话框

图 4－4－21　“Microsoft PowerPoint”对话框

4. 显示每张幻灯片的演示计时时间

单击“是”按钮，返回演示文稿窗口且自动切换到幻灯片浏览视图。在该窗口中显示了每张幻灯片的演示计时时间，如图 4－4－22 所示。

小提示：

在“Microsoft PowerPoint”对话框中显示了放映该演示文稿所用的时间，若保留排练时间可以单击“是”按钮，若不保留排练时间，可单击“否”按钮。

【项目拓展】

如何取消以黑幻灯片结束？

单击“文件”选项卡，在弹出的菜单中选择“选项”选项，弹出“PowerPoint 选项”对话框，选择左侧的“高级”选项卡，在右侧的“幻灯片放映”区域中撤销选中“以黑幻灯片结束”复选框，单击“确定”按钮即可。

图 4－4－22 幻灯片效果（17）

练一练

1. 有时为了使整个演示文稿统一，在为幻灯片添加切换动画效果时，会将每张幻灯片的切换效果设置为相同，如果在遇到演示文稿中包含的幻灯片较多时，一张张地为幻灯片添加切换动画效果比较麻烦，也耽误时间，如何才能快速地为每张幻灯片添加相同的切换效果呢？

2. 公司制作的演示文稿，有时需要做成视频发送给客户或传到网上，在 PowerPoint 2010 中能不能把演示文稿创建成视频呢？

练习

1. 制作拓展培训

【习题背景】

最近几个月，公司销售人员的销售业绩下降非常严重，公司为了提高销售业绩，决定对销售人员进行一次拓展训练，公司让销售部经理小张将这次培训的内容制作成演示文稿，要求制作的演示文稿要体现出培训的重点。

【习题目标】

本题素材和效果在“ \ 本章练习 \ 第 1 题”中。本习题的培训重点是快速接手拓展工作，所有培训的内容主要包括对拓展工作的指导，快速融入集体、获取分销商的信任与合作。

2. 模拟树叶飘落

【习题背景】

很多用户制作动画时都会选用专业软件 Flash，而不会选择 PowerPoint，人们认为利用 PowerPoint 制作的动画不够自然其实无论选择什么软件制作动画，要想使制作的动画自然、连贯，都需要对动画进行组合应用和顺序调整。利用 PowerPoint 同样可以制作出与 Flash 相媲美的动画。

【习题目标】

本题素材和效果在“ \ 本章练习 \ 第 2 题”中。在制作课件、卡片、庆典等活动的片头时，往往需根据要表现的内容制作一些动画特效，如树叶飘落、气球升空、下雪等，其主要运用自定义路径动画来制作，制作时还需要进行动画的组合。

3. 制作交通安全课件

【习题背景】

随着社会的发展、车辆的增多，交通事故频发，交通安全成了老生常谈的问题，老师会经常给学生讲解交通安全方面的知识，不断告诫学生们自觉遵守交通规则，珍爱生命。

【习题目标】

本题素材和效果在“ \ 本章练习 \ 第 3 题”中。本题要求制作一个关于中小学生交通安全的宣传课件。课件的主要目的是向学生宣传交通安全，令学生遵守交通规则，所以制作时采用卡通图片以利于中小学生阅读。

4. 制作品牌行销策划提案

【习题背景】

品牌行销策划提案是针对某个品牌的营销进行的，其目的是推广产品，让更多的客户和消费者认识和购买该品牌的产品。

【习题目标】

本题素材和效果在“ \ 本章练习 \ 第 4 题”中。本题的演示文稿中的字体和背景颜色对比明显，给人醒目的感觉，文字内容安排适当，整个演示文稿风格统一。

第五篇
全国计算机等级考试二级真题与解析

真题 1

一、选择题

1. 下列叙述正确的是（　　）。
   A. 循环队列是队列的一种链式存储结构
   B. 循环队列是队列的一种顺序存储结构
   C. 循环队列是非线性结构
   D. 循环队列是一种逻辑结构
2. 下列关于线性链表的叙述中，正确的是（　　）。
   A. 各数据结点的存储空间可以不连续，但它们的存储顺序与逻辑顺序必须一致
   B. 各数据结点的存储顺序与逻辑顺序可以不一致，但它们的存储空间必须连续
   C. 运行插入与删除时，不需要移动表中的元素
   D. 以上说法均不正确
3. 一棵二叉树共有 25 个结点，其中 5 个是叶子结点，则度为 1 的结点数为（　　）。
   A. 16　　B. 10　　C. 6　　D. 4
4. 在下列模式中，能够给出数据库物理存储结构与物理存取方法的是（　　）。
   A. 外模式　　B. 内模式　　C. 概念模式　　D. 逻辑模式
5. 在满足实体完整性约束的条件下（　　）。
   A. 一个关系中应该有一个或多个候选关键词
   B. 一个关系中只能有一个候选关键词
   C. 一个关系中必须有多个候选关键词
   D. 一个关系中可以没有候选关键词
6. 有 3 个关系 R、S、T 如下：

R

A	B	C
a	1	2
b	2	1
c	3	1

S

A	B
c	3

T

C
1

   则由关系 R 和 S 得到关系 T 的操作是（　　）。
   A. 自然连接　　B. 交　　C. 除　　D. 并
7. 下面描述中，不属于软件危机表现的是（　　）。

A. 软件过程不规范　　B. 软件开发生产率低

C. 软件质量难以控制　　D. 软件成本不断提高

8. 下面不属于需求分析阶段任务的是（　　）。

A. 确定软件系统的功能需求　　B. 确定软件系统的性能需求

C. 需求规格说明书评审　　D. 制订软件集成测试计划

9. 在黑盒测试方法中，设计测试用例的主要根据是（　　）。

A. 程序内部逻辑　　B. 程序外部功能

C. 程序数据结构　　D. 程序流程图

10. 在软件设计中不使用的工具是（　）

A. 系统结构图　　B. PAD 图

C. 数据流图（DFD 图）　　D. 程序流程图

11. 下列英文缩写和中文名字的对照中，正确的是（　　）。

A. CAD——计算机辅助设计　　B. CAM——计算机辅助教育

C. CIMS——计算机集成管理系统　　D. CAI——计算机辅助制造

12. 在标准 ASCII 编码表中，数字码、小写英文字母和大写英文字母的前后次序是（　　）。

A. 数字、小写英文字母、大写英文字母

B. 小写英文字母、大写英文字母、数字

C. 数字、大写英文字母、小写英文字母

D. 大写英文字母、小写英文字母、数字

13. 字长是 CPU 的主要技术性能指标之一，它表示的是（　　）。

A. CPU 的计算结果的有效数字长度　　B. CPU 一次能处理二进制数据的位数

C. CPU 能表示的最大的有效数字位数　　D. CPU 能表示的十进制整数的位数

14. 下列软件中，不是操作系统的是（　　）。

A. Linux　　B. UNIX　　C. MS DOS　　D. MS Office

15. 下列关于计算机病毒的叙述中，正确的是（　　）。

A. 计算机病毒的特点之一是具有免疫性

B. 计算机病毒是一种有着逻辑错误的小程序

C. 反病毒软件必须随着新病毒的出现而升级，以提高查、杀病毒的功能

D. 感染过计算机病毒的计算机具有对该病毒的免疫性

16. 汇编语言程序（　　）。

A. 相对于高级程序设计语言程序具有良好的可移植性

B. 相对于高级程序设计语言程序具有良好的可读性

C. 相对于机器语言程序具有良好的可移植性

D. 相对于机器语言程序具有较高的执行效率

17. 组成一个计算机系统的两大部分是（　　）。

A. 系统软件和应用软件　　B. 硬件系统和软件系统

C. 主机和外部设备　　D. 主机和输入/出设备

18. 计算机网络是一个（　　）。

A. 管理信息系统　　B. 编译系统

C. 在协议控制下的多机互联系统　　D. 网上购物系统

19. 用来存储当前正在运行的应用程序和其相应数据的存储器是（　　）。

A. RAM　　B. 硬盘　　C. ROM　　D. CD-ROM

20. 根据域名代码规定，表示政府部门网站的域名代码是（　　）。

A. .net　　B. .com　　C. .gov　　D. .org

二、字处理题

请在“答题”菜单下选择“进入考生文件夹”命令，并按照题目要求完成下面的操作。注意：以下文件必须都要保存在考生文件夹下。在考生文件夹下打开“word.docx”，按照要求完成下列操作并以文件名“word.docx”保存文档。

某高校为了使学生更好地为职场定位做准备、提高就业能力，该校学工处将于2013年4月29日（星期五）19:30—21:30在校国际会议中心举办题为“领慧讲堂——大学生人生规划”的就业讨论，特别邀请资深媒体人、著名艺术评论家赵覃先生担任演讲嘉宾。

请根据上述活动的描述，利用Microsoft Word制作一份宣传海报（宣传海报的参考样式请参考“Word-海报参考样式.docx”文件），要求如下：

（1）调整文档版面，要求页面高度为35厘米，页面宽度为27厘米，上、下页边距为5厘米，左、右页边距为3厘米。

（2）根据“Word-海报参考样式.docx”文件，调整海报内容文字的字号、字体和颜色。

（3）根据页面布局需要，调整海报内容中“报告题目”“报告人”“报告日期”“报告日期”“报告地点”信息的段落间距。

（4）在“报告人:”位置后面输入报告人姓名（赵覃）。在“主办：校学工处”位置后另起一页，并设置第2页的页面纸张大小为A4篇幅，纸张方向设置为“横向”，页边距为“普通”页边距定义。

（5）在新页面的“日程安排”段落下面，复制本次活动的日程安排表（请参考“Word-活动日程安排.xlsx”文件），要求表格内容引用Excel文件中的内容，若Excel文件中的内容发生变化，Word文档中的日程安排信息随之发生变化。

（6）在新页面的“报名流程”段落下面，利用SmatrArt图形制作本次活动的报名流程（学工处报名、确认座席、领取资料、领取门票）。

（7）设置“报告人介绍”段落下面的文字排版布局为参考示例文件中所示的样式。

（8）更换报告人照片为考生文件下的“pic2.jpg”照片，将该照片调整到适合位置，并不要遮挡文档中的文字内容。

（9）保存本次活动的宣传海报设计为“Word.docx”。

三、电子表格题

请在“答题”菜单下选择“进入考生文件夹”命令，并按照题目要求完成下面的操作。

注意：以下文件必须都要保存在考生文件夹下。

小蒋是一位中学教师，在教务处负责初一年级学生的成绩管理。由于学校地处偏远地区，缺乏必要的教学设施，只有一台配置不太高的 PC 可以使用。他在这台电脑中安装了 Microsoft Office，决定通过 Excel 来管理学生成绩，以弥补学校缺少数据库管理系统的不足。现在，第一学期期末考试刚刚结束。小蒋将初一年级三个班的成绩录入了文件名为“学生成绩单.xlsx”的 Excel 工作簿文档中。

请根据下列要求帮助小蒋老师对该成绩单进行整理与分析：

(1) 对工作表“第一学期期末成绩”中的数据列表进行格式化操作：将第 1 列“学号”列设为文本，将所有成绩列设为保留两位小数的数值；适当加大行高列宽，改变字体、字号，设置对齐方式，增加适当的边框和底纹以使工作表更加美观。

(2) 利用“条件格式”功能进行下列设置：将语文、数学、英语 3 科中不低于 110 分的成绩所在的单元格以一种颜色填充，其他 4 科中高于 95 分的成绩以另一种颜色标出，所用颜色深浅以遮挡数据为宜。

(3) 利用 SUM 和 AVERAGE 函数计算每一个学生的总分及平均成绩。

(4) 学号第 3、4 位代表学生所在的班级，例如“120105”代表 12 级 1 班 5 号。请通过函数提取每个学生所在的班级并按下列对应关系填写在“班级”列中：

01	1 班
02	2 班
03	3 班

(5) 复制工作表“第一学期期末成绩”，将副本放置到原表之后，改变该副本表标签的颜色，并重新命名，新表名需包含“分类汇总”字样。

(6) 以分类汇总结果为基础，创建一个簇状柱形图，对每个班各科平均成绩进行比较，并将该图表放置在一个名为“柱状分析图”的新工作表中。

四、演示文稿题

请在“答题”菜单下选择“进入考生文件夹”命令，并按照题目要求完成下面的操作。注意：以下的文件必须都要保存在考生文件夹下。请根据提供的素材文件“ppt 素材.docx”中的文字与图片设计制作演示文稿，并以文件名“ppt.pptx”存盘，具体要求如下：

(1) 将素材文件中的每个矩形框中的文字及图片设计为 1 张幻灯片，为演示文稿插入幻灯片编号，与矩形框前的序号一一对应。

(2) 将第 1 张幻灯片作为标题页，标题为“云计算机简介”，并将其设为艺术字，有制作日期（格式：××××年××月××日），并指明制作者为考生×××。

第 9 张幻灯片中的“敬请批评指正！”采用艺术字。

(3) 幻灯片版式至少有 3 种，并为演示文稿选择一个合适的主题。

(4) 为第 2 张幻灯片中和每项内容插入超链接，单击时转到相应幻灯片。

(5) 第 5 张幻灯片采用 SmartArt 图形中的组织结构图来表示，最上级内容为“云计算的 5 个主要特征”，其下级依次为具体的 5 个特征。

(6) 为每张幻灯片中的对象添加动画效果，并设置 3 种以上幻灯片切换效果。

（7）增大第 6、7、8 页中图片的显示比例，达到较好的效果。

本题的效果如图 5－1－1 所示。

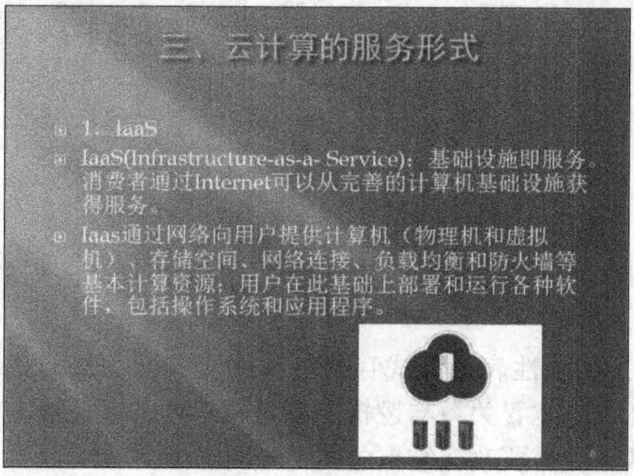

图 5－1－1　效果图（1）

真题 1 参考答案与解析

一、选择题

1. B

【解析】在实际应用中，队列的顺序存储结构一般采用循环队列的结构。

2. C

【解析】一般来说，在线性表的链式存储结构中，各数据结点的存储序号是不连续的，并且各结点在存储空间中的位置关系与逻辑关系也不一致。线性链表中数据的插入和删除都不需要移动表中的元素，只需要改变结点的指针即可。

3. A

【解析】根据二叉树的性质3：在任意一棵二叉树中，度为0 的叶子结点总是比度为2 的结点多一个，所以本题中度为2 的结点是 $5-1=4$（个），所以度为1 的结点个数是 $25-5-4=16$。

4. B

【解析】数据库系统的三级模式是概念模式、外模式和内模式。概念模式是数据库系统中全局数据逻辑结构的描述，是全体用户公共数据视图。外模式也称子模式或用户模式，它是用户的数据模式，它给出了数据库物理存储结构与物理存取方法，所以选择 B。

5. A

【解析】实体完整性约束要求关系的主键中属性值不能为空值，所以选择 A。

6. C

【解析】如果 $S=T/R$，则 S 称为 T 除以 R 的商，在除运算中的 S 的域由 T 中那些不出现在 R 中的域所组成，对于 S 中的任一有序组，由它与关系 R 中的每个有序组所构成的有序组均出现在关系 T 中。故选择 C。

7. A

【解析】软件危机主要表现在：软件需求的增长得不到满足；软件开发成本和进度无法控制；软件质量难以保证；软件不可维护或维护程度非常低；软件的成本不断提高；软件开发生产率的提高赶不上硬件的发展和应用需求的增长。故选择 A。

8. D

【解析】需求分析阶段的工作有需求获取、需求分析、编写需求规格说明书、需求评审。故选择 D。

9. B

【解析】黑盒测试是对已经实现的软件功能是否满足需求进行测试和验证，黑盒测试完全不考虑程序内部的逻辑结构和内部特性，只根据程序的需求和功能规格说明，检查程序的功能是否符合它的功能说明，所以本题选择 B。

10. C

【解析】系统结构图是对软件系统结构的总体设计的图形显示。在需求分析阶段，已经从系统开发的角度出发，把系统按功能逐次分割成层次结构，其是在概要设计阶段用到的。PAD 图是在详细设计阶段用到的。程序流程图是对程序流程的图形表示，在详细分析过程中用到。数据流图是结构化分析方法中使用的工具，它以图形的方式描绘数据在系统中流动和处理的过程，由于它只反映系统必须完成的逻辑功能，所以它是一种功能模型，是在可行性研究阶段用到的，而非在软件设计时用到。故选择 C。

11. A

【解析】CAD 是计算机辅助设计，CAM 是计算机辅助制造，CIMS 是计算机集成制造系统，CAI 是计算机辅助教学。

12. C

【解析】ASCII 码的值如下：48 ~ 57 号为 0 ~ 9 共 10 个阿拉伯数字；65 ~ 90 号为 26 个大写英文字母；97 ~ 122 号为 26 个小写英文字母。

13. B

【解析】字长是 CPU 的主要技术指标之一，指的是 CPU 一次能并行处理的二进制位数。字长总数是 8 的整数倍，通常 PC 机的字长为 16 位（早期）、32 位和 64 位。

14. D

【解析】操作系统是管理计算机硬件资源，控制其他程序运行并为用户提供交互操作界面的系统软件的集合。UNIX 是一个强大的多用户、多任务的操作系统，支持多种处理器架构，按照操作系统的分类，它属于分时操作系统。Linux 是一种自由和开放源码的类 UNIX 操作系统，MS DOS 是磁盘操作系统。MS Office 是办公软件而非操作系统。

15. C

【解析】计算机病毒是指编制者在计算机程序中插入的破坏计算机功能或者破坏数据，影响计算机使用并且自我复制的一组计算机指令或者程序代码，其具有寄生性、破坏性、传染性、潜伏性和隐蔽性，计算机本身对计算机病毒没有免疫性。

16. C

【解析】汇编语言程序相对于机器语言程序具有良好的可移植性。

17. B

【解析】一个完整的计算机系统主要由计算机硬件系统与软件系统两大部分组成。

18. C

【解析】计算机网络是以能够相互共享资源的方式互联的自治计算机系统的集合，也即在协议控制下的多机互联系统。

19. A

【解析】用来存储当前正在运行的应用程序和其相应数据的存储器是 RAM。

20. C

【解析】政府部门网站的域名代码是“. gov”。

二、文字处理题

(1)【微步骤】

步骤 1：打开考生文件夹下的“word. docx”。

步骤 2：根据题目要求，调整文档版面。单击“页面布局”选项卡下“页面设置”组中的“对话框”按钮。打开“页面设置”对话框，在“纸张”选项卡下设置高度为“35 厘米”，宽度为“27 厘米”，设置好后单击“确定”按钮，如图 5－1－2 所示。

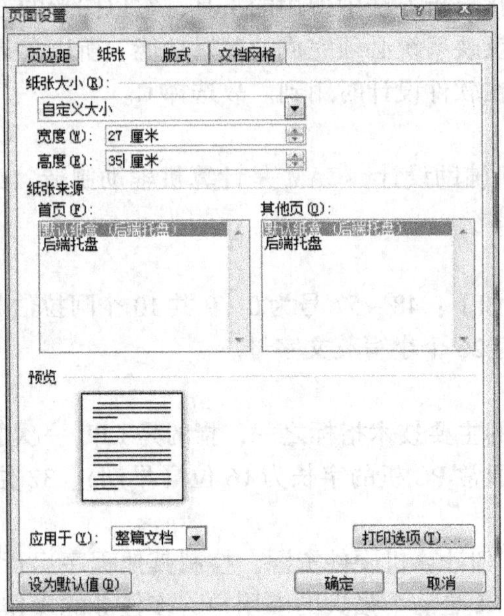

图 5－1－2　纸张大小

步骤 3：打开“页面设置”对话框中的“页边距”选项卡，将“页边距”选项卡的“上”和“下”均设置为“5 厘米”，将“左”和“右”均设置为“3 厘米”，然后单击“确定”按钮，如图 5－1－3 所示。

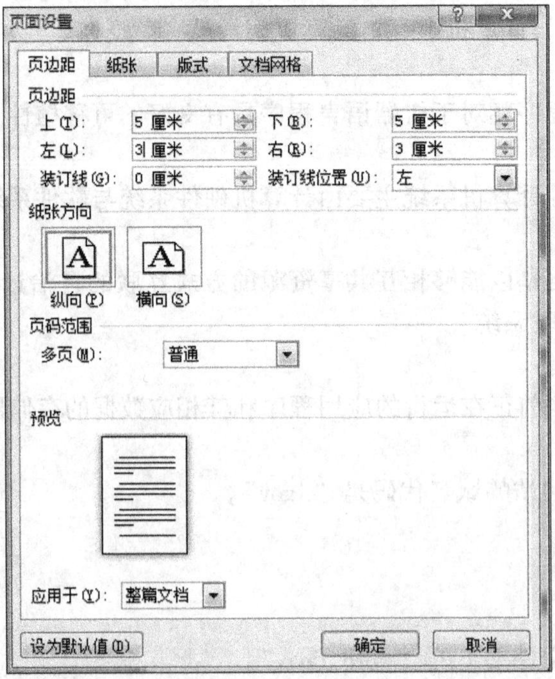

图 5－1－3　页边距

步骤4：单击“页面布局”选项卡下“页面背景”组中的“页面颜色”下拉按钮，在弹出的下拉列表中选择“填充效果”命令，弹出“填充效果”对话框，切换至“图片”选项卡，单击“选择图片”按钮，打开“选择图片”对话框，从目标文件中选择“Word－海报背景图片 .jpg”。设置完毕后单击“确定”按钮，如图5－1－4所示。

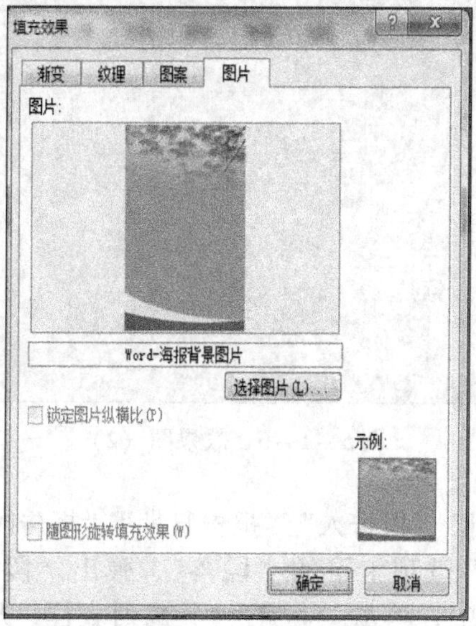

图5－1－4　页面背景

步骤5：实际填充效果如图5－1－5所示。

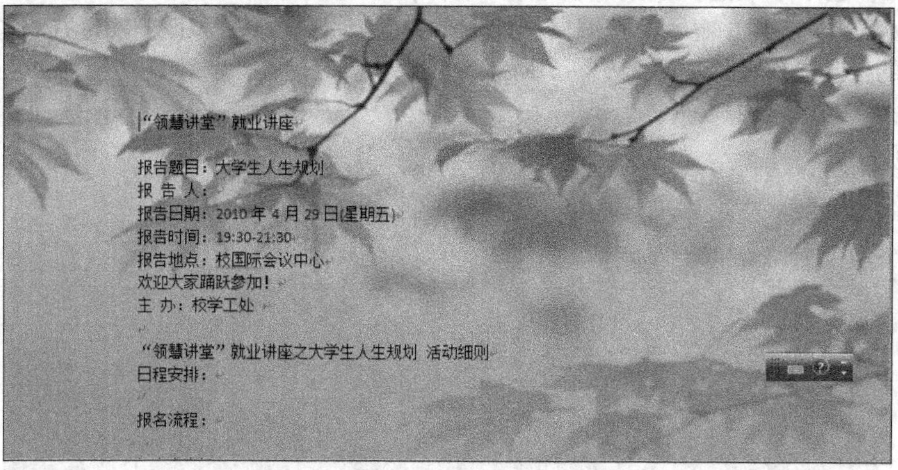

图5－1－5　实际填充效果图

（2）【微步骤】

步骤：根据“Word－海报参考样式 .docx”文件，选中标题“‘领慧讲堂’就业讲座”，单击“开始”选项卡下的“字体”下拉列表，选择“微软雅黑”“48”和“红色”命令，单击“段落”组中的“居中”按钮使其居中。按照相同的方法设置正文，字体颜色为“深蓝”和“白色，文字1”。将“欢迎大家踊跃参加！”设置为“华文行楷”“白色，文字说明”。实际效果如图5－1－6所示。

图 5-1-6　效果图（2）

（3）【微步骤】

步骤 1：选中"报告题目""报告人""报告日期""报告时间""报告地点"等正文所在的段落信息，单击"开始"选项卡下的"段落"，弹出"段落"对话框。在"缩进和间距"选项卡下的"间距"组中，单击"行距"下拉列表框，从中选择"1.5 倍行距"，在"段前""段后"设置 1 行，在"特殊格式"下拉列表框中选择"首行缩进"选项，并在右侧对应的"磅值"下拉列表框中选择"3 字符"选项。

步骤 2：选中"欢迎大家踊跃参加!"字样，单击"开始"选项卡下"段落"组中的"居中"按钮，使其居中显示。按照同样的方式设置"主办：校学工处"为右对齐。步骤 1 和步骤 2 的实际操作效果如图 5-1-7 所示。

图 5-1-7　段落设置效果

（4）【微步骤】

步骤：在"报告人："位置后面输入报告人"赵覃"，如图 5-1-8 所示。

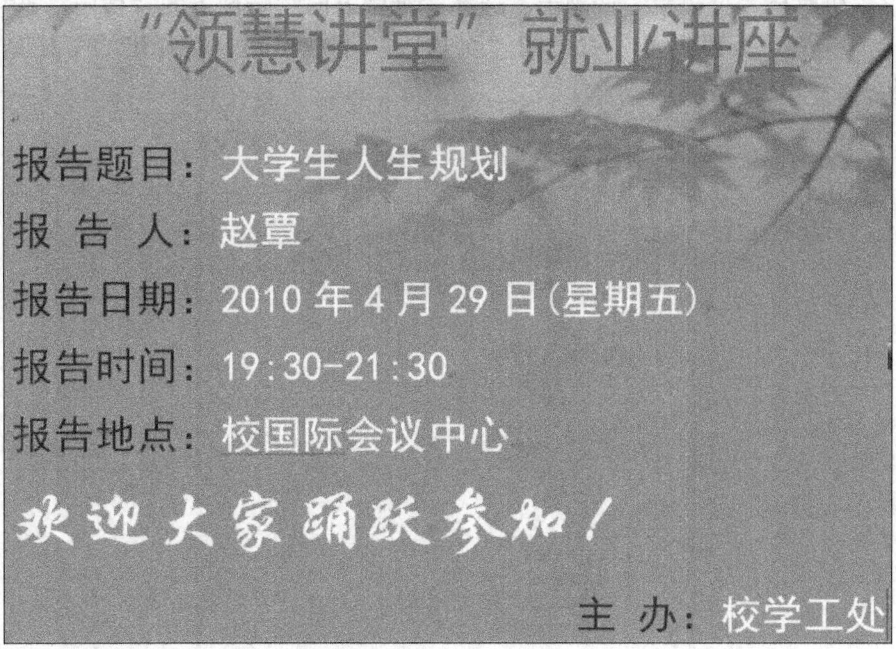

图 5－1－8　效果图（3）

（5）【微步骤】

步骤 1：将鼠标置于“主办：校学工处”位置后面，单击“页面布局”选项卡下“页面设置”组中的“分隔符”下拉按钮，选择“分节符”中的“下一页”即可另起一页。

步骤 2：选择第 2 页，单击“页面布局”选项卡下“页面设置”组中的对话框，弹出“页面设置”对话框。切换至“纸张”选项卡，选择“纸张大小”组中的“A4”选项，如图 5－1－9 所示。

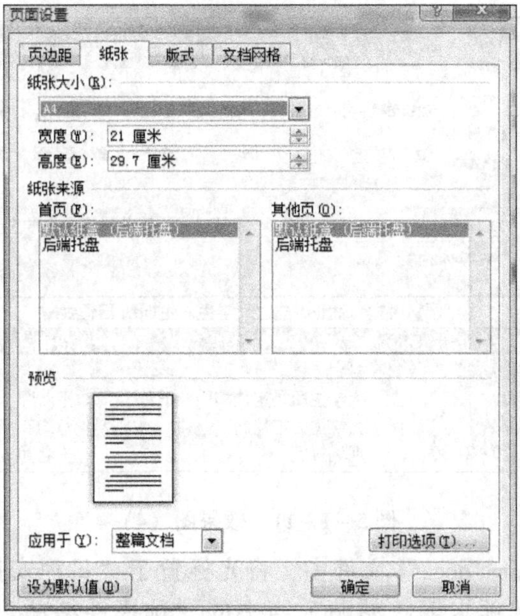

图 5－1－9　纸张设置

步骤 3：切换至“页边距”选项卡，选择“纸张方向”选项下的“横向”选项。

步骤 4：单击“页面设置”组中的“页边距”下拉按钮，在弹出的下拉列表中选择“普通”选项，如图 5－1－10 所示。

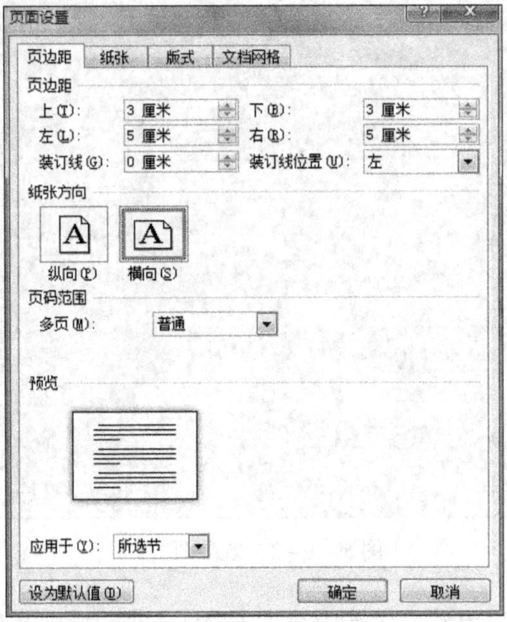

图 5－1－10　页边距设置

（6）【微步骤】

步骤 1：打开“Word－活动日程安排 . xlsx”，选中表格中的所有内容，按“Ctrl＋C”组合键，复制所选内容，如图 5－1－11 所示。

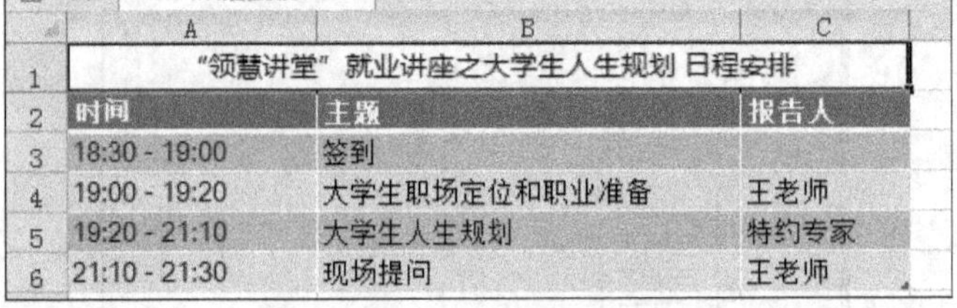

图 5－1－11　效果图（4）

步骤 2：切换到“Word. docx”文件中，将光标置于“日程安排：”后按“Enter”键另起一行。单击“开始”选项卡下“粘贴”组中的“选择性粘贴”按钮，弹出“选择性粘贴”对话框。选择“粘贴链接”，在“形式”下拉列表框中选择“Microsoft Excel 工作表对象”，如图 5 - 1 - 12 所示。

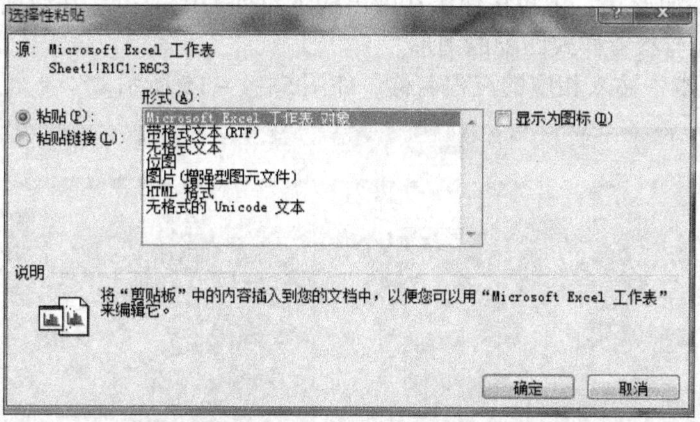

图 5 - 1 - 12　效果图（5）

步骤 3：单击“确定”按钮后，实际效果如图 5 - 1 - 13 所示。

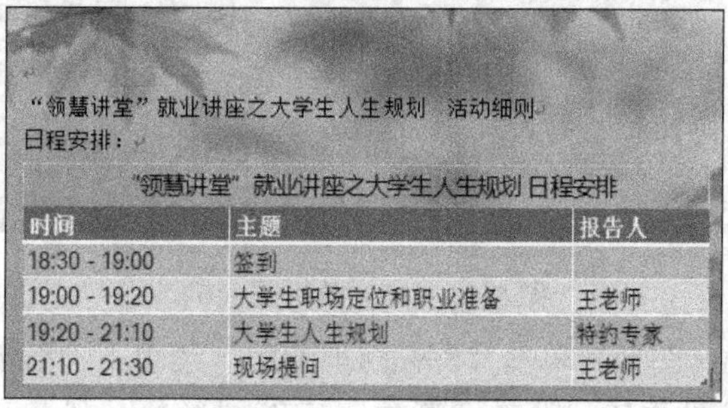
“领慧讲堂”就业讲座之大学生人生规划　活动细则
日程安排：

“领慧讲堂”就业讲座之大学生人生规划 日程安排		
时间	主题	报告人
18:30 - 19:00	签到	
19:00 - 19:20	大学生职场定位和职业准备	王老师
19:20 - 21:10	大学生人生规划	特约专家
21:10 - 21:30	现场提问	王老师

图 5 - 1 - 13　插入工作表的效果

（7）【微步骤】

步骤 1：将光标置于“报名流程”字样后，按“Enter”键另起一行，单击“插入”选项卡“插图”组中的“SmartArt”按钮，弹出“选择 Smart 图形”对话框，选择“流程”中的“基本列表”，如图 5 - 1 - 14 所示。

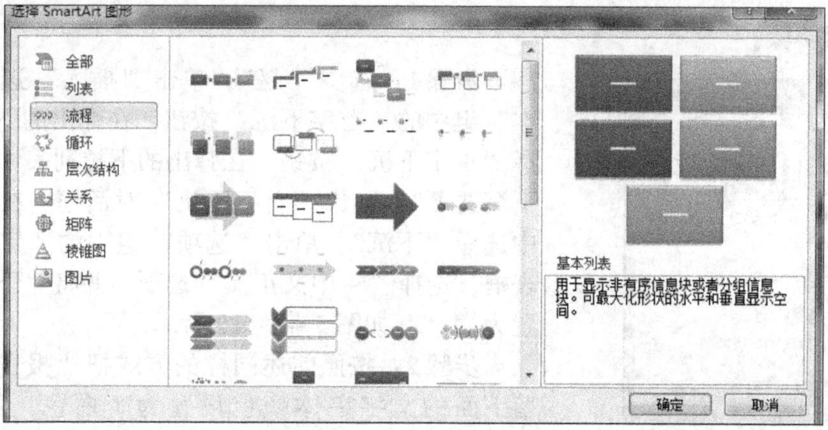

图 5 - 1 - 14　SmartArt 图形

步骤 2：单击“确定”按钮后，选中如图 5－1－15 所示的圆角矩形，然后单击“创建图形”组中的“添加形状”下拉按钮，在弹出的下拉列表中选择“在后面添加形状”，设置完毕后，即可得到与参考样式匹配的图形。

步骤 3：在文本中输入相应的流程名称，如图 5－1－15 所示。

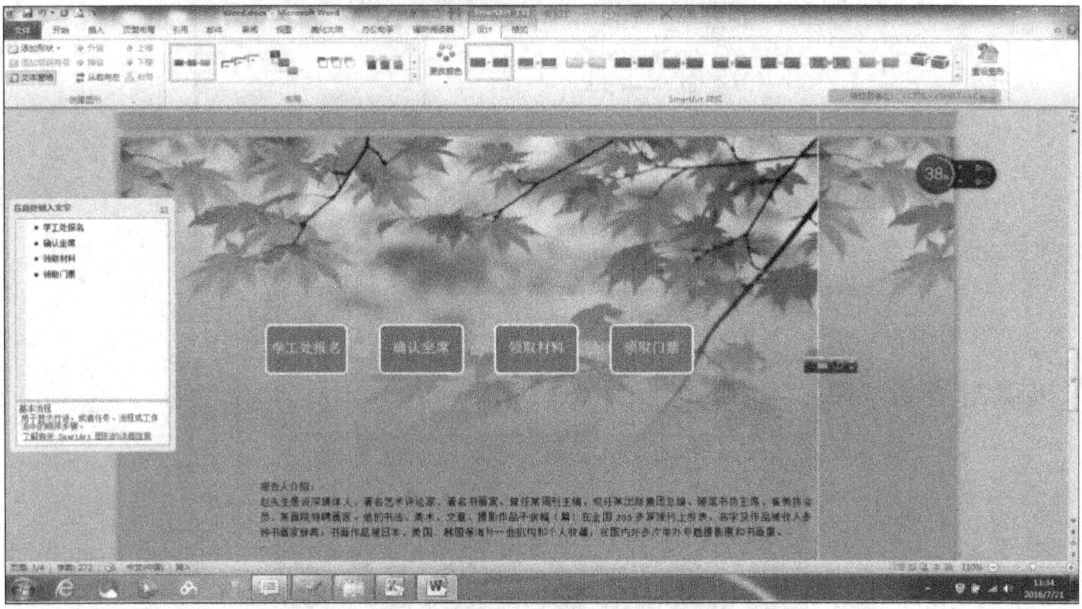

图 5－1－15　效果图（6）

步骤 4：选中 SmartArt 图形，单击“SmartArt 工具”菜单下“设计”组中的“更改颜色”下拉按钮，在弹出的下拉列表中，选择“彩色”中的“彩色—强调文字效果”，在“SmartArt 样式”中选择“强烈效果”，即可完成报名流程的设置，效果如图 5－1－16 所示。

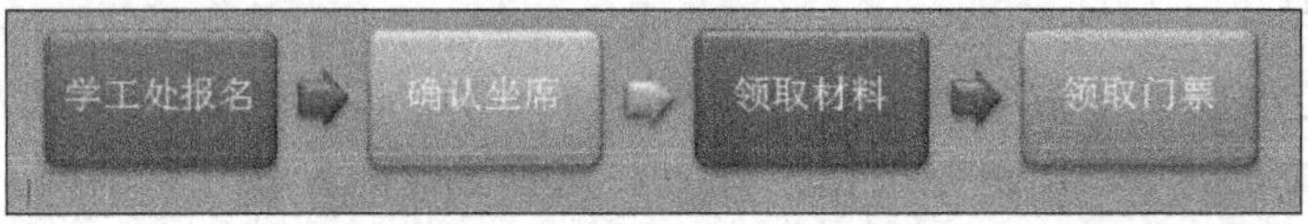

图 5－1－16　插入 SmartArt 图形

（8）【微步骤】

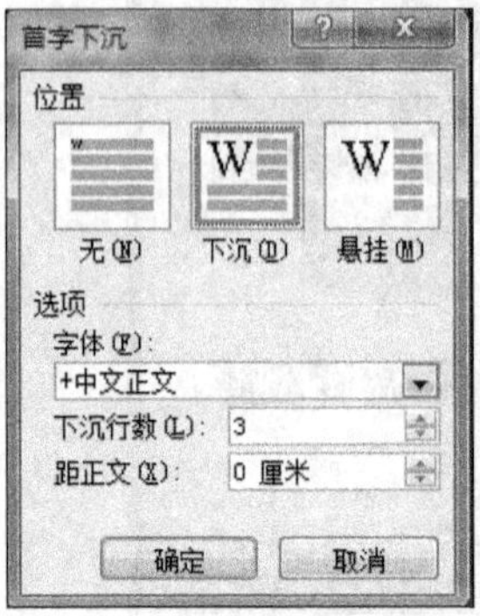

图 5－1－17　“首字下沉”对话框

步骤 1：选中“赵”，单击“插入”选项卡下“文本”组中的“首字下沉”按钮，在弹出的下拉列表中选择“首字下沉”按钮，在弹出的下拉列表中选择“首字下沉选项”，弹出“首字下沉”对话框。在“位置”组中选择“下沉”，单击“选项”组中的“字体”下拉列表框，选择“＋中文正文”选项，并将“下沉行数”设置为“3”，如图 5－1－17 所示。

步骤 2：按照前述同样的方式把“报告人介绍”段落下面的文字字体颜色设置为“白色，背景 1”，如图 5－1－18所示。

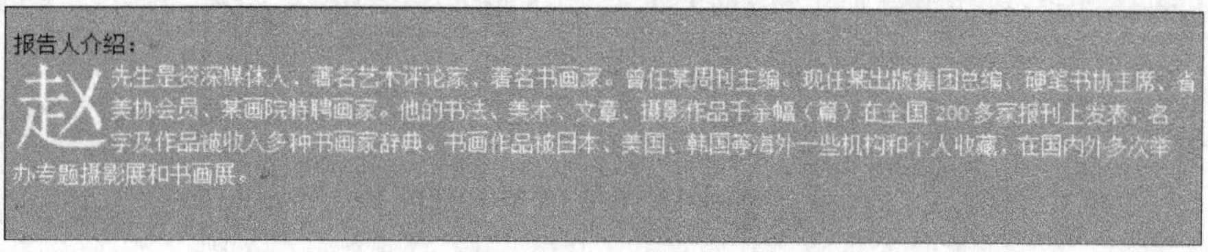

图 5－1－18 段落设置效果

（9）【微步骤】

步骤：选中图片，在“图片工具”的“格式”选项卡下，单击“调整”组中的“更改图片”按钮，弹出“插入图片”对话框，选择“pic2. jpg”，单击“插入”按钮，实现图片更改，拖动图片到恰当位置，实际效果如图 5－1－19 所示。

（10）【微步骤】

步骤：单击“保存”按钮保存本次的宣传海报为“word. docx”文件。效果如图 5－1－19 所示。

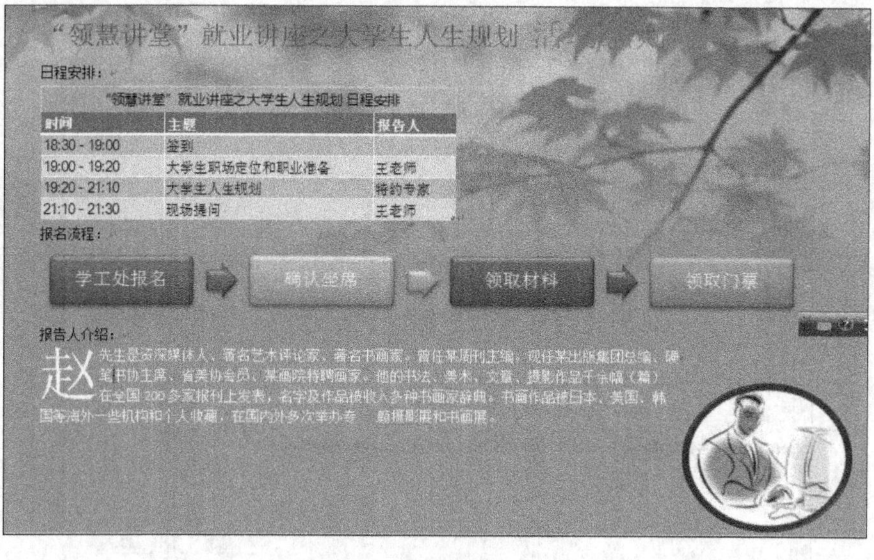

图 5－1－19 最后效果

三、电子表格题

（1）【微步骤】

步骤 1：打开考生文件夹下的“学生成绩单 . xlsx”。

步骤 2：选中“学号”所在的列，单击鼠标右键，在弹出的快捷菜单中选择“设置单元格格式”对话框。切换至“数字”选项卡，在“分类”组中选择“文本”，单击“确定”按钮，如图 5－1－20 所示。

步骤 3：选中所有成绩列，单击鼠标右键，在弹出的快捷菜单中选择“设置单元格格式”，弹出“设置单元格格式”对话框，切换至“数字”选项卡，在“分类”组中选择“数值”，在“小数位数”框中设置小数位数为“2”，单击“确定”按钮，如图 5－1－21 所示。

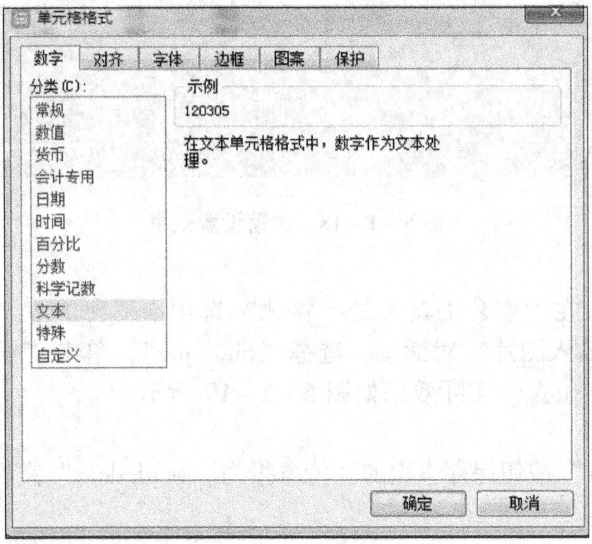

图 5－1－20　单元格设置

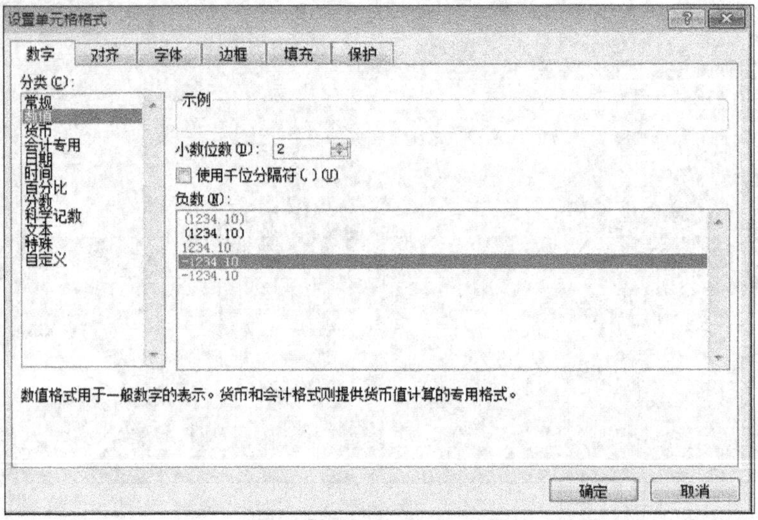

图 5－1－21　“设置单元格格式”对话框

步骤 4：选中相应内容，单击“开始”选项卡下“单元格”组中的“格式”下拉按钮，在弹出的下拉列表中选择“行高”，弹出“行高”对话框，设置行高为“15”，设置完毕后单击“确定”按钮，如图 5－1－22 所示。

步骤 5：单击“开始”选项卡下“单元格”组中的“格式”下拉按钮，在弹出的下拉列表中选择“列宽”，弹出“列宽”对话框，设置列宽为“10”，设置完毕后单击“确定”按钮，如图 5－1－23 所示。

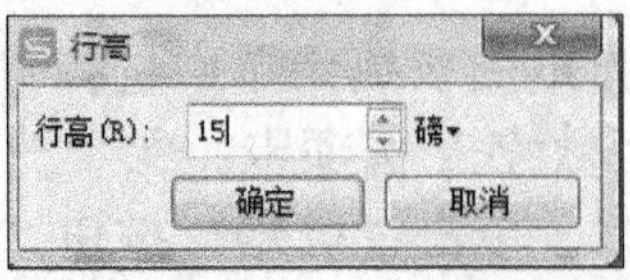

图 5－1－22　设置行高

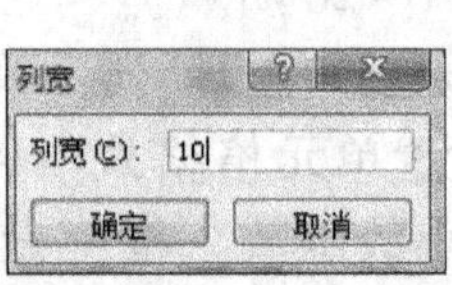

图 5－1－23　设置列宽

步骤6：单击鼠标右键，在弹出的快捷菜单中选择“设置单元格格式”，在弹出的“设置单元格格式”对话框中切换至“字体”选项卡，在“字体”下拉列表框中设置字体为“幼圆”，在“字号”下拉列表框中设置字号为“10”，单击“确定”按钮，如图5-1-24所示。

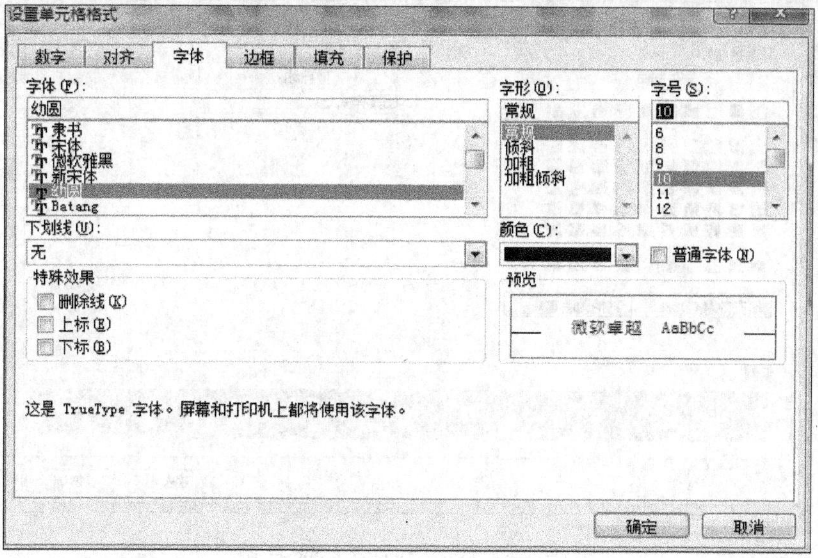

图5-1-24　设置字体

步骤7：选中第1行单元格，在“开始”选项卡下的“字体”工具栏上单击“加粗”按钮，设置字形为“加粗”。

步骤8：重新选中“数据区域”，按照同样的方法打开“设置单元格格式”对话框，切换到“对齐”选项卡，在“文本对齐方式”组中设置“水平对齐”与“垂直对齐”均为“居中”。

步骤9：切换至“边框”选项，在“预置”选项中选择“外边框”选项和“内部”选项，如图5-1-25所示。

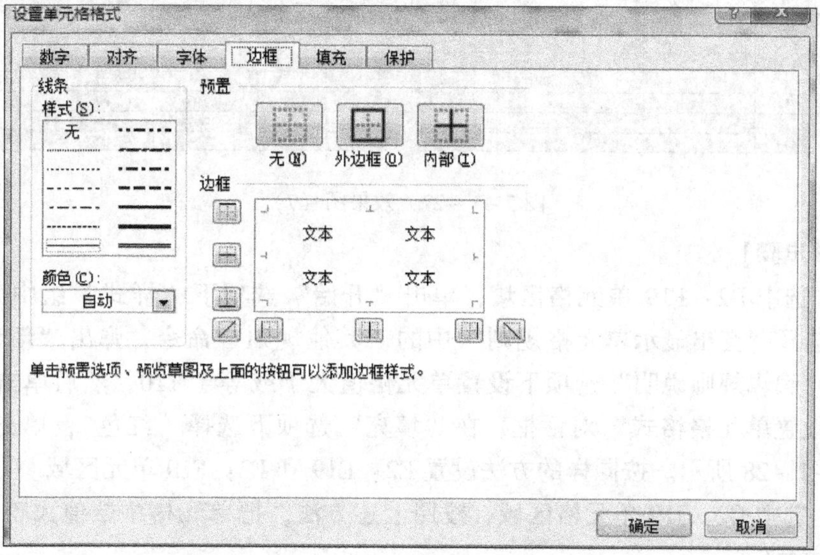

图5-1-25　“边框”选项卡

步骤 10：切换至“填充”选项卡，在“背景色”组中选择“浅绿”选项，如图 5－1－26 所示。

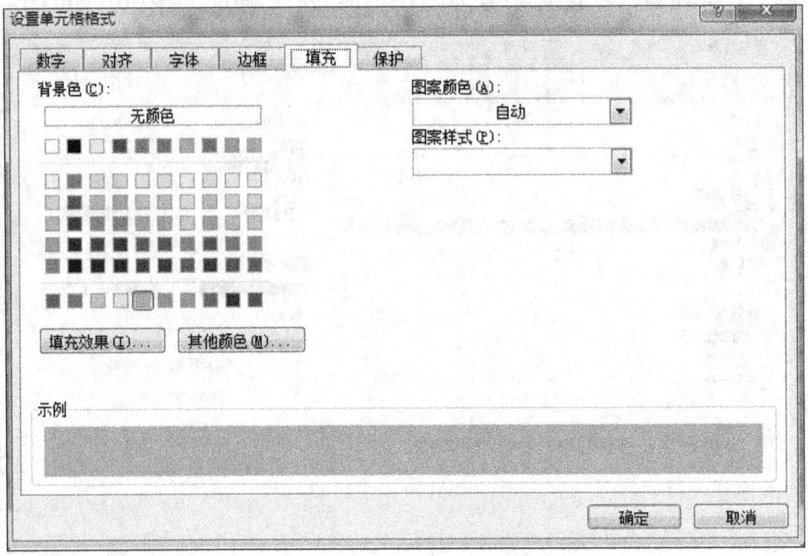

图 5－1－26　“填充”选项卡

步骤 11：单击“确定”按钮后，效果如图 5－1－27 所示。

学号	姓名	班级	语文	数学	英语	生物	地理	历史	政治	总分	平均分
120305	包宏伟		91.50	89.00	94.00	92.00	91.00	86.00	86.00		
120203	陈万地		93.00	99.00	92.00	86.00	86.00	73.00	92.00		
120104	杜学江		102.00	116.00	113.00	78.00	88.00	86.00	73.00		
120301	符合		99.00	98.00	101.00	95.00	91.00	95.00	78.00		
120306	吉祥		101.00	94.00	99.00	90.00	87.00	95.00	93.00		
120206	李北大		100.50	103.00	104.00	88.00	89.00	78.00	90.00		
120302	李娜娜		78.00	95.00	94.00	82.00	90.00	93.00	84.00		
120204	刘康锋		95.50	92.00	96.00	84.00	95.00	91.00	92.00		
120201	刘鹏举		93.50	107.00	96.00	100.00	93.00	92.00	93.00		
120304	倪冬声		95.00	97.00	102.00	93.00	95.00	92.00	88.00		
120103	齐飞扬		95.00	85.00	99.00	98.00	92.00	92.00	88.00		
120105	苏解放		88.00	98.00	101.00	89.00	73.00	95.00	91.00		
120202	孙玉敏		86.00	107.00	89.00	88.00	92.00	88.00	89.00		
120205	王清华		103.50	105.00	105.00	93.00	93.00	90.00	86.00		
120102	谢如康		110.00	95.00	98.00	99.00	93.00	93.00	92.00		
120303	闫朝霞		84.00	100.00	97.00	87.00	78.00	89.00	93.00		
120101	曾令煊		97.50	106.00	108.00	98.00	99.00	99.00	96.00		
120106	张桂花		90.00	111.00	116.00	72.00	95.00	93.00	95.00		

图 5－1－27　效果图（7）

（2）【微步骤】

步骤 1：选中 D2：F19 单元格区域，单击“开始”选项下“样式”组中“条件格式”下拉按钮，选择“突出显示单元格规则”中的“其他规则”命令，弹出“新建格式规则”对话框。在“编辑规则说明”选项下设置单元格值大于或等于 110，然后单击“格式”按钮。弹出“设置单元格格式”对话框，在“填充”选项下选择“红色”，单击“确定”按钮，如图 5－1－28 所示。按同样的方法设置 E2：E19 和 F2：F19 单元区域。

步骤 2：选中 G2：J19 单元格区域，按照上述方法，把单元格中数值大于 95 的字体颜色设置为“黄色”。

学号	姓名	班级	语文	数学	英语	生物	地理	历史	政治	总分	平均分
120305	包宏伟		91.50	89.00	94.00	92.00	91.00	86.00	86.00		
120203	陈万地		93.00	99.00	92.00	86.00	86.00	73.00	92.00		
120104	杜学江		102.00	116.00	113.00	78.00	88.00	86.00	73.00		
120301	符合		99.00	98.00	101.00	95.00	91.00	95.00	78.00		
120306	吉祥		101.00	94.00	99.00	90.00	87.00	95.00	93.00		
120206	李北大		100.50	103.00	104.00	88.00	89.00	78.00	90.00		
120302	李娜娜		78.00	95.00	94.00	82.00	90.00	93.00	84.00		
120204	刘康锋		95.50	92.00	96.00	84.00	95.00	91.00	92.00		
120201	刘鹏举		93.50	107.00	96.00	100.00	93.00	92.00	93.00		
120304	倪冬声		95.00	97.00	102.00	93.00	95.00	92.00	88.00		
120103	齐飞扬		95.00	85.00	99.00	98.00	92.00	92.00	88.00		
120105	苏解放		88.00	98.00	101.00	89.00	73.00	95.00	91.00		
120202	孙玉敏		86.00	107.00	89.00	88.00	92.00	88.00	89.00		
120205	王清华		103.50	105.00	105.00	93.00	93.00	90.00	86.00		
120102	谢如康		110.00	95.00	98.00	99.00	93.00	93.00	92.00		
120303	闫朝霞		84.00	100.00	97.00	87.00	78.00	89.00	93.00		
120101	曾令煊		97.50	106.00	108.00	98.00	99.00	99.00	96.00		
120106	张桂花		90.00	111.00	116.00	72.00	95.00	93.00	95.00		

图 5-1-28　设置条件格式

（3）【微步骤】

步骤 1：在 K2 单元格中输入“=SUM(D2：J2)”，按“Enter”键后该单元格的值为“629.50”，拖动 K2 单元格右下角的填充柄直至最下一行数据处，完成总分的填充，如图 5-1-29所示。

步骤 2：在 L2 单元格中输入“=Average(D2：J2)”，按“Enter”键后该单元的值为“=89.93”，拖动 L2 单元格右下角的填充柄直至最下一行数据处，完成平均分的填充，如图 5-1-29 所示。

学号	姓名	班级	语文	数学	英语	生物	地理	历史	政治	总分	平均分
		总计平均值	94.61	99.83	100.22	89.56	90.00	90.00	88.83		
		1班 平均值	97.08	101.83	105.83	89.00	90.00	93.00	89.17		
120104	杜学江	1班	102.00	116.00	113.00	78.00	88.00	86.00	73.00	656.00	93.71
120103	齐飞扬	1班	95.00	85.00	99.00	98.00	92.00	92.00	88.00	649.00	92.71
120105	苏解放	1班	88.00	98.00	101.00	89.00	73.00	95.00	91.00	635.00	90.71
120102	谢如康	1班	110.00	95.00	98.00	99.00	93.00	93.00	92.00	680.00	97.14
120101	曾令煊	1班	97.50	106.00	108.00	98.00	99.00	99.00	96.00	703.50	100.50
120106	张桂花	1班	90.00	111.00	116.00	72.00	95.00	93.00	95.00	672.00	96.00
		2班 平均值	95.33	102.17	97.00	89.83	91.33	85.33	90.33		
120203	陈万地	2班	93.00	99.00	92.00	86.00	86.00	73.00	92.00	621.00	88.71
120206	李北大	2班	100.50	103.00	104.00	88.00	89.00	78.00	90.00	652.50	93.21
120204	刘康锋	2班	95.50	92.00	96.00	84.00	95.00	91.00	92.00	645.50	92.21
120201	刘鹏举	2班	93.50	107.00	96.00	100.00	93.00	92.00	93.00	674.50	96.36
120202	孙玉敏	2班	86.00	107.00	89.00	88.00	92.00	88.00	89.00	639.00	91.29
120205	王清华	2班	103.50	105.00	105.00	93.00	93.00	90.00	86.00	675.50	96.50
		3班 平均值	91.42	95.50	97.83	89.83	88.67	91.67	87.00		
120305	包宏伟	3班	91.50	89.00	94.00	92.00	91.00	86.00	86.00	629.50	89.93
120301	符合	3班	99.00	98.00	101.00	95.00	91.00	95.00	78.00	657.00	93.86
120306	吉祥	3班	101.00	94.00	99.00	90.00	87.00	95.00	93.00	659.00	94.14
120302	李娜娜	3班	78.00	95.00	94.00	82.00	90.00	93.00	84.00	616.00	88.00
120304	倪冬声	3班	95.00	97.00	102.00	93.00	95.00	92.00	88.00	662.00	94.57
120303	闫朝霞	3班	84.00	100.00	97.00	87.00	78.00	89.00	93.00	628.00	89.71

图 5-1-29　条件格式

（4）【微步骤】

步骤 1：在 C2 单元格中输入“=LOOKUP(MID(A2，3，2)，{"01","02","03"}，{"1 班","2 班","3 班"})”，按“Enter”键后该单元格的值为“3 班”，拖动 C2 单元格右下角的填充柄直至最下一行数据处，完成班级的填充。

（5）【微步骤】

步骤 1：复制工作表“第一学期期末成绩”，粘贴到 Sheet2 工作表中，然后在副本的工作表名上单击鼠标右键，在弹出的快捷菜单里“工作表标签颜色”级联菜单中选择“红色”命令。

步骤 2：双击副本，表名呈编辑状态，重新命名为“第一学期期末成绩分类汇总”，改变副本表标签的颜色，效果如图 5－1－30 所示。

图 5－1－30　表标签颜色

（6）【微步骤】

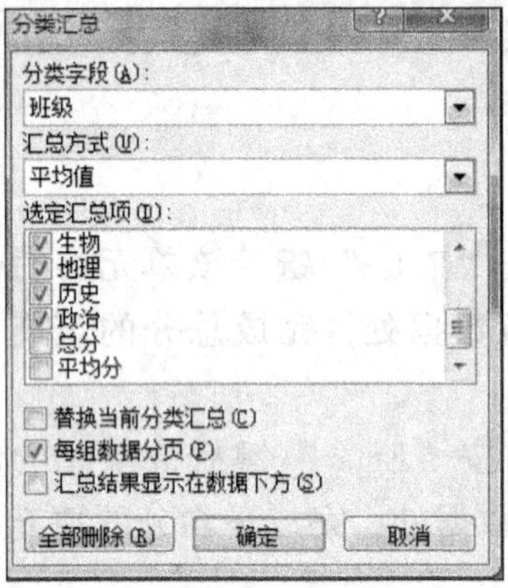

图 5－1－31　“分类汇总”对话框

步骤 1：按照题意，首先对班级按升序排序，选中 C2：C19 单元格区域，单击“数据”选项下“排序和筛选”组中的“升序”按钮，即可完成设置。

步骤 2：选中 D20 单元格，单击“数据”选项下“分级显示”组中的“分类汇总”对话框。单击“分类汇总”组中的下拉按钮，选择“班级”选项，单击“分类汇总”组中的下拉按钮。选择“平均值”选项，在“选定汇总项”组中勾选“语文”“数学”“英语”“生物”“地理”“历史”“政治”复选框。最后勾选“每组数据分页”复选框，如图 5－1－31 所示。

步骤 3：单击“确定”按钮后效果如图 5－1－32 所示。

学号	姓名	班级	语文	数学	英语	生物	地理	历史	政治	总分	平均分
		总计平均值	94.61	99.83	100.22	89.56	90.00	90.00	88.83		
		1班 平均值	97.08	101.83	105.83	89.00	90.00	93.00	89.17		
120104	杜学江	1班	102.00	116.00	113.00	78.00	88.00	86.00	73.00	656.00	93.71
120103	齐飞扬	1班	95.00	85.00	99.00	98.00	92.00	92.00	88.00	649.00	92.71
120105	苏解放	1班	88.00	98.00	101.00	89.00	73.00	95.00	91.00	635.00	90.71
120102	谢如康	1班	110.00	95.00	98.00	99.00	93.00	93.00	92.00	680.00	97.14
120101	曾令煊	1班	97.50	106.00	108.00	98.00	99.00	99.00	96.00	703.50	100.50
120106	张桂花	1班	90.00	111.00	116.00	72.00	95.00	93.00	95.00	672.00	96.00
		2班 平均值	95.33	102.17	97.00	89.83	91.33	85.33	90.33		
120203	陈万地	2班	93.00	99.00	92.00	86.00	86.00	73.00	92.00	621.00	88.71
120206	李北大	2班	100.50	103.00	104.00	88.00	89.00	78.00	90.00	652.50	93.21
120204	刘康锋	2班	95.50	92.00	96.00	84.00	95.00	91.00	92.00	645.50	92.21
120201	刘鹏举	2班	93.50	107.00	96.00	100.00	93.00	92.00	93.00	674.50	96.36
120202	孙玉敏	2班	86.00	107.00	89.00	88.00	92.00	88.00	89.00	639.00	91.29
120205	王清华	2班	103.50	105.00	105.00	93.00	93.00	90.00	86.00	675.50	96.50
		3班 平均值	91.42	95.50	97.83	89.83	88.67	91.67	87.00		
120305	包宏伟	3班	91.50	89.00	94.00	92.00	91.00	86.00	86.00	629.50	89.93
120301	符合	3班	99.00	98.00	101.00	95.00	91.00	95.00	78.00	657.00	93.86
120306	吉祥	3班	101.00	94.00	99.00	90.00	87.00	95.00	93.00	659.00	94.14
120302	李娜娜	3班	78.00	95.00	94.00	82.00	90.00	93.00	84.00	616.00	88.00
120304	倪冬声	3班	95.00	97.00	102.00	93.00	95.00	92.00	88.00	662.00	94.57
120303	闫朝霞	3班	84.00	100.00	97.00	87.00	78.00	89.00	93.00	628.00	89.71

图 5－1－32　效果图（8）

（7）【微步骤】

步骤 1：选中每个班各科平均成绩所在的单元格，单击“插入”选项下“图表”组中的“柱形图”按钮，在弹出的下拉列表中选择“簇状柱形图”，如图 5－1－33 所示。（注意：在选择数据源时，不连续的行用“Ctrl”键）

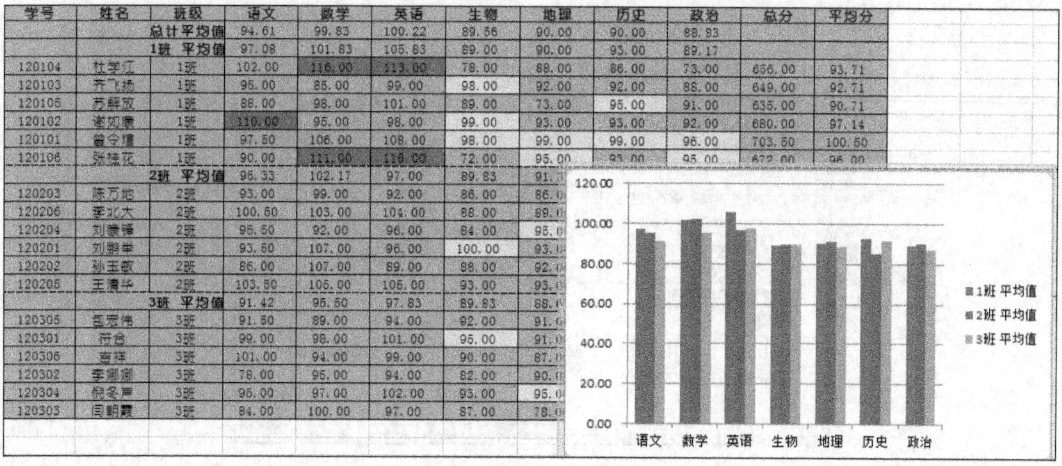

学号	姓名	班级	语文	数学	英语	生物	地理	历史	政治	总分	平均分
		总计平均值	94.61	99.83	100.22	89.56	90.00	90.00	88.83		
		1班 平均值	97.08	101.83	105.83	89.00	90.00	93.00	89.17		
120104	杜学江	1班	102.00	116.00	113.00	78.00	88.00	86.00	73.00	656.00	93.71
120103	齐飞扬	1班	95.00	85.00	99.00	98.00	92.00	92.00	88.00	649.00	92.71
120105	苏解放	1班	88.00	98.00	101.00	89.00	73.00	95.00	91.00	635.00	90.71
120102	谢如康	1班	110.00	95.00	98.00	99.00	93.00	93.00	92.00	680.00	97.14
120101	曾令煊	1班	97.50	106.00	108.00	98.00	99.00	99.00	96.00	703.50	100.50
120106	张桂花	1班	90.00	111.00	116.00	72.00	95.00	93.00	95.00	672.00	96.00
		2班 平均值	95.33	102.17	97.00	89.83	91.				
120203	陈万地	2班	93.00	99.00	92.00	86.00	86.0				
120206	李北大	2班	100.50	103.00	104.00	88.00	89.0				
120204	刘康锋	2班	95.50	92.00	96.00	84.00	95.0				
120201	刘鹏举	2班	93.50	107.00	96.00	100.00	93.0				
120202	孙玉敏	2班	86.00	107.00	89.00	88.00	92.0				
120205	王清华	2班	103.50	105.00	105.00	93.00	93.0				
		3班 平均值	91.42	95.50	97.83	89.83	88.				
120305	包宏伟	3班	91.50	89.00	94.00	92.00	91.				
120301	符合	3班	99.00	98.00	101.00	95.00	91.				
120306	吉祥	3班	101.00	94.00	99.00	90.00	87.0				
120302	李娜娜	3班	78.00	95.00	94.00	82.00	90.0				
120304	倪冬声	3班	95.00	97.00	102.00	93.00	95.0				
120303	闫朝霞	3班	84.00	100.00	97.00	87.00	78.0				

图 5－1－33　插入图表

步骤 2：剪切该簇状柱形图到 Sheet3，把 Sheet3 重命名为“簇状分析图”即可完成设置。

四、演示文稿题

(1)【微步骤】

步骤 1：在考生文件夹下，单击鼠标右键，选择“新建”→“Microsoft PowerPoint 演示文稿”。

步骤 2：新建演示文稿，将其命名为“ppt. pptx”，如图 5－1－34 所示。

图 5－1－34　新建演示文稿

步骤 3：打开“ppt. pptx”，单击“开始”选项卡下“幻灯片”组中的“新建幻灯片”按钮，如图 5－1－35 所示。

步骤 4：按照步骤 2，以相同的方式操作 8 次，最终新建 9 个幻灯片。

步骤 5：分别将素材文件中每个矩形框中的文字及图片复制一个幻灯片，并且顺序一一对应。

步骤 6：单击“插入”选项卡，在“文本”组中勾选“幻灯片编号”复选框，勾选“幻灯片编号”复选框，单击“全部应用”按钮，如图 5－1－36 所示。

图 5－1－35　单击“新建幻灯片”按钮

(2)【微步骤】

步骤 1：选择需要更改版式的第 1 张幻灯片，单击“开始”选项卡，在“幻灯片”组中单击“版式”右侧的下拉按钮，选择所需的版式，如图 5－1－37 所示。

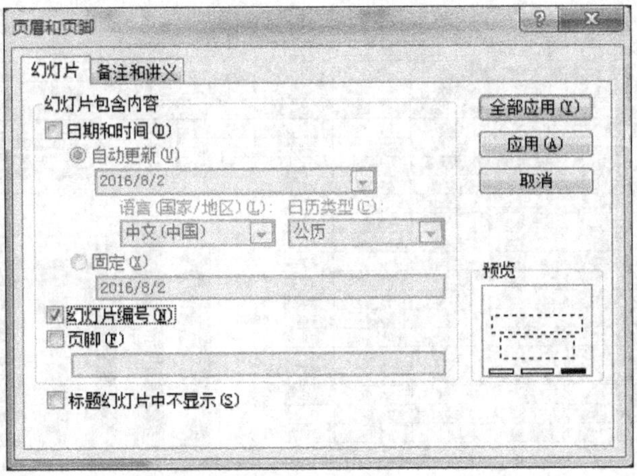

图 5－1－36　勾选“幻灯片编号”复选框

步骤 2：选中需要设置为艺术字的文字“云计算简介”，单击“绘图工具”→“格式”选项卡，在“艺术字样式”组中选中合适的艺术字样式。这里选中第 1 种。

步骤 3：将幻灯片中显示的艺术字替换成原有的标题文本。替换后的效果，如图 5－1－38 所示。

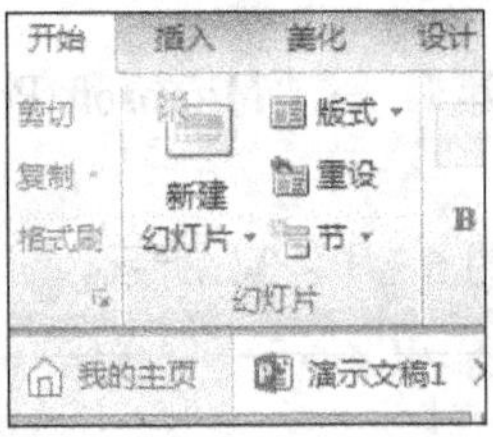

图 5－1－37　选择版式

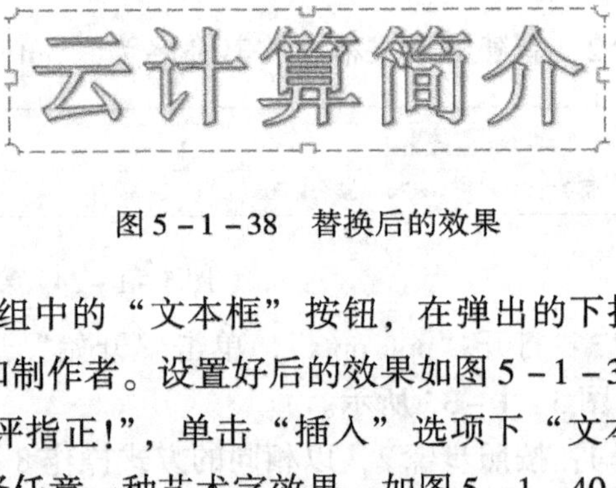

图 5－1－38　替换后的效果

步骤 4：单击“插入”选项卡“文本”组中的“文本框”按钮，在弹出的下拉列表中选择“横排文本框”。在文本框中输入日期和制作者。设置好后的效果如图 5－1－39 所示。

步骤 5：选中第 9 张幻灯片的“敬请批评指正！”，单击“插入”选项下“文本”组中的“艺术字按钮”，在弹出的下拉列表中选择任意一种艺术字效果，如图 5－1－40 所示。

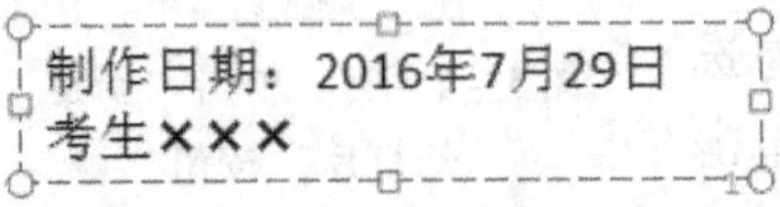

图 5－1－39　文本框

图 5－1－40　艺术字效果

（3）【微步骤】

步骤 1：选中第 7、8、9 张幻灯片，单击鼠标右键，在弹出的快捷菜单中选择“版式”

级联菜单中的“空白”。同理选中第5、6张幻灯片，单击鼠标右键，在弹出菜单中选择“版式”级联菜单中的“标题和内容”。同理选中第2、3、4张幻灯片，单击鼠标右键，在弹出的快捷菜单中选择“版式”级联菜单中“节标题”，如图5-1-41所示。

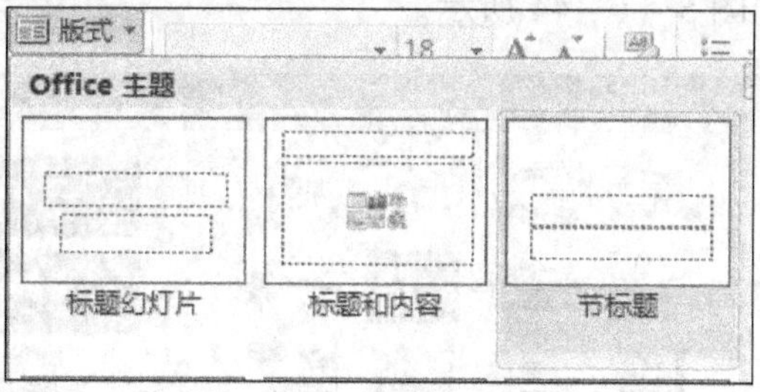

图5-1-41　选择“节标题”

步骤4：单击“设计”选项下“主题”中的“其他”按钮，在弹出的下拉列表中选择合适的主题，这里选择“顶峰”，如图5-1-42所示。

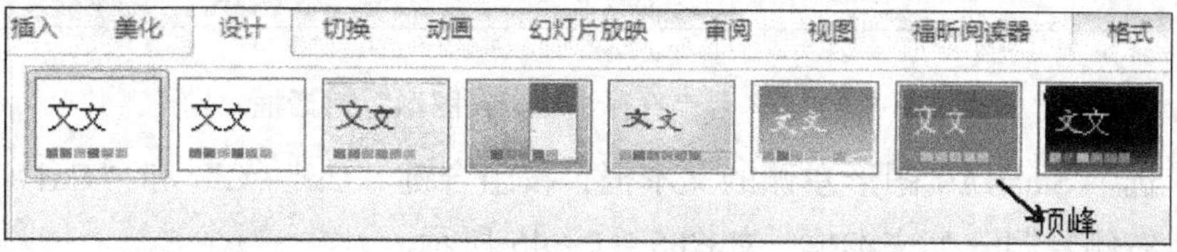

图5-1-42　选择主题

(4)【微步骤】

步骤1：选中需要创建超链接的文字或文本框，单击“插入”选项卡，在“链接”组中选择“超链接”按钮，在弹出的对话框中选择“本文档中的位置”标签，然后再选择要链接到的幻灯片，单击“确定”按钮，如图5-1-43所示。

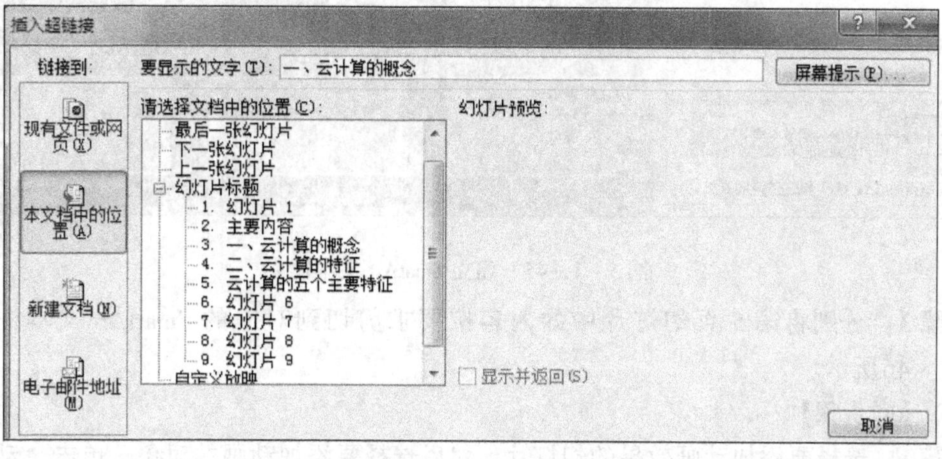

图5-1-43　设置超链接

步骤2：同理选中“二、云计算的特征”和“三、云计算的服务”，设定超链接。

(5)【微步骤】

步骤 1：选中第 5 张幻灯片，单击“插入”选项卡下“插图”组中的“SmartArt”按钮，在弹出的“选择 SmartArt 图形”对话框中选择“层次结构”选项中的“组织结构图”后单击“确定”按钮，如图 5-1-44 所示。

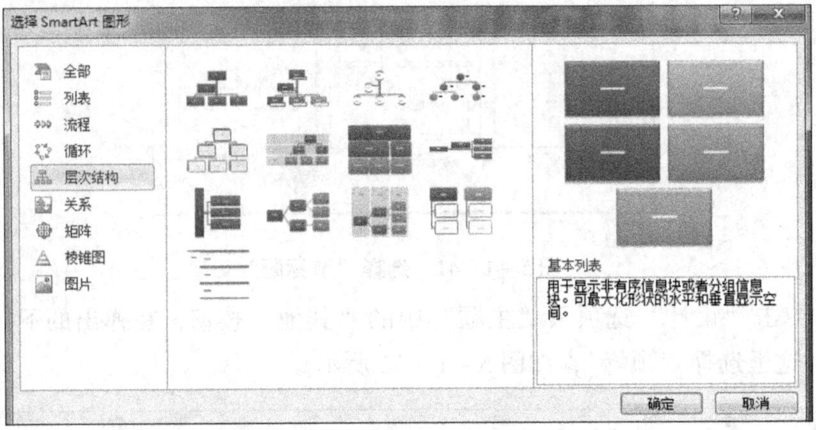

图 5-1-44 “选择 SmartArt 图形”对话框

步骤 2：选中 SmartArt 图形左侧的文本框，按组合键“Ctrl + C”和“Ctrl + V”，即可在 SmartArt 图形右侧复制一个文本框，如图 5-1-45 所示。

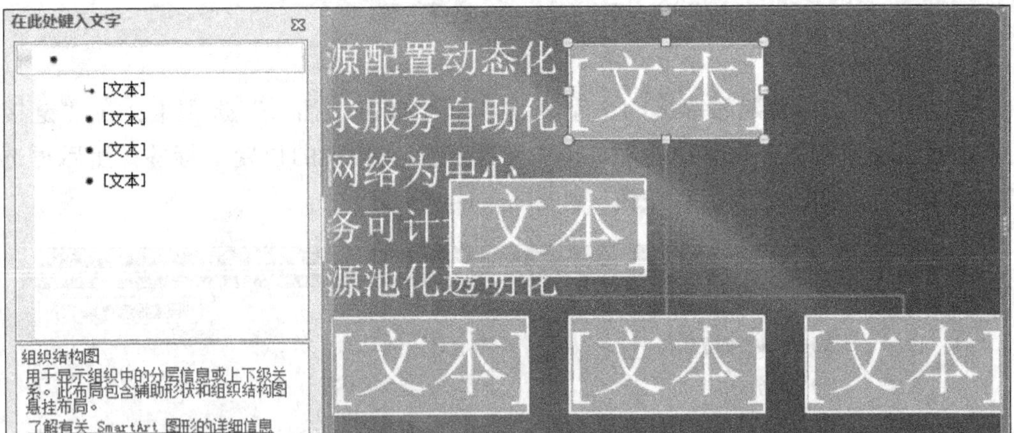

图 5-1-45 建立 SmatArt 文本框

步骤 3：分别将第 5 页幻灯片中的内容按要求剪切到对应的 SmartArt 文本框中，如图 5-1-46所示。

(6)【微步骤】

步骤 1：选择要添加动画效果的幻灯片，然后选择要添加动画的对象，单击“动画”选项卡（图 5-1-47），在“高级动画”组中单击“添加动画”命令，选择动画效果，并在“效果”选项中对效果进行设置。选中第 2 页的 3 个标题，分别设置动画。

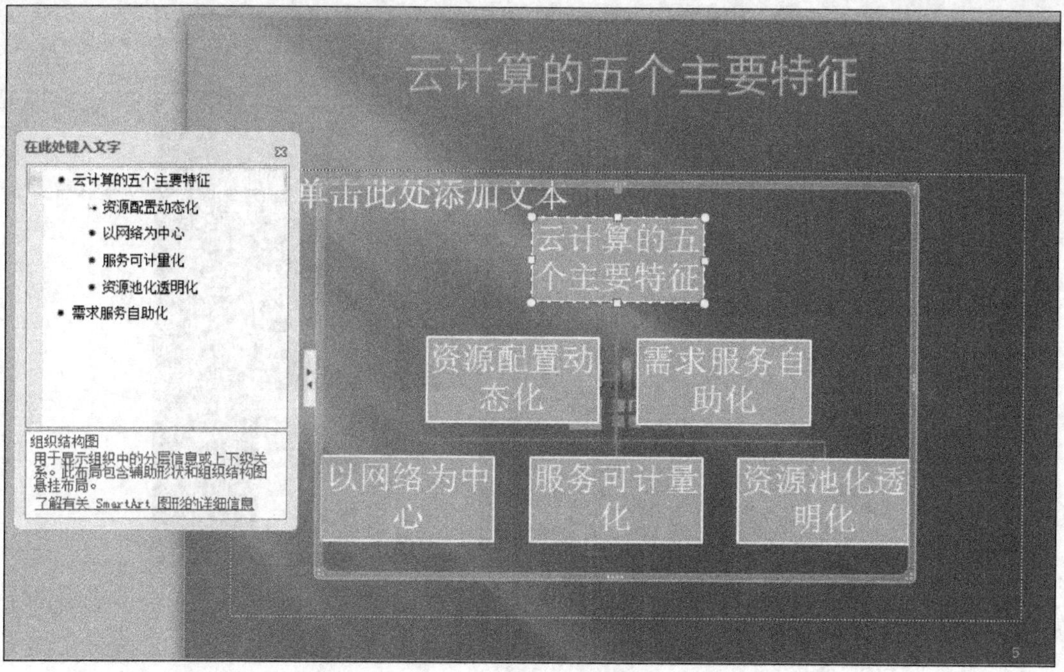

图 5－1－46 添加文字

图 5－1－47 “动画”选项卡

(7)【微步骤】

步骤：选择要添加切换效果的幻灯片，单击“切换”选项卡（图 5－1－48），在“切换到此幻灯片”组中选择切换效果，并在“效果”选项中对效果进行设置。同理，设置其他幻灯片的切换效果。

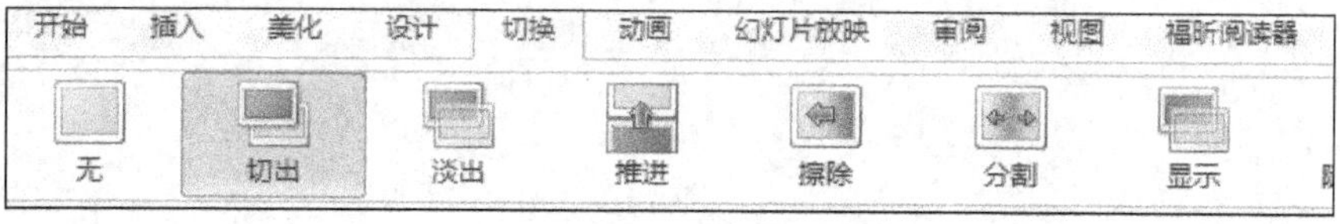

图 5－1－48 “切换”选项卡

(8)【微步骤】

步骤：选中第 6 页幻灯片，单击“图片工具”→“格式”选项卡，单击“大小”组的对话框启动器，在“大小”中调整“缩放比例”的“高度”和“宽度”。同理，调节第 7 页、第 8 页幻灯片中的图片大小。效果如图 5－1－49 所示。

三、云计算的服务形式
1. IaaS
IaaS(Infrastructure-as-a- Service)：基础设施即服务。消费者通过Internet可以从完善的计算机基础设施获得服务。
Iaas通过网络向用户提供计算机（物理机和虚拟机）、存储空间、网络连接、负载均衡和防火墙等基本计算资源；用户在此基础上部署和运行各种软件，包括操作系统和应用程序。
6

图 5－1－49　效果图（9）

真题 2

一、选择题

1. 下列关于栈的叙述正确的是（　　）。

A. 栈顶元素最先被删除　　B. 栈顶元素最后才能被删除

C. 栈底元素永远不能被删除　　D. 栈底元素最先被删除

2. 下列叙述中正确的是（　　）。

A. 在栈中，栈中元素随栈底指针的变化而动态变化

B. 在栈中，栈顶指针不变，栈中元素随栈底指针的变化而动态变化

C. 在栈中，栈底指针不变，栈中元素随栈顶指针的变化而动态变化

D. 以上说法都不正确

3. 某二叉树共有 7 个结点，其中叶子结点只有 1 个，则该二叉树的深度为（假设根结点在第 1 层）（　　）。

A. 3　　B. 4　　C. 6　　D. 7

4. 软件按功能可以分为应用软件、系统软件、和支撑软件（或工具软件）。下面属于应用软件的是（　　）。

A. 学生成绩管理系统　　B. C 语言编译程序

C. UNIX 操作系统　　D. 数据库管理系统

5. 结构化程序所需要的基本结构不包括（　　）。

A. 顺序结构　　B. GOTO 跳转

C. 选择（分支）结构　　D. 重复（循环）结构

6. 下面描述中错误的是（　　）。

A. 系统总体结构图支持软件系统的详细设计

B. 软件设计是将软件需求转换为软件表示的过程

C. 数据结构与数据库设计是软件设计的任务之一

D. PAD 图是软件详细设计的表示工具

7. 负责数据库中查询操作的数据库语言是（　　）。

A. 数据定义语言　　B. 数据管理语言

C. 数据操纵语言　　D. 数据控制语言

8. 一个教师可讲授多门教程，一门课程可由多个教师讲授，则实体教师和课程间的联系是（　　）。

A. 1∶1 联系　　B. 1∶m 联系　　C. m∶1 联系　　D. m∶n 联系

9. 有 3 个关系 R、S 和 T 如下：

R

A	B	C
a	1	2
b	2	1
c	3	1

S

A	B	C
a	1	2
b	2	1

T

A	B	C
c	3	1

则由关系 R 和 S 得到关系 T 的操作是（　　）。

A. 自然连接　　B. 并　　C. 交　　D. 差

10. 定义无符号整数类为 Uint，下面可以作为类 Uint 实例化值的是（　　）。

A. －369　　B. 369

C. 0. 369　　D. 整数集合｛1，2，3，4，5｝

11. 下列不能用作存储空间单位的是（　　）。

A. Byte　　B. GB　　C. MIPS　　D. KB

12. 若对音频信号以 10 kHz 采样率、16 位量化精度进行数字化，则每分钟的双声道数字化声音信号产生的数据量约为（　　）。

A. 1. 2 MB　　B. 1. 6 MB　　C. 2. 4 MB　　D. 4. 8 MB

13. 下列设备中，可以作为微机输入设备的是（　　）。

A. 打印机　　B. 显示器　　C. 鼠标器　　D. 绘图仪

14. 下列各组软件中，属于应用软件的一组是（　　）。

A. Windows XP 和管理信息系统　　B. UNIX 和文字处理程序

C. Linux 和视频播放系统　　D. Office 2003 和军事指挥系统

15. 十进制数 60 转换成无符号二进制整数是（　　）。

A. 0111100　　B. 0111010　　C. 0111000　　D. 0110110

16. 下列叙述中，正确的是（　　）。

A. 高级语言编写的程序可移植性差

B. 机器语言就是汇编语言，无非是名称不同而已

C. 指令是由一串二进制数 0、1 组成的

D. 用机器语言编写的程序可读性好

17. CPU 中，除了内部总线和必要的寄存器外，主要的两大部件分别是运算器和（　　）。

A. 控制器　　B. 存储器　　C. Cache　　D. 编辑器

18. “千兆以太网”通常是一种高速局域网，其网络数据传输速率大约为（　　）。

A. 1 000 位/秒　B. 1 000 000 位/秒　C. 1 000 字节/秒　D. 1 000 000 字节/秒

19. 下列关于磁道的说法中，正确的是（　　）。

A. 盘面上的磁道是一组同心圆

B. 由于每一磁道的周长不同，所以每一磁道的存储容量也不同

C. 盘面上的磁道是一条阿基米德螺线

D. 磁道的编号是最内圈为0，并由内向外逐渐增大，最外圈的编号最大

20. 在 Internet 上浏览时，浏览器和 WWW 服务器之间传输网页使用的协议是（　　）。

A. Http　　B. IP　　C. Ftp　　D. Smtp

二、文字处理题

请在"答题"菜单下选择"进入考生文件夹"命令，并按照题目要求完成下面的操作。注意：以下的文件必须都要保存在考生文件夹下。在考生文件夹下打开"word. docx"，按照要求完成下列操作并以文件名"word. docx"保存文档。

某高校学生会计划举办一场"大学生网络创业交流会"，拟邀请部分专家和老师给在校学生进行演讲。因此，校学生会外联部需制作一批邀请函，并分别递送给相关的专家和老师。

请按如下要求，完成邀请函的制作：

（1）调整文档版面，要求页面高度为 18 厘米，宽度为 30 厘米，上、下页边距为 2 厘米，左、右页边距为 3 厘米。

（2）将考生文件夹下的图片"背景图片 . jpg"设置为邀请函背景。

（3）根据"Word－邀请函参考样式 . docx"文件，调整邀请函中内容文字的字体、字号和颜色。

（4）调整邀请函中内容文字段落的对齐方式。

（5）根据页面布局需要，调整邀请函中"大学生网络创业交流会"和"邀请函"两个段落的间距。

（6）在"尊敬的"和"（老师）"文字之间，插入拟邀请的专家和老师姓名，拟邀请的专家和老师姓名在考生文件夹下的"通讯录 . xlsx "文件中。每页邀请函中只能包含 1 位专家或老师的姓名，所有的邀请函页面请另外保存在一个名为"Word－邀请函 . docx"的文件中。

（7）邀请函文档制作完成后，请保存为"Word. docx"文件。

三、电子表格题

请在"答题"菜单下选择"进入考生文件夹"命令，并按照题目要求完成下面的操作。注意：以下的文件必须都要保存在考生文件夹下。

小李今年毕业后，在一家计算机图书销售公司担任市场部助理，其主要的工作职责是为部门经理提供销售信息的分析和汇总。请根据销售数据报表（"Excel. xlsx"文件），按照如下要求完成统计和分析工作：

（1）对"订单明细"工作表进行格式调整，通过套用表格格式的方法将所有的销售记录调整为一致的外观格式，并将"单价"列和"小计"列所包含的单元格调整为"会计专用"（人民币）数字格式。

（2）根据图书编号，在"订单明细"工作表的"图书名称"列中，使用 VLOOKUP 函数完成图书名称的自动填充。"图书名称"和"图书编号"的对应关系在"编号对照"工作表中。

(3) 根据图书编号，在“订单明细”工作表的“单价”列中，使用 VLOOKUP 函数完成图书单价的自动填充。“单价”和“图书编号”的对应关系在“编号对照”工作表中。

(4) 在“订单明细”工作表的“小计”列中，计算每笔订单的销售额。

(5) 根据“订单明细”工作表中的销售数据，统计所有订单的总销售金额，并将其填写在“统计报告”工作表的 B3 单元格中。

(6) 根据“订单明细”工作表中的销售数据，统计《MS Office 高级应用》图书在 2012 年的总销售额，并将其填写在“统计报告”工作表的 B4 单元格中。

(7) 根据“订单明细”工作表中的销售数据，统计隆华书店在 2011 年第 3 季度的总销售额，并将其填写在“统计报告”工作表的 B5 单元格中。

(8) 根据“订单明细”工作表中的销售数据，统计隆华书店在 2011 年的每月平均销售额（保留 2 位小数），并将其填写在“统计报告”工作表的 B6 单元格中。

(9) 保存“Excel. xlsx”文件。

四、演示文稿题

请在“答题”菜单下选择“进入考生文件夹”命令，并按照题目要求完成下面的操作。注意：以下的文件必须都要保存在考生文件夹下。

为进一步提升北京旅游行业的整体素质，打造高水平、懂业务的旅游景区建设与管理队伍，北京旅游局将为工作人员进行一次业务培训，主要围绕“北京主要景点”进行介绍，包括文字、图片、音频等内容。请根据考生文件夹下的素材文档“北京主要景点介绍 - 文字 . docx”，帮助主管人员完成制作任务，具体要求如下：

(1) 新建一份演示文稿，并以“北京主要旅游景点介绍 . pptx”为文件名保存到考生文件夹下。

(2) 第 1 张标题幻灯片中的标题设置为“北京主要旅游景点介绍”，副标题为“历史与现代的完美融合”。

(3) 在第 1 张幻灯片中插入歌曲“北京欢迎你 . mp3”，设置为自动播放，并设置声音图标在放映时隐藏。

(4) 第 2 张幻灯片的版式为“标题和内容”，标题为“北京主要景点”，在文本区域中以项目符号列表方式依次添加下列内容：天安门、故宫博物院、八达岭长城、颐和园、鸟巢。

(5) 自第 3 张幻灯片开始按照天安门、故宫博物院、八达岭长城、颐和园、鸟巢的顺序依次介绍北京各主要景点，相应的文字素材“北京主要景点介绍 - 文字 . docx”以及图片文件均存放于考生文件夹下，要求每个景点介绍占用 1 张幻灯片。

(6) 最后 1 张幻灯片的版式设置为“空白”，并插入艺术字“谢谢”。

(7) 将第 2 张幻灯片列表中的内容分别超链接到后面对应的幻灯片，并添加返回到第 2 张幻灯片的动作按钮。

(8) 为演示文稿选择一种设计主题，要求字体和整体布局合理、色调统一，为每张幻灯片设置不同的幻灯片切换效果以及文字和图片的动画效果。

(9) 除标题幻灯片外，其他幻灯片的页脚均包含幻灯片编号、日期和时间。

(10) 设置演示文稿放映方式为“循环放映，按 ESC 键终止”，换片方式为“手动”。

真题2 参考答案与解析

一、选择题

1. A

【解析】栈是先进后出的数据结构，所以栈顶元素最后入栈却最先被删除，栈底元素最先入栈却最后被删除。故选择A。

2. C

【解析】栈是先进后出的数据结构，在整个结构中，栈底指针不变，入栈与出栈操作均由栈顶指针的变化来操作。故选择A。

3. D

【解析】根据二叉树的基本性质3：在任意一棵二叉树中，度为0的叶子结点总比度为2的结点多1个，所以本题中度为2的结点为1－1＝0（个），所以可以知道本题目中的二叉树的每一个结点都有1个分支，所以共7个结点共7层，即度为7。

4. A

【解析】软件按功能可以分为应用软件、系统软件、支撑软件。操作系统、编译程序、汇编程序、网络软件、数据库管理系统属于系统软件。故选择A。

5. B

【解析】1966年Boehm和Jacopini证明了程序设计语言仅仅使用顺序、选择和重复3种基本控制结构就足以表达出各种其他形式结构的程序设计方法。

6. A

【解析】详细设计的任务是为软件结构图而非总体结构图中的每一个模块确定实现算法和局部数据结构，用某种选定的表达工具表示算法和数据结构的细节，所以A是错误的。

7. C

【解析】数据定义语言：负责数据的模式定义与数据的物理存取构建；数据操纵语言：负责数据操纵，包括查询及增、删、改等操作；数据控制语言：负责数据完整性、安全性的定义与检查并具有并发控制、故障恢复等功能。

8. D

【解析】因为一个老师可讲授多门课，而一门课程又能由多个老师讲授，所以它们之间是多对多的关系，可以表示为m：n。

9. D

【解析】关系T是关系R中有而关系S中没有的元组的集合，即从关系R中除去与关系S中相同元组后得到的关系T，所以做的是差运算。

10. B

【解析】只有B选项（369）可以用无符号整数来表示和存储。A选项中－369有负号，

C 选项中 0.369 是小数，都不能用无符号整数类表示。D 选项是一个整数集合，得用数组来存储。

11. C

【解析】计算机存储的最小单位称为“位”（bit，又称比特）。

12. C

【解析】声音的计算公式为（采样频率（Hz）×量化位数（bit）×声道数）/8，单位为字节/秒，（10 000 Hz × 16 位 × 2 声道）/8 × 60 秒即 2 400 000 字节，再除以两个 1 024 即 2.28 MB。从本题答案选项来看，如果将 1 k 按 1 000 算即可得到 2.4 MB。

13. C

【解析】输出设备是计算机的终端设备，用于算机数据的显示、打印等。输入设备是向计算机输入数据和信息的设备，是计算机与用户或其他设备通信的桥梁，也是用户与计算机系统进行交互的主要装置之一。键盘、鼠标、摄像头、扫描仪、光笔、手写输入板、游戏杆、语音输入装置等都属于输入设备。

14. D

【解析】Windows XP、UNIX Linux 都属于操作系统，Office 2003 和军事指挥程序属于应用软件。

15. A

【解析】用 2 整除 60，可以得到一个商和余数，再用 2 去除商，又会得到一个商和余数。如此进行，直到商为 0 时为止。然后把先得到的余数作为二进制的低位有效位，后得到的余数作为二进制的高位有效位，依次排列起来，即得 0111100。

16. C

【解析】指令是用 0 和 1 组成的一串代码，它们有一定的位数，并分成若干段，各段的编码表示不同的含义。

17. A

【解析】CPU 主要包括运算器和控制器。

18. B

【解析】千兆以太网的网络数据传输速率大约为 1 000 000 位/秒。

19. A

【解析】磁盘上的磁道是一组同心圆。

20. A

【解析】在 Internet 上浏览时，浏览器和 WWW 服务器之间传输网页使用的协议是 Http。

二、文字处理题

（1）【微步骤】

步骤 1：打开考生文件夹下的文档“Word. docx”。

步骤 2：单击“页面布局”选项卡→“页面布局”组的对话框启动器，打开“页面设置”对话框，在“页边距”选项卡中的“页边距”区域中设置上、下页边距为 2 厘米，左、右页边距为 3 厘米，如图 5－2－1 所示。

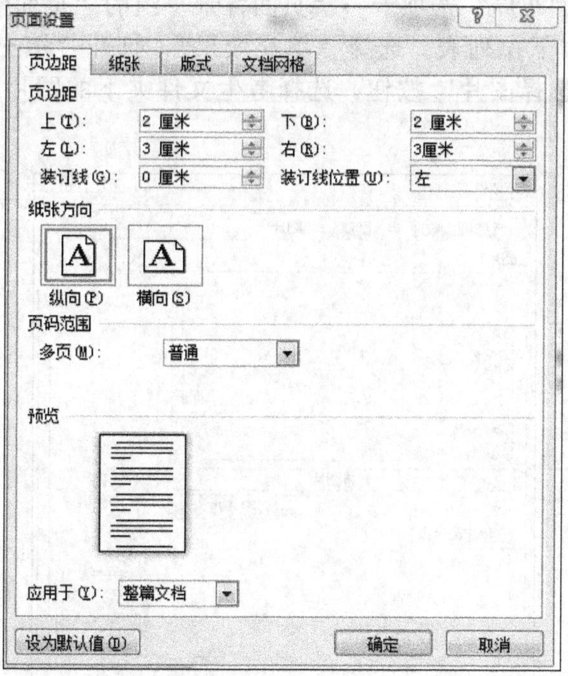

图 5－2－1　设置页边距

步骤 3：在“纸张”选项卡中的“纸张大小”区域设置为“自定义大小”，然后设置页面高度为 18 厘米，页面宽度为 30 厘米，如图 5－2－2 所示。

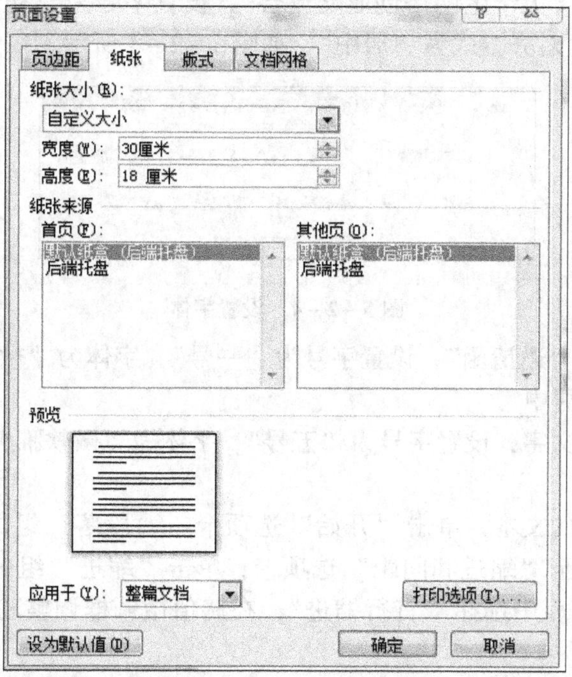

图 5－2－2　设置纸张大小

步骤4：单击“页面布局”选项卡→“页面背景”组的“页面颜色”右侧的下三角按钮，打开“页面颜色”下拉列表，选择“填充效果”，打开“填充效果”对话框，单击“图片”选项卡中的“选择图片”按钮，选择考生文件夹下的图片“背景图片.jpg”，如图5－2－3所示。

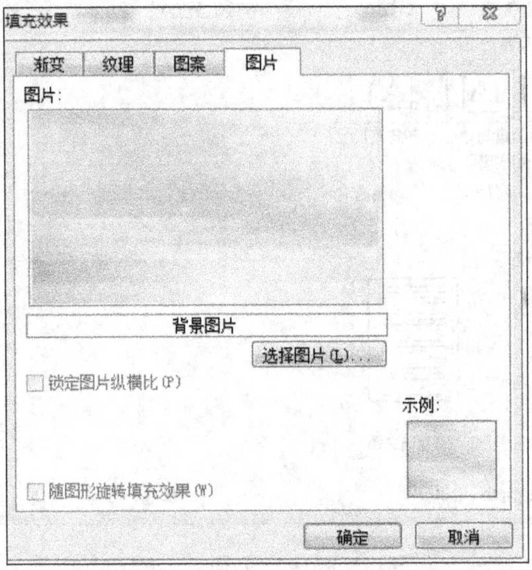

图5－2－3　设置背景图片

(2)【微步骤】

步骤1：选中文本“大学生网络创业交流会”，设置字号为“初号”，字体为“微软雅黑”，颜色为“深蓝”，对齐方式为“居中”，如图5－2－4所示。

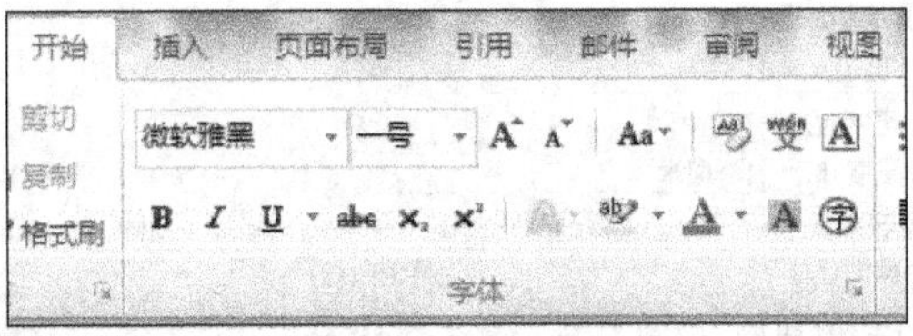

图5－2－4　设置字体

步骤2：选中文本“邀请函”，设置字号为“一号”，字体为“微软雅黑”，颜色为“黑自动”，对齐方式为“居中”。

步骤3：选中其他文字，设置字号为“五号”，字体为“微软雅黑”，颜色为“黑色”。

(4)【微步骤】

步骤1：选中剩下的文本，单击“开始”选项卡→“段落”组的对话框启动器，打开“段落”对话框，切换至“缩进和间距”选项卡，单击“缩进”组中的“特殊格式”下拉按钮，在弹出的下拉列表中选择“首行缩进”，在磅值微调框调整磅值为“2字符”，单击“确定”按钮。

步骤2：选中文档最后两行的文字内容，单击“开始”选项卡下“段落”组中的“文字右对齐”按钮。

步骤3：选中“大学生网络创业交流会”和“邀请函”，单击“开始”选项卡下“段落”组中的对话框，弹出“段落”对话框，切换至“缩进和间距”选项卡，在“间距”区域设置“段前”和“段后”分别为“0.5行”，如图5-2-5所示。

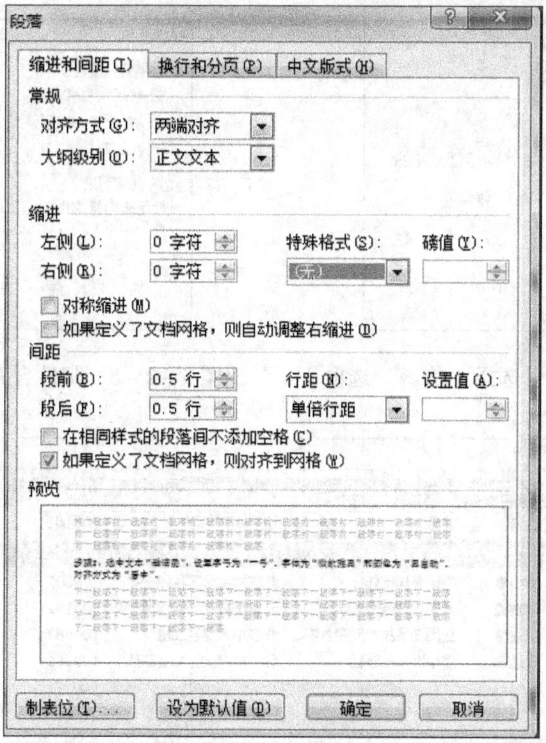

图5-2-5　设置段落

(6)【微步骤】

步骤1：把鼠标定位在“尊敬的”和“（老师）”文字之间，单击“邮件”选项卡→“开始邮件合并”组→“开始邮件合并”→“邮件合并分步向导”命令，如图5-2-6所示。

图5-2-6　“开始邮件合并”按钮

步骤2：打开“邮件合并”任务窗格，进入“邮件合并分步向导”的第1步（共6步），在“选择文档类型”中选择“信函”，如图5-2-7所示。

步骤3：单击“下一步：正在启动文档”链接，进入“邮件合并分步向导”的第2步，在“选择开始文档”中选择“使用当前文档”，即以当前的文档作为邮件合并的主文档。

步骤4：单击“下一步：选取收件人”链接，进入“邮件合并分步向导”的第3步。在“选择收件人”中选择“使用现有列表”按钮，然后单击“浏览超链接”，如图5-2-8所示。

步骤5：打开“选择数据源”对话框，选择保存拟邀请的专家和老师姓名（在考生文件夹下的“通信录.xlsx”文件中），然后单击“打开”按钮。此时打开“选择表格”对话框，选择保存专家和老师姓名信息的工作表名称，然后单击“确定”按钮。

步骤6：打开“邮件合并收件人”，可以对需要合并的收件人信息进行修改，然后单击

“确定”按钮，完成现有工作表的链接，如图5－2－9所示。

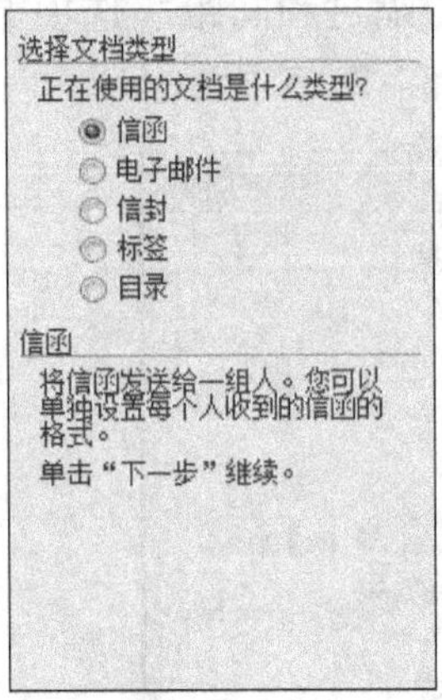

图5－2－7　选择“信函”选项

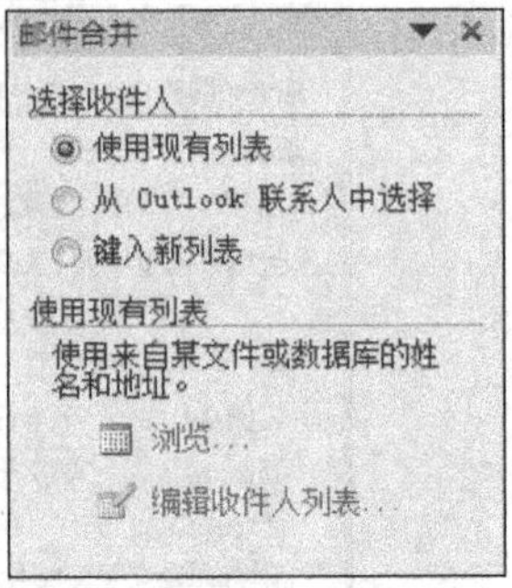

图5－2－8　邮件合并分步向导

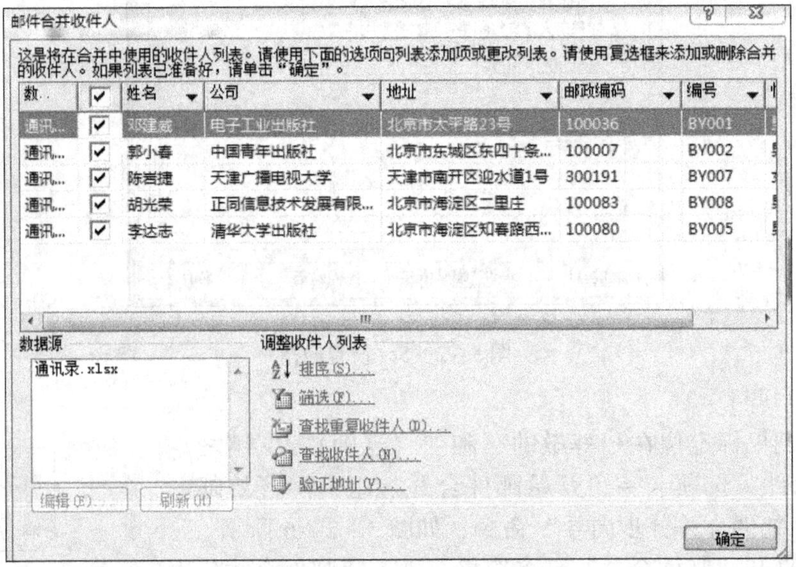

图5－2－9　邮件合并

步骤7：单击“下一步：撰写信函”链接，进入“邮件合并分步向导”的第4步。如果用户此时还没有撰写邀请函的正文，可以在活动文档窗口输入与输出一致的文本。如果需要将收件人信息添加到信函中，先将鼠标指针定位在文档中的合适位置，但后单击“地址块”等超链接，本例单击“其他项目”超链接。

步骤8：打开“编写和插入域”对话框，在“域”列表中，选择要添加邀请函的邀请人的姓名所在位置的域，本例选择姓名，单击“插入”按钮。插入完毕后单击“关闭”按钮，关闭“插入合并域”对话框。此时文档中的相应位置就会出现已插入的标记。

步骤9：单击“邮件”选项卡→“开始邮件合并”组→“规则”→“如果…那么…否则”命令，打开“插入 word 域”对话框，进行信息设置。单击“确定”按钮。

步骤10：在“邮件合并”任务窗格中单击“下一步：预览信函”链接，单击“《”或

“》”可查看具有不同邀请人的姓名和称谓。

步骤11：在“邮件合并”任务窗格中单击“下一步：完成合并”链接，进入“邮件合并分步向导”的第6步。选择“编辑单个信函”超链接。

步骤12：打开“合并到新文档”对话框，选中“全部”按钮，单击“确定”按钮。这样Word将Excel中存储的收件人信息自动添加到邀请函正文中，并合并生成一个新文档，如图5－2－10所示。单击“文件”选项卡下的“另存为”按钮，保存文件名为“Word－ 邀请函.docx”。

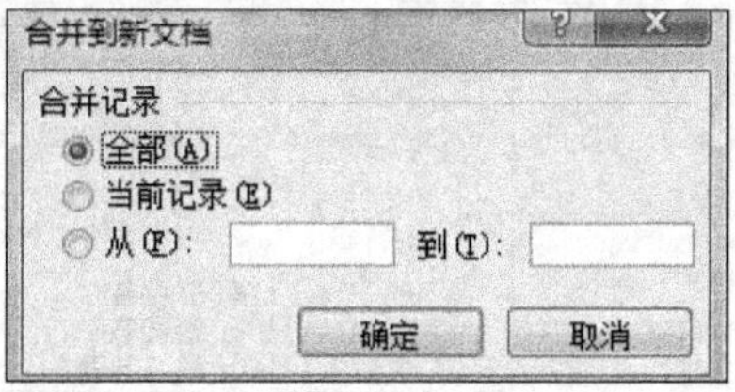

图5－2－10　“合并到新文档”对话框

(7)【微步骤】

步骤：单击“保存”按钮，保存文件名为“Word.docx”。

三、电子表格题

(1)【微步骤】

步骤1：启动考生文件夹下的“Excel.xlsx”，打开“订单明细表”工作表。

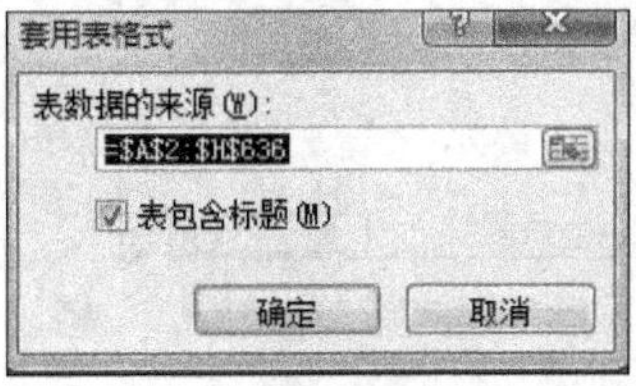

图5－2－11　“套用表格式”对话框

步骤2：选中工作表中的A2：H636单元格区域，单击“开始”选项卡下“样式”组中的“套用表格式”按钮，在弹出的下拉列表中选择一种表样式，此处选择“表样式浅色10”，弹出“套用表格式”对话框，保留默认设置后单击“确定”按钮，如图5－2－11所示。

步骤3：按住“Ctrl”键，同时选中“单价”列和“小计”列，单击鼠标右键，在弹出的快捷菜单中选择“设置单元格格式”命令，继而弹出“设置单元格格式”对话框。在“数字”选项卡下的“分类”组中选择“会计专用”选项，然后单击“货币符号（国家/地区）”下拉列表选择“CNY”，如图5－2－12所示。

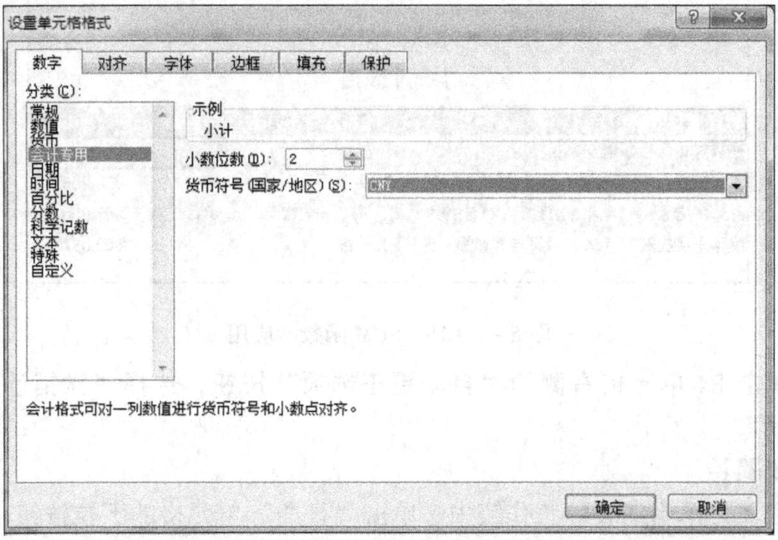

图5－2－12　“设置单元格格式”对话框

（2）【微步骤】

步骤：在“订单明细表”工作表的 E3 单元格中输入“ = VLOOKUP(D3，编号对照! $ A $ 3：$ C $ 19，2，0)”，按“Enter”键完成单价的自动填充，如图 5 – 2 – 13 所示。

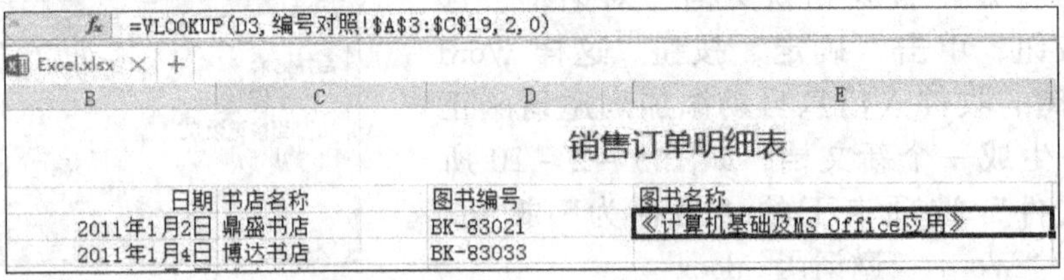

图 5 – 2 – 13　公式填充效果（1）

（3）【微步骤】

步骤：在“订单明细表”工作表的 F3 单元格中输入“ = VLOOKUP(D3，编号对照! $ A $ 3：$ c $ 19，3，FLASE)”，按“Enter”键完成单价的自动填充，如图 5 – 2 – 14 所示。

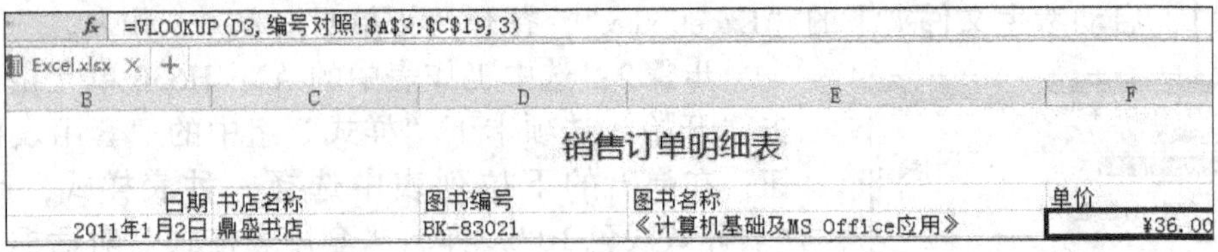

图 5 – 2 – 14　公式填充效果（2）

（4）【微步骤】

步骤 1：在“统计报告”工作表中的 B3 单元格中输入“ = SUM(订单明细表! H3：H363)”，按“Enter”键后完成销售额的自动填充，如图 5 – 2 – 15 所示。

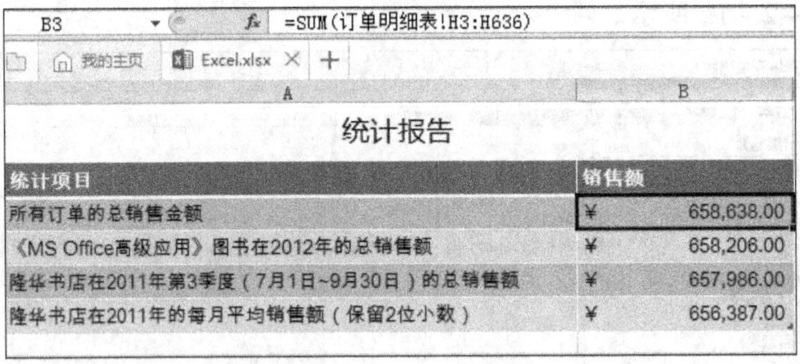

图 5 – 2 – 15　SUM 函数的应用

步骤 2：单击 B4 单元格右侧的“自动更正选项”按钮，选择“撤销计算列”命令如图 5 – 2 – 16所示。

（5）【微步骤】

步骤 1：在“订单明细表”工作表中，单击“日期”单元格的下拉按钮，选择“降序”命令。

统计报告	
统计项目	销售额
所有订单的总销售金额	¥ 658,638.00
《MS Office高级应用》图书在2012年的总销售额	
隆华书店在2011年第3季度（7月1日~9月30日）的总销售额	
隆华书店在2011年的每月平均销售额（保留2位小数）	

图 5－2－16　选择“撤销计算列”命令后的效果

步骤2：切换至“统计报告”工作表，在B4单元格中输入“＝SUMPRODCUCT(1＊(订单明细表!E3：E263＝"《MS Office 高级应用》")，订单明细表!H3：H262)”，按“Enter”键确认。

（6）略。

（7）【微步骤】

步骤：在“统计报告”工作表的B5单元格中输入“＝SUMPRODCUCT(1＊(订单明细表！C350：C461＝"隆华书店")，订单明细表！H350：H461)”，按“Enter”键确认，如图5－2－17所示。

B5　=SUMPRODUCT(1*(订单明细表!C350:C461="隆华书店"),订单明细表!H350:H461)

统计报告	
统计项目	销售额
所有订单的总销售金额	¥ 658,638.00
《MS Office高级应用》图书在2012年的总销售额	¥ 15,210.00
隆华书店在2011年第3季度（7月1日~9月30日）的总销售额	¥ 40,727.00
隆华书店在2011年的每月平均销售额（保留2位小数）	

图 5－2－17　SUMPRODCUCT 函数的应用（1）

（8）【微步骤】

步骤：在“统计报告”工作表的B6单元格中输入“＝SUMPRODCUCT(1＊(订单明细表！C263：C636＝"隆华书店")，订单明细表！H263：H636）/12”，按“Enter”键确认，然后设置该单元格中的数值保留2位小数，如图5－2－18所示。

B6　=SUMPRODUCT(1*(订单明细表!C263:C636="隆华书店"),订单明细表!H263:H636)/12

统计报告	
统计项目	销售额
所有订单的总销售金额	¥ 658,638.00
《MS Office高级应用》图书在2012年的总销售额	¥ 15,210.00
隆华书店在2011年第3季度（7月1日~9月30日）的总销售额	¥ 40,727.00
隆华书店在2011年的每月平均销售额（保留2位小数）	¥ 9,845.25

图 5－2－18　SUMPRODUCT 函数的应用（2）

(9)【微步骤】

步骤：单击“保存”按钮即完成“Excel. xlsx”文件的保存。

四、演示文稿题

(1)【微步骤】

步骤：在考生文件夹下，新建一份演示文稿，并将其命名为“北京主要旅游景点介绍 . pptx”。

(2)【微步骤】

步骤：打开演示文稿，在第 1 张幻灯片的“单击此处添加标题”处单击鼠标，输入文字“北京主要旅游景点介绍”，将副标题设置为“历史与现代的完美融合”。

(3)【微步骤】

步骤 1：单击“插入”选项下“媒体”组中的“音频”下拉按钮，在弹出的下拉列表中选择“文件中的音频”选项。弹出“插入音频”对话框，在该对话框中选择考生文件夹下的“北京欢迎你 . mp3”素材文件，单击“插入”按钮。

步骤 2：单击“音频工具”下的“播放”选项卡，将“音频选项”组中的“开始”设置为“自动”，并勾选“放映时隐藏”复选框，如图 5 - 2 - 19 所示。

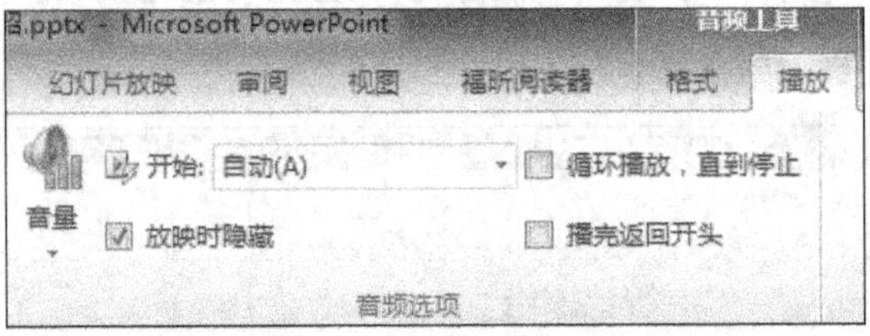

图 5 - 2 - 19 “播放”选项卡

(4)【微步骤】

步骤 1：单击“开始”选项下“幻灯片”中的“新建幻灯片”下拉按钮。在弹出的下拉列表中选择“标题和内容”选项。

步骤 2：在标题处输入文字“北京主要景点”，然后在正文文本框内输入文字，此处使用文本区域的项目符号，如图 5 - 2 - 20 所示。

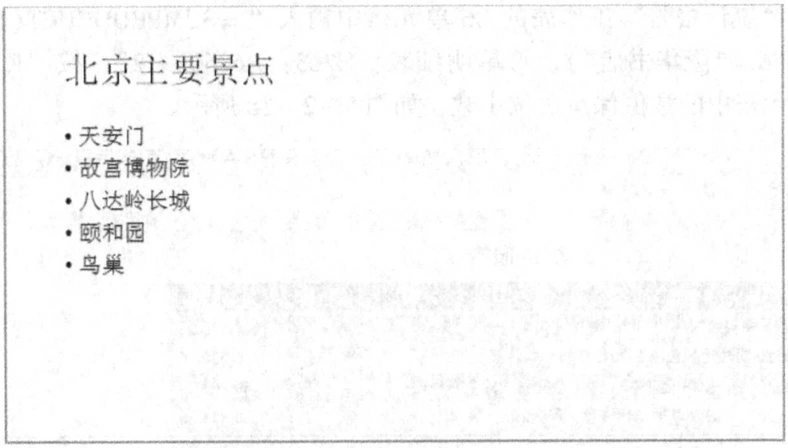

图 5 - 2 - 20 插入项目符号

（5）【微步骤】

步骤1：光标定位在第2张幻灯片下方，按“Enter”键新建版式为“标题和内容”的幻灯片。选中标题文本框并删除。选中余下的文本框，单击“开始”选项下“段落”组中的“项目符号”右侧的下三角按钮，在弹出的下拉列表中选择“无”选项。

步骤2：选择第3张幻灯片，对其进行复制并粘贴4次。打开考生文件夹下的“北京主要景点介绍－文字.docx”素材文件，选择第1段文字对其进行复制，将其粘贴到第3张幻灯的文本框内。

步骤3：单击“插入”选项下“图像”组中的“图片”按钮，弹出“插入图片”对话框，选中考生文件夹下的素材文件“天安门.jpg”，单击“打开”按钮，即可插入图片，适当调整图片的大小和位置。同理，将介绍故宫、八达岭长城、颐和园、鸟巢的相应图片插入。

（6）【微步骤】

步骤1：选择第7张幻灯片，单击“开始”选项下“幻灯片”选项组中的“新建幻灯片”下拉按钮，在弹出的下拉列表中选择“空白”选项。

步骤2：单击“插入”选项“文本”组中的“艺术字”下拉按钮，在弹出的下拉列表中选择一种艺术字，此处选择“渐变填充－金色，强调文字颜色4，映像”，如图5－2－21所示。

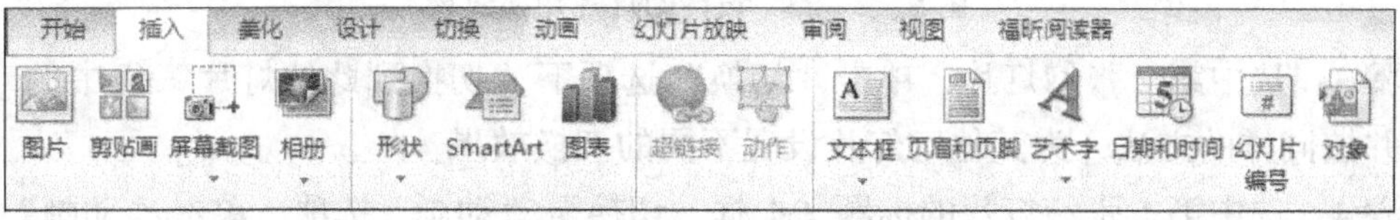

图5－2－21　选择“艺术字”按钮

步骤3：将艺术字文本框内的文字删除，输入文字“谢谢”，适当调整艺术字的位置。

（7）【微步骤】

步骤1：选择第2张幻灯片，选择该幻灯片中的“天安门”字样，单击“插入”选项下“链接”组中的“超链接”按钮。弹出“插入超链接”对话框，在该对话框中将“链接到”设置为“本文档的位置”，在“请选择文档中的位置”列表框中选择“幻灯片3”选项，单击“确定”按钮。

步骤2：切换至第3张幻灯片，单击“插入”选项下“插图”组中的“形状”下拉按钮，在弹出的下拉列表中选择“动作按钮”中的“动作按钮，后退或前一项”形状。

步骤3：在第3张幻灯片的空白位置绘制动作按钮，绘制完成后弹出“动作设置”对话框，在该对话框中单击“超链接到”中的下拉按钮，在弹出的下拉列表中选择“幻灯片”选项。弹出“超链接到幻灯片”对话框，在该对话框中选择“2. 主要景点”，单击“确定”按钮。

步骤4：再次单击“确定”按钮，退出对话框，适当调整动作按钮的大小和位置。

步骤5：使用同样的方法，将第2张幻灯片列表中余下的内容分别超链接到对应的幻灯片中。

(8)【微步骤】

步骤1：单击“设计”选项下“主题”组中的“其他”下三角按钮，在弹出的下拉列表中选择“流畅”主题，如图5－2－22所示。

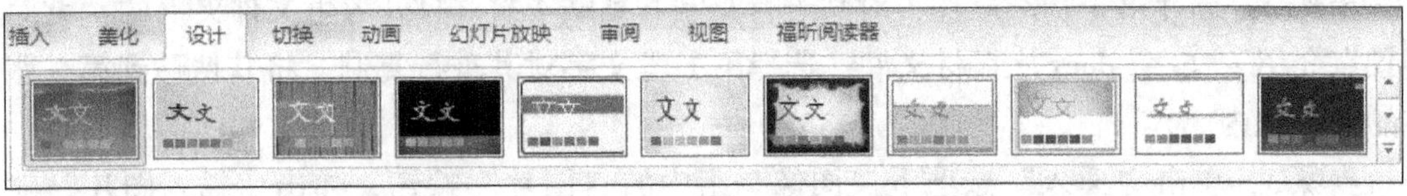

图5－2－22　选择主题

步骤2：为幻灯片设置主题后，适当调整图片和文字的位置。选择第1张幻灯片，进入“切换”选项，在“切换到此幻灯片”选项组中单击“其他”按钮，在弹出的下拉列表中选择“溶解”选项，如图5－2－23所示。

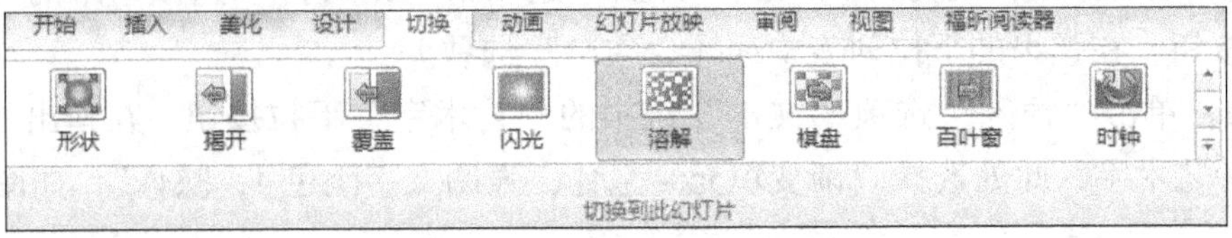

图5－2－23　设计幻灯片切换效果

步骤3：选中第2张幻灯片，单击“切换”选项下“切换到此幻灯片”组中的“分割”命令，并按同样的方法，为其他幻灯片设置不同的切换效果。

步骤4：选中第1张幻灯片的标题文本框，切换至“动画”选项，单击“动画”组中的“其他”下三角按钮，在弹出的下拉列表中选择“浮入”选项，如图5－2－24所示。选中该幻灯片中的副标题，设置动画效果为“淡出”。按照同样的方法为余下的幻灯片中的文字和图片设置不同的动画效果。

图5－2－24　设置幻灯片动画

(9)【微步骤】

步骤：单击“插入”选项卡下“文字”组中的“页眉和页脚”按钮，在弹出的“页眉和页脚”对话框中勾选“日期和时间”复选框、“幻灯片编号”复选框和“标题幻灯片中不显示”复选框，单击“全部应用”按钮。

(10)【微步骤】

步骤：单击“幻灯片放映”选项下“设置”组中的“设置幻灯片放映”按钮，弹出“设置放映方式”对话框，在“放映选项”组中勾选“循环放映方式”，按ESC键终止复选框，将换片方式设置为“手动”，单击“确定”按钮，如图 5－2－25 所示。

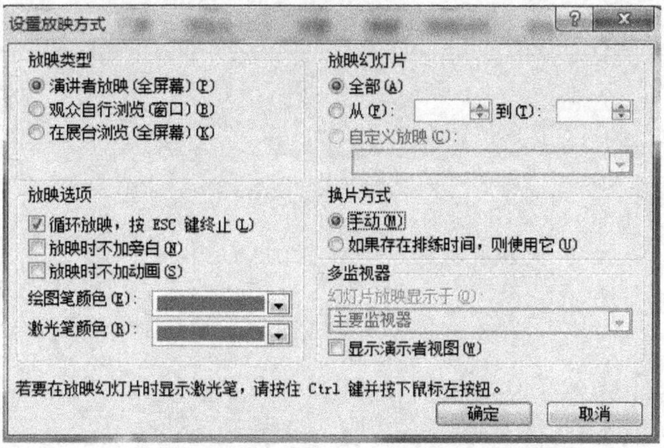

图 5－2－25　设置幻灯片放映方式

第六篇

全国计算机等级考试二级公共基础知识速学教程

(1) 本篇的知识内容适用于“二级考试”的各科内容。

(2) 本篇全面覆盖考核要求，涵盖“二级考试”的公共基础考点。

(3) 本篇将重要知识点列出，使考生一目了然。

项目一

数据结构与算法

一、算法的复杂度

1. 算法的基本概念

1）算法的基本特征

算法具有 5 个基本特征：

（1）有穷性（finiteness）。

算法的有穷性是指算法必须能在执行有限个步骤之后终止。

（2）确切性（definiteness）。

算法的每一步骤必须有确切的定义；

（3）输入项（input）。

一个算法有 0 个或多个输入项，以刻画运算对象的初始情况，所谓 0 个输入是指算法本身定出了初始条件。

（4）输出项（output）。

一个算法有一个或多个输出项，以反映对输入数据加工后的结果。没有输出项的算法是毫无意义的。

（5）可行性（effectiveness）。

算法中执行的任何计算步骤都可以被分解为基本的可执行的操作步骤，即每个计算步都可以在有限时间内完成（也称为有效性）。

2）算法的基本运算和操作

算法的基本运算和操作包括算术运算、逻辑运算、关系运算、数据传输。

3）算法的 3 种基本控制结构

算法的 3 种基本控制结构是顺序结构、选择结构、循环结构。

4）算法的基本设计方法

算法的基本设计方法有列举法、归纳法、递推法、递归法、减半递推法、回溯法。

5）指令系统

指令系统指的是一个计算机系统能执行的所有指令的集合。

2. 算法的复杂度

算法的复杂度包括时间复杂度和空间复杂度。注意两者的区别，避免混淆，见表 6－1－1。

表 6-1-1　算法的复杂度

名称	描述
时间复杂度	执行算法所需要的计算工作量
空间复杂度	执行算法所需要的内存空间

二、数据结构

（一）逻辑结构和存储结构

1. 数据结构的基本概念

（1）数据结构指相互关联的数据元素的集合。

（2）数据结构研究的 3 个方面：

① 数据集合中各数据元素之间所固有的逻辑关系，即数据的逻辑结构；

②在对数据进行处理时，各数据元素在计算机中的存储关系，即数据的存储结构；

③ 对各种数据结构进行的运算。

2. 逻辑结构

数据的逻辑结构是对数据元素之间的逻辑关系的描述，它可以用一个数据元素的集合和定义在此集合中的若干关系来表示。数据的逻辑结构有两个要素，一是数据元素的集合，通常记为 D；二是 D 上的关系，它反映了数据元素之间的前后件关系，通常记为 R。一个数据结构可以表示成：B =（D，R）。其中 B 表示数据结构。为了反映 D 中各数据元素之间的前后件关系，一般用二元组来表示。例如，如果把一年四季看作一个数据结构，则可表示成：B =(D，R)，D ={春季，夏季，秋季，冬季}，R ={（春季，夏季)，(夏季，秋季)，(秋季，冬季)}。

3. 存储结构

数据的逻辑结构在计算机存储空间中的存放形式称为数据的存储结构（也称为数据的物理结构)。

由于数据元素在计算机存储空间中的位置关系可能与逻辑关系不同，因此，为了表示存放在计算机存储空间中的各数据元素之间的逻辑关系（即前后件关系)，在数据的存储结构中，不仅要存放各数据元素的信息，还需要存放各数据元素之间的前后件关系的信息。

一种数据的逻辑结构根据需要可以表示成多种存储结构，常用的存储结构有顺序、链接等。

顺序存储方式主要用于线性的数据结构，它把逻辑上相邻的数据元素存储在物理上相邻的存储单元里，结点之间的关系由存储单元的邻接关系来体现。

链式存储结构就是在每个结点中至少包含一个指针域，用指针来体现数据元素之间逻辑上的联系。

（二）线性结构和非线性结构

根据数据结构中各数据元素之间前后件关系的复杂程度，一般将数据结构分为两大类型：线性结构与非线性结构。

（1）如果一个非空的数据结构满足下列两个条件：①有且只有一个根结点；②每一个结点最多有一个前件，也最多有一个后件，则称该数据结构为线性结构。

线性结构又称为线性表。在一个线性结构中插入或删除任何一个结点后其还应是线性结构。栈、队列、串等都为线性结构。如果一个数据结构不是线性结构，则称之为非线性结构。数组、广义表、树和图等数据结构都是非线性结构。

（2）线性表的顺序存储结构具有以下两个基本特点：①线性表中所有元素所占的存储空间是连续的；②线性表中各数据元素在存储空间中是按逻辑顺序依次存放的。

元素 ai 的存储地址为：$ADR(ai) = ADR(a1) + (i-1)k$，ADR(a1) 为第一个元素的地址，k 代表每个元素占的字节数。

（3）顺序表的运算有查找、插入、删除 3 种。

三、栈

1. 栈的基本概念

栈（stack）是一种特殊的线性表，是限定只在一端进行插入与删除的线性表。在栈中，一端是封闭的，既不允许插入元素，也不允许删除元素；另一端是开口的，允许插入和删除元素。通常称允许插入、删除元素的这一端为栈顶，另一端为栈底。当表中没有元素时称为空栈。栈顶元素总是最后被插入的元素，从而也是最先被删除的元素；栈底元素总是最先被插入的元素，从而也是最后被删除的元素。

栈是按照“先进后出”或“后进先出”的原则组织数据的。枪械的子弹匣就可以用来形象地表示栈结构。子弹匣的一端是完全封闭的，最后被压入弹匣的子弹总是最先被射出，而最先被压入的子弹最后才能被射出。

2. 栈的顺序存储及其运算

栈的基本运算有 3 种：入栈、退栈与读栈顶元素。

（1）入栈：在栈顶位置插入一个新元素；

（2）退栈：取出栈顶元素并将其赋给一个指定的变量；

（3）读栈顶元素：将栈顶元素赋给一个指定的变量。

四、队列

1. 队列的基本概念

队列是只允许在一端进行删除，在另一端进行插入的顺序表，通常将允许删除的这一端称为队头，允许插入的这一端称为队尾。当表中没有元素时称为空队列。

队列的修改是依照先进先出的原则进行的，因此队列也称为先进先出的线性表，或者后进后出的线性表。例如：火车进隧道，最先进隧道的是火车头，最后是火车尾，而火车出隧道的时候也是火车头先出，火车尾最后出。

若有队列 $Q=(q1, q2, \cdots, qn)$，那么 q1 为队头元素（排头元素），qn 为队尾元素。队列中的元素是按照 q1，q2，…，qn 的顺序进入的，退出队列也只能按照这个次序依次退出，即只有在 q1，q2，…，qn-1 都退队之后，qn 才能退出队列。因最先进入队列的元素将最先出队，所以队列具有先进先出的特性，体现“先来先服务”的原则。

队头元素 q1 是最先被插入的元素，也是最先被删除的元素。队尾元素 qn 是最后被插入的元素，也是最后被删除的元素。

2. 队列的运算

入队运算是往队列的队尾插入一个数据元素；退队运算是从队列的队头删除一个数据元素。

队列的顺序存储结构一般采用循环队列的形式。循环队列 s = 0 表示队列空；s = 1 且 front = rear 表示队列满。计算循环队列的元素个数的方法是“尾指针减头指针”，若为负数，再加其容量即可。

五、链表

在链式存储方式中，要求每个结点由两部分组成：一部分用于存放数据元素值，称为数据域；另一部分用于存放指针，称为指针域。其中指针用于指向该结点的前一个或后一个结点（即前件或后件）。

链式存储方式既可用于表示线性结构，也可用于表示非线性结构。

1. 线性链表

线性表的链式存储结构称为线性链表。

在某些应用中，对线性链表中的每个结点设置两个指针，一个称为左指针，用来指向其前件结点；另一个称为右指针，用来指向其后件结点。这样的表称为双向链表。

在线性链表中，各数据元素结点的存储空间可以是不连续的，且各数据元素的存储顺序与逻辑顺序可以不一致。在线性链表中进行插入与删除操作，不需要移动链表中的元素。

线性单链表中，HEAD 称为头指针，HEAD = NULL（或 0）时称为空表。

双向链表中，左指针（Llink）指向前件结点，右指针（Rlink）指向后件结点。

线性链表的基本运算为查找、插入、删除。

2. 带链的栈

栈也是线性表，也可以采用链式存储结构。带链的栈可以用来收集计算机存储空间中所有空闲的存储结点，这种带链的栈称为可利用栈。

六、二叉树

（一）二叉树的概念及其基本性质

1. 二叉树及其基本概念

二叉树是一种很有用的非线性结构，它具有以下两个特点：

（1）非空二叉树只有一个根结点；

（2）每一个结点最多有两棵子树，且分别称为该结点的左子树和右子树。

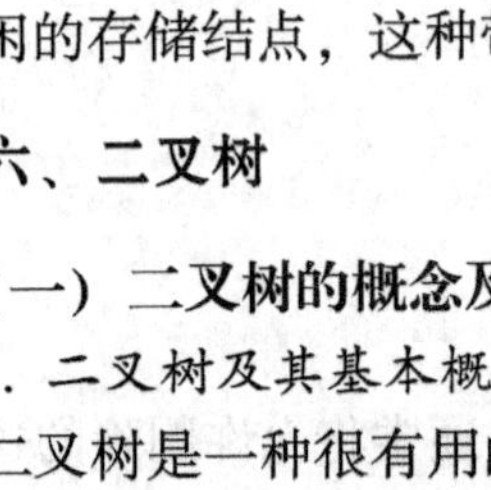

图 6－1－1　二叉树

在二叉树中，每一个结点的度最大为 2，即所有子树（左子树或右子树）也均为二叉树。另外，二叉树中的每个结点的子树被明显地分为左子树和右子树。在二叉树中，一个结点可以只有左子树而没有右子树，也可以只有右子树而没有左子树。当一个结点既没有左子树也没有右子树时，该结点即叶子结点。

例如，一个家族中的族谱关系如图 6－1－1 所示。A 有后代 B、C；B 有后代 D、E；C 有后代 F。典型的二叉树如图6－1－1所示。二叉树的基本概念见表6－1－2。

表6－1－2　二叉树的基本概念

父结点（根）	在树结构中，每一个结点只有一个前件，称为父结点，没有前件的结点只有一个，称为树的根结点，简称树的根。例如，在图6－1－1中，结点A是树的根结点
子结点和叶子结点	在树结构中，每一个结点可以有多个后件，称为该结点的子结点。没有后件的结点称为叶子结点。例如，在图6－1－1中，结点D、E、F均为叶子结点
度	在树结构中，一个结点所拥有的后件的个数称为该结点的度，所有结点中最大的度称为树的度。例如，在图6－1－1中，根结点A和结点B的度为2，结点C的度为1，叶子结点D、E、F的度为0。所以，该树的度为2
深度	定义一棵树的根结点所在的层次为1，其他结点所在的层次等于它的父结点所在的层次加1。树的最大层次称为树的深度。例如，在图6－1－1中，根结点A在第1层，结点B、C在第2层，结点D、E、F在第3层。该树的深度为3
子树	在树中，以某结点的一个子结点为根构成的树称为该结点的一棵子树

2. 二叉树的基本性质

二叉树具有以下几个性质：

性质1：在二叉树的第k层上，最多有2^{k-1}（$k \geq 1$）个结点。

性质2：深度为m的二叉树最多有2^m-1个结点。

性质3：在任意一棵二叉树中，度为0的结点（即叶子结点）总是比度为2的结点多1个。

性质4：具有n个结点的二叉树，其深度至少为$[\log_2 n]+1$，其中$[\log_2 n]$表示取$\log_2 n$的整数部分。

3. 满二叉树与完全二叉树

满二叉树是指这样的一种二叉树：除最后一层外，每一层上的所有结点都有两个子结点。在满二叉树中，每一层上的结点数都达到最大值，即在满二叉树的第k层上有2^{k-1}个结点，且深度为m的满二叉树有2^m个结点。

完全二叉树是指这样的二叉树：除最后一层外，每一层上的结点数均达到最大值；在最后一层上只缺少右边的若干结点。

对于完全二叉树来说，叶子结点只可能在层次最大的两层上出现。对于任何一个结点，若其右分支下的子孙结点的最大层次为p，则其左分支下的子孙结点的最大层次或为p，或为$p+1$。

完全二叉树具有以下两个性质：

性质5：具有n个结点的完全二叉树的深度为$[\log_2 n]+1$。

性质6：设完全二叉树共有n个结点。如果从根结点开始，按层次（每一层从左到右）用自然数1，2，…，n给结点进行编号，则对于编号为k（$k=1$，2，…，n）的结点有以下结论：

（1）若$k=1$，则该结点为根结点，它没有父结点；若$k>1$，则该结点的父结点编号为

INT（k/2）。

（2）若 $2k\leqslant n$，则编号为 k 的结点的左子结点编号为 2k；否则该结点无左子结点（显然也没有右子结点）。

（3）若 $2k+1\leqslant n$，则编号为 k 的结点的右子结点编号为 $2k+1$；否则该结点无右子结点。

（二）二叉树的遍历

在遍历二叉树的过程中，一般先遍历左子树，再遍历右子树。在先左后右的原则下，根据访问根结点的次序，二叉树的遍历分为 3 类：前序遍历、中序遍历和后序遍历。

1. 前序遍历

先访问根结点，然后遍历左子树，最后遍历右子树，并且在遍历左、右子树时，仍需先访问根结点，然后遍历左子树，最后遍历右子树。例如，对图 6－1－1 中的二叉树进行前序遍历的结果（或称为该二叉树的前序序列）为：A，B，D，E，C，F。

2. 中序遍历

先遍历左子树，然后访问根结点，最后遍历右子树，并且在遍历左、右子树时，仍然先遍历左子树，然后访问根结点，最后遍历右子树。例如，对图 6－1－1 中的二叉树进行中序遍历的结果（或称为该二叉树的中序序列）为：D，B，E，A，C，F。

3. 后序遍历

先遍历左子树，然后遍历右子树，最后访问根结点，并且在遍历左、右子树时，仍然先遍历左子树，然后遍历右子树，最后访问根结点。例如，对图 6－1－1 中的二叉树进行后序遍历的结果（或称为该二叉树的后序序列）为：D，E，B，F，C，A。

七、查找

1. 顺序查找

查找是指在一个给定的数据结构中查找某个指定的元素。从线性表的第一个元素开始，依次将线性表中的元素与被查找的元素比较，若相等则表示查找成功；若线性表中所有的元素都与被查找元素进行了比较但都不相等，则表示查找失败。

例如，在一维数组［21，46，24，99，57，77，86］中，查找数据元素 99，首先从第 1 个元素 21 开始进行比较，比较结果与要查找的数据不相等，接着与第 2 个元素 46 进行比较，以此类推，当与第 4 个元素比较时，它们相等，所以查找成功。如果查找数据元素 100，则整个线性表扫描完毕，仍未找到与 100 相等的元素，表示线性表中没有要查找的元素。

在下列两种情况下也只能采用顺序查找：

（1）如果线性表为无序表，则不管是顺序存储结构还是链式存储结构，只能用顺序查找；

（2）即使是有序线性表，如果采用链式存储结构，也只能用顺序查找。

2. 二分法查找

二分法查找，也称拆半查找，是一种高效的查找方法。能使用二分法查找的线性表必须满足用顺序存储结构和线性表是有序表两个条件。

“有序”是特指元素按非递减排列，即从小到大排列，但允许相邻元素相等。“八、排序”中，“有序”的含义也是如此。

对于长度为 n 的有序线性表，利用二分法查找元素 X 的过程如下：

步骤 1：将 X 与线性表的中间项比较；

步骤 2：如果 X 的值与中间项的值相等，则查找成功，结束查找；

步骤 3：如果 X 的值小于中间项的值，则在线性表的前半部分以二分法继续查找；

步骤 4：如果 X 的值大于中间项的值，则在线性表的后半部分以二分法继续查找。

例如，长度为 8 的线性表关键码序列为：[6，13，27，30，38，46，47，70]，被查元素为 38，首先将 38 与线性表的中间项比较，即与第 4 个数据元素 30 比较，38 大于中间项 30，则在线性表 [38，46，47，70] 中继续查找；接着与中间项比较，即与第 2 个元素 46 比较，38 小于 46，则在线性表 [38] 中继续查找，最后一次比较相等，查找成功。

顺序查找法的每一次比较，只将查找范围减少 1，而用二分法查找，每比较一次，可将查找范围减少为原来的一半，效率大大提高。

对于长度为 n 的有序线性表，在最坏情况下，二分法查找只需比较 $\log_2 n$ 次，而顺序查找需要比较 n 次。

八、排序

1. 交换类排序法

1）冒泡排序法

首先，从表头开始往后扫描线性表，逐次比较相邻两个元素的大小，若前面的元素大于后面的元素，则将它们互换，不断地将两个相邻元素中的大者往后移动，最后最大者到了线性表的最后。然后，从后到前扫描剩下的线性表，逐次比较相邻两个元素的大小，若后面的元素小于前面的元素，则将它们互换，不断地将两个相邻元素中的小者往前移动，最后最小者到了线性表的最前面。

对剩下的线性表重复上述过程，直到剩下的线性表变空为止，此时已经排好序。

在最坏的情况下，冒泡排序需要比较 $n(n-1)/2$ 次。

2）快速排序法

任取待排序序列中的某个元素作为基准（一般取第一个元素），通过一次排序，将待排元素分为左、右两个子序列，左子序列元素的排序码均小于或等于基准元素的排序码，右子序列的排序码则大于基准元素的排序码，然后分别对两个子序列继续进行排序，直至整个序列有序。

2. 插入类排序法

（1）简单插入排序法，在最坏的情况下需要 $n(n-1)/2$ 次比较；

（2）希尔排序法，在最坏的情况下需要 $O(n^{1.5})$ 次比较。

3. 选择类排序法

（1）简单选择排序法，在最坏的情况下需要 $n(n-1)/2$ 次比较；

（2）堆排序法，在最坏的情况下需要 $O(n\log_2 n)$ 次比较。

相比以上几种排序法（除希尔排序法外），堆排序法的时间复杂度最小。

项目二

程序设计基础

一、程序设计的方法与风格

养成良好的程序设计风格，主要考虑下述因素。

1. 源程序文档化

（1）符号名的命名：符号名的命名应具有一定的实际含义，以便于对程序功能的理解。

（2）程序注释：在源程序中添加正确的注释可帮助人们理解程序。程序注释可分为序言性注释和功能性注释。语句结构应遵循“清晰第一，效率第二”的原则。

（3）视觉组织：通过在程序中添加一些空格、空行和缩进等，使人们在视觉上对程序的结构一目了然。

2. 数据说明的方法

为使程序中的数据说明易于理解和维护，可采用下列数据说明风格，见表 6－2－1。

表 6－2－1　数据说明风格

数据说明风格	详细说明
次序应规范化	使数据说明次序固定，使数据的属性容易查找，这有利于测试、排错和维护
变量安排有序化	当多个变量出现在同一个说明语句中时，变量名应按字母顺序排序，以便于查找
使用注释	在定义一个复杂的数据结构时，应通过注释来说明该数据结构的特点

3. 语句的结构程序

语句的结构程序应该简单易懂，语句构造应该简单直接。

4. 输入和输出

输入和输出比较简单，这里不作介绍。

二、结构化程序设计

1. 结构化程序设计的原则

结构化程序设计方法引入了工程思想和结构化思想，使大型软件的开发和编程得到了极大的改善。结构化程序设计方法的主要原则为：自顶向下、逐步求精、模块化和限制使用 goto 语句。

（1）自顶向下：先考虑整体，再考虑细节；先考虑全局目标，再考虑局部目标。

（2）逐步求精：对复杂问题应设计一些子目标作为过渡，逐步细化。

（3）模块化：把程序要解决的总目标分解为分目标，再进一步分解为具体的小目标，把每个小目标称为一个模块。

（4）限制使用 goto 语句：在程序开发过程中要限制使用 goto 语句。

2. 结构化程序的基本结构

结构化程序的基本结构有 3 种类型：顺序结构、选择结构和循环结构。

（1）顺序结构：是最基本、最普通的结构形式，按照程序中的语句行的先后顺序逐条执行。

（2）选择结构：又称为分支结构，它包括简单选择结构和多分支选择结构。

（3）循环结构：根据给定的条件，判断是否要重复执行某一相同的或类似的程序段。

循环结构对应两类循环语句：先判断后执行循环体的称为当型循环结构；先执行循环体后判断的称为直到型循环结构。

三、面向对象方法

面向对象方法涵盖对象及对象属性与方法、类、继承、多态性几个基本要素。

1. 对象

通常把对象的操作也称为方法或服务。属性即对象所包含的信息，它在设计对象时确定，一般只能通过执行对象的操作来改变。属性值应该指的是纯粹的数据值，而不能指对象。操作描述了对象执行的功能，若通过信息的传递，还可以为其他对象使用。

对象具有如下特征：标识唯一性、分类性、多态性、封装性、模块独立性。

2. 类和实例

类是具有共同属性、共同方法的对象的集合。它描述了属于该对象类型的所有对象的性质，而一个对象则是其对应类的一个实例。

类是关于对象性质的描述，它同对象一样，包括一组数据属性和在数据上的一组合法操作。

3. 消息

消息是实例之间传递的信息，它请求对象执行某一处理或回答某一要求的信息，它统一了数据流和控制流。

一个消息由 3 部分组成：接收消息的对象的名称、消息标识符（消息名）以及零个或多个参数。

4. 继承

广义地说，继承是指能够直接获得已有的性质和特征，而不必重复定义它们。继承分为单继承与多重继承。单继承是指，一个类只允许有一个父类，即类等级为树形结构。多重继承是指，一个类允许有多个父类。

5. 多态性

对象根据所接受的消息而做出动作，同样的消息被不同的对象接受时可导致完全不同的行动，该现象称为多态性。

项目三

软件工程基础

一、软件工程的基本概念

1. 软件的定义与软件的特点

软件指的是计算机系统中与硬件相互依存的另一部分，包括程序、数据和相关文档的完整集合。

程序是软件开发人员根据用户需求开发的、用程序设计语言描述的、适合计算机执行的指令序列。

数据是使程序能正常操纵信息的数据结构。文档是与程序的开发、维护和使用有关的图文资料。可见，软件由两部分组成：

（1）机器可执行的程序和数据；

（2）机器不可执行的，与软件的开发、运行、维护、使用等有关的文档。根据应用目标的不同，软件可分应用软件、系统软件和支撑软件（或工具软件），见表 6－3－1。

表 6－3－1　软件的分类

名称	描述
应用软件	为解决特定领域的应用而开发的软件
系统软件	计算机管理自身资源，提高计算机使用效率并为计算机用户提供各种服务的软件
支撑软件（或工具软件）	介于以上两者之间，协助用户开发软件的工具性软件

2. 软件工程

为了摆脱软件危机，人们提出了软件工程的概念。软件工程是研究软件开发和维护的普遍原理与技术的一门工程学科。所谓软件工程是指采用工程的概念、原理、技术和方法指导软件的开发与维护。软件工程的主要研究对象包括软件开发与维护的技术、方法、工具和管理等方面。

软件工程包括 3 个要素：方法、工具和过程，见表 6－3－2。

表 6－3－2　软件工程三要素

名称	描述
方法	方法是完成软件工程项目的技术手段
工具	工具支持软件的开发、管理、文档生成
过程	过程支持软件开发的各个环节的控制、管理

二、软件生命周期

1. 软件生命周期的概念

软件产品从提出、实现、使用维护到停止使用并退役的过程称为软件生命周期。

软件生命周期分为3个时期共8个阶段：

（1）软件定义期：包括问题定义、可行性研究和需求分析3个阶段；

（2）软件开发期：包括概要设计、详细设计、实现和测试4个阶段；

（3）运行维护期：即运行维护阶段。

软件生命周期各个阶段的活动可以重复，执行时也可以迭代，如图6-3-1所示。

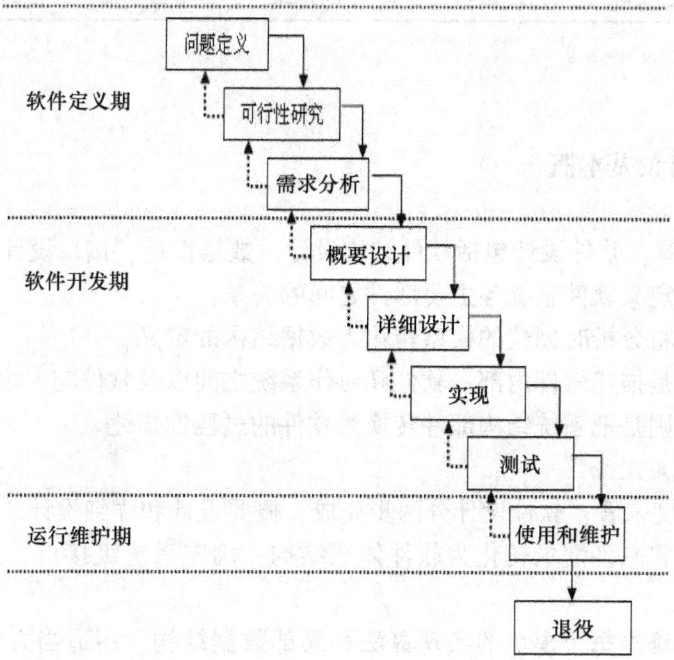

图6-3-1　软件的生命周期

2. 软件生命周期各阶段的主要任务

软件生命周期各阶段的主要任务见表6-3-3。

表6-3-3　软件生命周期各阶段的主要任务

任务	描述
问题定义	确定要解决的问题是什么
可行性研究与计划制定	决定该问题是否存在一个可行的解决办法，指定完成开发任务的实施计划
需求分析	对待开发软件提出需求，进行分析并给出详细定义。编写软件规格说明书及初步的用户手册，提交评审

续表

任务	描述
软件设计	通常又分为概要设计和详细设计两个阶段，给出软件的结构、模块的划分、功能的分配以及处理流程。在该阶段提交评审的文档有概要设计说明书、详细设计说明书和测试计划初稿
软件实现	在软件设计的基础上编写程序。在该阶段完成的文档有用户手册、操作手册等面向用户的文档，以及为下一步做准备而编写的单元测试计划
软件测试	在设计测试用例的基础上，检验软件的各个组成部分，编写测试分析报告
运行维护	将已交付的软件投入运行，同时不断地维护，进行必要而且可行的扩充和删改

三、软件设计

（一）软件设计的基本概念

1. 按技术观点分

从技术观点上看，软件设计包括软件结构设计、数据设计、接口设计、过程设计。

（1）结构设计定义软件系统各主要部件之间的关系；

（2）数据设计将分析时创建的模型转化为数据结构的定义；

（3）接口设计是描述软件内部、软件和协作系统之间以及软件与人之间如何通信；

（4）过程设计则是把系统结构部件转换为软件的过程性描述。

2. 从工程管理角度分

从工程管理角度来看，软件设计分两步完成：概要设计和详细设计。

（1）概要设计将软件需求转化为软件体系结构，确定系统级接口、全局数据结构或数据库模式；

（2）详细设计确立每个模块的实现算法和局部数据结构，用适当方法表示算法和数据结构的细节。

（二）软件设计的基本原理

（1）软件设计中应该遵循的基本原理和与软件设计有关的概念。

① 抽象。软件设计中考虑模块化解决方案时，可以定出多个抽象级别。抽象的层次从概要设计到详细设计逐步降低。

② 模块化。模块是指把一个待开发的软件分解成若干小的、简单的部分。模块化是指解决一个复杂问题时自顶向下逐层把软件系统划分成若干模块的过程。

③ 信息隐蔽。信息隐蔽是指在一个模块内包含的信息（过程或数据），对于不需要这些信息的其他模块来说是不能访问的。

④ 模块独立性。模块独立性是指每个模块只完成系统要求的独立的子功能，并且与其他模块的联系最少且接口简单。模块的独立程度是评价设计好坏的重要度量标准。衡量软件的模块独立性使用耦合性和内聚性两个定性的度量标准。内聚性是信息隐蔽和局部化概念的自然扩展。一个模块的内聚性越强，则该模块的模块独立性越强。一个模块与其他模块的耦

合性越强则该模块的模块独立性越弱。

（2）衡量软件模块独立性使用耦合性和内聚性两个定性的度量标准。

内聚性是度量一个模块功能强度的一个相对指标。内聚是从功能角度来衡量模块的联系，它描述的是模块内的功能联系。内聚有如下种类，它们之间的内聚度由弱到强排列：偶然内聚、逻辑内聚、时间内聚、过程内聚、通信内聚、顺序内聚、功能内聚。

耦合性是模块之间互相连接的紧密程度的度量。耦合性取决于各个模块之间接口的复杂度、调用方式以及哪些信息通过接口。耦合可以分为多种形式，它们之间的耦合度由高到低排列：内容耦合、公共耦合、外部耦合、控制耦合、标记耦合、数据耦合、非直接耦合。

在程序结构中，各模块的内聚性越强，则耦合性越弱。一般较优秀的软件设计，应尽量做到高内聚，低耦合，即减弱模块之间的耦合性和提高模块内的内聚性，这有利于提高模块的独立性。

四、结构化分析方法

1. 结构化分析方法的定义

结构化分析方法就是使用数据流图（DFD）、数据字典（DD）、结构化英语、判定表和判定树的工具，来建立一种新的、称为结构化规格说明的目标文档。结构化分析方法的实质是着眼于数据流，自顶向下，对系统的功能进行逐层分解，以数据流图和数据字典为主要工具，建立系统的逻辑模型。

2. 结构化分析方法的常用工具

（1）数据流图（DFD）。数据流图是系统逻辑模型的图形表示，即使不是专业的计算机技术人员也容易理解它，因此它是分析员与用户之间极好的通信工具。

（2）数据字典（DD）。数据字典是数据流图中所有元素的定义的集合，是结构化分析的核心。数据流图和数据字典共同构成系统的逻辑模型，没有数据字典，数据流图就不严格，若没有数据流图，数据字典也难以发挥作用。

数据字典中有 4 种类型的条目：数据流、数据项、数据存储和数据加工。

（3）判定表。有些加工的逻辑用语言形式不容易表达清楚，而用表的形式则一目了然。如果一个加工逻辑有多个条件、多个操作，并且在不同的条件组合下执行不同的操作，那么可以使用判定表来描述。

（4）判定树。判定树和判定表没有本质的区别，可以用判定表表示的加工逻辑都能用判定树表示。

3. 软件需求规格说明书

软件需求规格说明书是需求分析阶段的最后成果，是软件开发的重要文档之一。它的特点是具有正确性、无歧义性、完整性、可验证性、一致性、可理解性、可修改性和可追踪性。

五、软件测试

（一）软件测试的目的和准则

1. 软件测试的目的

Grenford. J. Myers 给出了软件测试的目的：

（1）测试是为了发现程序中的错误而执行程序的过程；

（2）好的测试用例（test case）能发现迄今尚未发现的错误；

（3）一次成功的测试能发现迄今尚未发现的错误。

测试的目的是发现软件中的错误，但是，暴露错误并不是软件测试的最终目的，测试的根本目的是尽可能多地发现并排除软件中隐藏的错误。

2. 软件测试的准则

根据上述软件测试的目的，为了能设计出有效的测试方案，以及好的测试用例，软件测试人员必须深入理解，并正确运用以下软件测试的基本准则：

（1）所有测试都应追溯到用户需求；

（2）在测试之前制定测试计划，并严格执行；

（3）充分注意测试中的群集现象；

（4）避免由程序的编写者测试自己的程序；

（5）不可能进行穷举测试；

（6）妥善保存测试计划、测试用例、出错统计和最终分析报告，为维护提供方便。

（二）软件测试的方法和实施

1. 软件测试的方法

软件测试具有多种方法，依据软件是否需要被执行，可以分为静态测试和动态测试。如果依照功能划分，可以分为白盒测试和黑盒测试。

1）静态测试和动态测试

（1）静态测试包括代码检查、静态结构分析、代码质量度量等。其中代码检查分为代码审查、代码走查、桌面检查、静态分析等具体形式。

（2）动态测试。静态测试不实际运行软件，主要通过人工进行分析。动态测试就是通常所说的上机测试，是通过运行软件来检验软件中的动态行为和运行结果的正确性。

动态测试的关键是使用设计高效、合理的测试用例。测试用例就是为测试设计的数据，由测试输入数据和预期的输出结果两部分组成。测试用例的设计方法一般分为两类：黑盒测试和白盒测试。

2）黑盒测试和白盒测试

（1）白盒测试。白盒测试是把程序看成装在一只透明的白盒子里，测试者完全了解程序的结构和处理过程。它根据程序的内部逻辑来设计测试用例，检查程序中的逻辑通路是否都按预定的要求正确地工作。

（2）黑盒测试。黑盒测试是把程序看成一只黑盒子，测试者完全不了解，或不考虑程序的结构和处理过程。它根据规格说明书的功能来设计测试用例，检查程序的功能是否符合规格说明的要求。

2. 软件测试的实施

软件测试过程分 4 个步骤，即单元测试、集成测试、确认测试和系统测试。单元测试是对软件设计的最小单位——模块（程序单元）进行正确性检验测试。单元测试可以采用静态分析和动态测试。集成测试是测试和组装软件的过程，主要目的是发现与接口有关的错误，主要依据是概要设计说明书。集成测试所设计的内容包括：软件单元的接口测试、全局数据结构测试、边界条件和非法输入的测试等。集成测试时将模块组装成程序，通常采用两种方式：非增量方式组装和增量方式组装。

确认测试的任务是验证软件的功能和性能，以及其他特性是否满足了需求规格说明中确定的各种需求，包括软件配置是否完全、正确。确认测试的实施首先运用黑盒测试方法，对软件进行有效性测试，即验证被测软件是否满足需求规格说明确认的标准。系统测试是通过测试确认的软件，作为整个基于计算机系统的一个元素，与计算机硬件、外设、支撑软件、数据和人员等其他系统元素组合在一起，在实际运行（使用）环境下对计算机系统进行一系列的集成测试和确认测试。

系统测试的具体实施一般包括：功能测试、性能测试、操作测试、配置测试、外部接口测试、安全性测试等。

六、程序的调试

在对程序进行了成功的测试之后将进入程序调试阶段（通常称为 Debug，即排错）。程序的调试任务是诊断和改正程序中的错误。调试主要在开发阶段进行。程序调试活动由两部分组成，一是根据错误的迹象确定程序中错误的确切性质、原因和位置；二是对程序进行修改，排除错误。程序调试的基本步骤如下：

(1) 错误定位。从错误的外部表现形式入手，研究有关部分的程序，确定程序中的出错位置，找出错误的内在原因；

(2) 修改设计和代码，以排除错误；

(3) 进行回归测试，防止引进新的错误。

软件调试可分为静态调试和动态调试。静态调试主要是指通过人的思维来分析源程序代码和排错，是主要的设计手段，而动态调试是辅助静态调试的，其主要的调试方法有强行排错法、回溯法和原因排除法 3 种。

项目四

数据库设计基础

一、数据库的基本概念

数据是数据库中存储的基本对象，它是描述事物的符号记录。数据库是长期储存在计算机内、有组织的、可共享的大量数据的集合，它具有统一的结构形式并存放于统一的存储介质内，是多种应用数据的集成，并可被各个应用程序共享，所以数据库技术的根本目标是解决数据共享问题。

数据库管理系统（Database Management System，DBMS）是一种系统软件，负责数据库中的数据组织，数据操作，数据维护、控制及保护和数据服务等。数据库管理系统是数据系统的核心。为完成数据库管理系统的功能，数据库管理系统提供相应的数据语言：数据定义语言、数据操纵语言、数据控制语言。

二、数据库系统的发展和基本特点

1. 数据库系统的发展

数据管理技术的发展经历了 3 个阶段：人工管理阶段、文件管理阶段和数据库系统管理阶段。关于数据管理技术的 3 个阶段中的软、硬件背景及处理特点见表 6－4－1。

表 6－4－1　数据管理技术 3 个阶段的比较

介绍 \ 阶段		人工管理阶段	文件管理阶段	数据库系统管理阶段
背景	应用目的	科学计算	科学计算、管理	大规模管理
	硬件背景	无直接存取设备	磁盘、磁鼓	大容量磁盘
	软件背景	无操作系统	有文件系统	有数据库管理系统
	处理方式	批处理	联机实时处理、批处理	分布处理、联机实时处理和批处理
特点	数据管理者	人	文件系统	数据库管理系统
	数据面向的对象	某个应用程序	某个应用程序	现实世界
	数据共享程度	无共享，冗余度大	共享性差，冗余度大	共享性好，冗余度小
	数据的独立性	不独立，完全依赖程序	独立性差	具有高度的物理独立性和一定的逻辑独立性
	数据的结构化	无结构	记录内有结构，整体无结构	整体结构化，用数据模型描述
	数据控制能力	由应用程序控制	由应用程序控制	由数据库管理系统提供数据安全性、完整性、并发控制和恢复

2. 数据库系统的特点

数据独立性是数据与程序间的互不依赖性，即数据库中的数据独立于应用程序而不依赖应用程序。

数据独立性一般分为物理独立性与逻辑独立性两种。

（1）物理独立性：当数据的物理结构（包括存储结构、存取方式等）改变时，如存储设备的更换、物理存储的更换、存取方式的改变等，应用程序都不用改变。

（2）逻辑独立性：数据的逻辑结构改变了，如修改数据模式、增加新的数据类型、改变数据间的联系等，用户程序都可以不变。

三、数据库系统的内部体系结构

1. 数据库系统的3级模式

（1）概念模式，也称逻辑模式，是对数据库系统中全局数据逻辑结构的描述，是全体用户（应用）公共数据视图。一个数据库只有一个概念模式。

（2）外模式，也称子模式，它是数据库用户能够看见和使用的局部数据的逻辑结构和特征的描述，它是由概念模式推导出来的，是数据库用户的数据视图，是与某一应用有关的数据的逻辑表示。一个概念模式可以有若干个外模式。

（3）内模式，又称物理模式，它给出了数据库物理存储结构与物理存取方法。

内模式处于最底层，它反映了数据在计算机物理结构中的实际存储形式；概念模式处于中间层，它反映了设计者的数据全局逻辑要求；外模式处于最外层，它反映了用户对数据的要求。

2. 数据库系统的两级映射

两级映射保证了数据库系统中数据的独立性。

（1）概念模式到内模式的映射。该映射给出了概念模式中数据的全局逻辑结构到数据的物理存储结构间的对应关系。

（2）外模式到概念模式的映射。概念模式是一个全局模式，而外模式是用户的局部模式。一个概念模式中可以定义多个外模式，而每个外模式是概念模式的一个基本视图。

四、数据模型的基本概念

数据模型从抽象层次上描述了数据库系统的静态特征、动态行为和约束条件，因此数据模型通常由数据结构、数据操作及数据约束3部分组成。

数据库管理系统所支持的数据模型分为3种：层次模型、网状模型和关系模型。数据模型的特点见表6－4－2。

表6－4－2　数据模型的特点

发展阶段	主要特点
层次模型	用树形结构表示实体及其之间联系的模型称为层次模型
网状模型	用网状结构表示实体及其之间联系的模型称为网状模型，网中的每一个结点代表一个实体类型，允许结点有多于一个的父结点，可以有一个以上的结点没有父结点
关系模型	用二维表结构来表示实体以及实体之间联系的模型称为关系模型，在关系模型中把数据看成二维表中的元素，一张二维表就是一个关系

五、E－R 模型

1. E－R 模型的基本概念

（1）实体：现实世界中的事物可以抽象成为实体，实体是概念世界中的基本单位，它们是客观存在的且又相互区别的事物。

（2）属性：现实世界中的事物均有一些特性，这些特性可以用属性来表示。

（3）码：唯一标识实体的属性集称为码。

（4）域：属性的取值范围称为该属性的域。

（5）联系：在现实世界中事物间的关联称为联系。两个实体集间的联系实际上是实体集间的函数关系，这种函数关系包括：一对一的联系、一对多或多对一的联系、多对多的联系。

2. E－R 模型的图示法

E－R 模型用 E－R 图来表示。

（1）实体表示法：在 E－R 图中用矩形表示实体集，在矩形内写上该实体集的名字。

（2）属性表示法：在 E－R 图中用椭圆形表示属性，在椭圆形内写上该属性的名称。

（3）联系表示法：在 E－R 图中用菱形表示联系，在菱形内写上联系名。

六、关系模型

关系模型采用二维表来表示，一个关系对应一张二维表。可以这么说，一个关系就是一个二维表，但是一个二维表不一定是一个关系。

（1）元组：在一个二维表（一个具体关系）中，水平方向的行称为元组。元组对应存储文件中的一个具体记录。

（2）属性：二维表中垂直方向的列称为属性，每一列有一个属性名。

（3）域：属性的取值范围，也就是不同元组对同一属性的取值所限定的范围。

在二维表中唯一标识元组的最小属性值称为该表的键或码。二维表中可能有若干个键，它们称为表的候选码或候选键。从二维表的所有候选键中选取一个作为用户使用的键，称为主键或主码。表 A 中的某属性集是表 B 的键，则称该属性值为表 A 的外键或外码。

二维表一般具有下面 7 个性质：

（1）二维表中元组个数是有限的（元组个数有限性）；

（2）二维表中元组均不相同（元组的唯一性）；

（3）二维表中元组的次序可以任意交换（元组的次序无关性）；

（4）二维表中元组的分量是不可分割的基本数据项（元组分量的原子性）；

（5）二维表中属性名各不相同（属性名的唯一性）；

（6）二维表中属性与次序无关，可任意交换（属性的次序无关性）；

（7）二维表属性的分量具有与该属性相同的值域（分量值域的统一性）。

关系操纵：数据查询、数据删除、数据插入、数据修改。

关系模型允许定义 3 类数据约束，它们是实体完整性约束、参照完整性约束以及用户定义的完整性约束。

七、关系代数

1. 传统的集合运算

（1）投影运算。从关系模型中指定若干个属性组成新的关系称为投影。投影是从列的角度进行的运算，相当于对关系进行垂直分解。经过投影运算可以得到一个新的关系，其关系模型所包含的属性个数往往比原关系少，或者属性的排列顺序不同。

（2）选择运算。从关系中找出满足给定条件的元组的操作称为选择。选择是从行的角度进行的运算，即从水平方向抽取记录。经过选择运算得到的结果可以形成新的关系，其关系模型不变，但其中的元组是原关系的一个子集。

（3）笛卡儿积。设有 n 元关系 R 和 m 元关系 S，它们分别有 p 和 q 个元组，则 R 与 S 的笛卡儿积记为：$R \times S$。它是一个 $m+n$ 元关系，元组个数是 $p \times q$。

2. 关系代数的扩充运算

交运算：假设有 n 元关系 R 和 n 元关系 S，它们的交仍然是一个 n 元关系，它由属于关系 R 且由属于关系 S 的元组组成，并记为 $R \cap S$，它可由基本运算推导得出：$R \cap S = R - (R - S)$。

八、数据库设计与原理

数据库设计中有两种方法：面向数据的方法和面向过程的方法。面向数据的方法是以信息需求为主，兼顾处理需求；面向过程的方法是以处理需求为主，兼顾信息需求。由于数据在系统中稳定性高，数据已成为系统的核心，因此面向数据的设计方法已成为主流。

数据库设计目前一般采用生命周期法，即将整个数据库应用系统的开发分解成目标独立的若干阶段。它们是需求分析阶段、概念设计阶段、逻辑设计阶段、物理设计阶段、编码阶段、测试阶段、运行阶段和进一步修改阶段。在数据库设计中采用前 4 个阶段。